国家社会科学基金重大招标项目成果

中国食品药品安全社会共治：制度与评估

Institution and Evaluation: Social Co-governance of Food and Drug Safety in China

谢 康 刘 意/著

国家社会科学基金重大项目“食品药品安全社会共治的制度安排：需求、设计、实现与对策研究”（14ZDA074）

科 学 出 版 社

北 京

内 容 简 介

食品药品安全社会共治是针对社会系统失灵问题而形成的社会公共政策选择，构成当今公共管理的创新方向之一，也是经济学、管理学、法学、食品科学等多学科领域关注的学术热点问题。本书基于预防—免疫—治疗三级协同模式，结合Ostrom的制度分析框架，提出食品药品安全社会共治的IADHS分析框架，对中国情境下的食品药品安全社会共治的制度安排进行讨论，提出食品药品安全社会共治的公共政策建设方向。本书首次提出中国食品药品安全社会共治成熟度评价体系，并对中国 31 个省（自治区、直辖市，不含港澳台地区）社会共治区域成熟度进行评估，为社会共治区域性制度安排提供公共政策分析基础。

本书是中国第一部食品药品安全社会共治制度分析与评估的理论著作，可供高等院校、研究机构等理论研究工作者和研究生阅读参考，也可供政府产业政策部门、食品药品监管部门研究参考和政策分析。

图书在版编目（CIP）数据

中国食品药品安全社会共治：制度与评估 / 谢康，刘意著. —北京：科学出版社，2017.6

国家社会科学基金重大招标项目成果

ISBN 978-7-03-053088-2

Ⅰ. ①中… Ⅱ. ①谢… ②刘… Ⅲ. ①食品安全–安全管理–研究–中国 ②药品管理–安全管理–研究–中国 Ⅳ. ①TS201.6 ②R954

中国版本图书馆CIP数据核字（2017）第 125424 号

责任编辑：马 跃 李 莉 / 责任校对：赵桂芬

责任印制：徐晓晨 / 封面设计：无极书装

科 学 出 版 社 出版

北京东黄城根北街 16 号

邮政编码：100717

http://www.sciencep.com

北京虎彩文化传播有限公司 印刷

科学出版社发行 各地新华书店经销

*

2017 年 6 月第 一 版 开本：720×1000 1/16

2018 年 9 月第二次印刷 印张：13 3/4

字数：280 000

定价：98.00 元

（如有印装质量问题，我社负责调换）

作 者 简 介

谢康，中山大学管理学院教授、博士生导师，中山大学信息经济与政策研究中心主任，中国信息经济学会理事长，国家社会科学基金重大招标项目首席专家，出版《食品安全社会共治：困局与突破》等著作、教材和译著 24 部，发表中英文期刊论文 130 多篇。

刘意，中山大学管理学院技术经济及管理专业博士研究生，国家社会科学基金重大招标项目科研秘书，参与出版《食品安全社会共治：困局与突破》等著作，在《管理世界》《管理评论》等期刊发表论文多篇。

目　录

绪　论

2016 年 11 月中旬，香港食品检验员检出来自内陆太湖的大闸蟹含有的致癌物质达到危险水平，原因不在于太湖或阳澄湖本身，而在于其他污染地生产的大闸蟹到太湖或阳澄湖“洗澡”后售卖的“洗澡蟹”出了问题。“洗澡蟹”事件揭示了中国一个典型的食品药品安全问题，即食品药品安全问题往往与公共政策治理、环境治理、腐败治理等社会公共管理问题交织在一起，形成了一个“按下葫芦起了瓢”的综合性社会系统治理难题。

近年来，中国党和国家领导人及各级政府监管部门对食品药品安全治理高度重视，监管机构切实投入诸多资源在提高监管效能上，社会中食品药品安全事件蔓延势头虽然得到了遏制，但依然出现全国性或区域性的各类食品药品安全事件，表明食品药品安全治理不是一个简单的通过加大监管力度或提高监管覆盖面就可以解决的问题，而需要通过复杂系统视角和政策体系来逐步解决。

食品药品安全治理，既是一项世界性难题，也是当前中国公共管理中的重大问题和国民高度关注的焦点问题，同时还是多学科理论研究的难点问题，受到党和国家领导人的高度重视。2013 年 12 月，习近平总书记在中央农村工作会议上的讲话指出，“能不能在食品安全上给老百姓一个满意的交代，是对我们执政能力的重大考验。我们党在中国执政，要是连个食品安全都做不好，还长期做不好的话，有人就会提出够不够格的问题”，表明中国食品药品安全治理问题，已经关系到党和政府的执政能力。2015 年 5 月，习近平总书记提出，用最严谨的标准、最严格的监管、最严厉的处罚、最严肃的问责，加快建立科学完善的食品药品安全治理体系，由此提出了食品药品安全监管“四个最严”的指导思想。2017 年 1 月，习近平总书记又对食品安全工作做出重要指示，指出“民以食为天，加强食品安全工作，关系我国 13 亿多人的身体健康和生命安全，必须抓得紧而又紧”。

在政府层面，2012 年 7 月，国务院颁发《国务院关于加强食品安全工作的决定》，首次明确将食品安全纳入地方政府年度绩效考核内容。2014 年 3 月，李克强总理在政府工作报告中提出推进社会治理创新，注重运用法治方式，实行多元主体共同治理，以及健全政府、企业、公众共同参与新机制。2015 年 6 月，李克强总理提出，以“零容忍”的举措惩治食品安全违法犯罪，以持续的努力确保群众“舌尖上的安全”。2016年5月，《国务院办公厅关于印发2016年食品安全重点工作安排的通知》（国办发〔2016〕30号）公布，推动食品安全社会共治。2016年8月，国务院颁发《食品安全工作评议考核办法》。

上述论述表明，食品药品安全治理是当代中国公共管理中的重大问题。对食品药品安全治理，尤其是食品药品安全社会共治的公共政策研究，可以为食品药品安全监管提供政策制定和实施的理论依据，对于中国监管机构辩证地贯彻和执行党和国家领导人提出的食品安全监管“四个最严”等指导思想、提高食品安全监管效能，具有重要的现实意义。2016年以来，学术界持续关注食品药品安全治理问题。例如，周开国等（2016）探讨媒体、资本市场与政府对食品安全的协同治理，刘瑞明等（2017）基于行为法经济学的分析探讨中国转型期的食品安全治理，王明远和金峰（2017）从法学视角探讨转基因生物安全的环境正义问题，等等。这些研究表明，随着研究的深入，学术界开始将社会多主体匹配与协同作为食品药品安全治理的主要研究方向，这种研究趋势与我们对食品药品安全社会共治研究的主攻方向是一致的。

自2013年以来,我们团队基于信息化与工业化融合研究形成的复杂情境下多主体匹配与协同理论和方法，探讨基于信息技术与管理制度相结合的食品药品安全社会共治问题，发表了10多篇系列研究成果，2017年出版学术专著《食品安全社会共治：困局与突破》，形成的理论与方法创新构成本书研究的基础。

大体来说，我们的研究创新主要体现在以下四方面。

（1）在研究思想上，现有研究主要基于理性假设分析食品安全违规行为，我们则率先将有限理性假设引入食品安全违规行为分析中，探索中国情境下食品安全违规行为特征，对于揭示食品安全治理中的复杂机制及其影响具有引领价值。

现有研究对食品安全事件发生机制中的理性假设做出了权威性解释（龚强等，2013，2015；王永钦等，2014；李想和石磊，2014），提出的食品安全治理策略对于应对理性违规行为有重要的理论指导意义。然而，食品市场中有限理性行为更为普遍（张煜和汪寿阳，2010；王志刚等，2013），仅对理性行为进行分析不足以对食品安全问题形成全面的理解，且难以完整阐述食品安全社会共治的形成机理。

我们率先将有限理性假设引入食品安全违规行为分析中，基于社会人假设（包含理性和有限理性假设）构建食品安全违规决策模型，使研究向现实复杂性更趋近了一步，对多因素共同发生影响的复杂机制研究具有引领价值。同行评议认为，我们的研究“基于有限理性假设，引入累积前景理论、损失厌恶理论等，对于食品安全的监管提出了富有洞见的认识”。

同时，在学术思想上，尽管现有研究也指出了政府监管的负面影响（赵农和刘小鲁，2005；Scott et al.，2014；Ababio and Lovatt，2015），但大多是一种思想表述，且未涉及政府监管、企业和消费者三者的关系。我们从政府监管、企业和消费者三者相互影响的角度，对政府监管影响的两面性进行了模型化规范分析，提出并阐述了政府监管平衡的思想，推进了政府监管影响不确定性思想的具体化和形式化。类似的思想在有效会计监管中也被提出，但主要涉及会计规则执行者所承担的其真正能感知的违规处罚这一变量（吴联生和王亚平，2003）。

（2）在理论创新上，针对理论和政策中加大监管力度要求与现实中食品安全违规行为屡禁不止的矛盾现象，我们探讨了食品安全治理中的“监管困局”现象及其发生机理，率先提出并阐述了社会系统失灵的概念，以解释食品安全治理这一世界难题的复杂机制。我们的研究将现有侧重总量增加的绝对监管水平研究，扩展为相对监管水平的结构优化研究，为政府监管部门辩证地落实和贯彻党和国家领导人提出的“四个最严”指导思想提供了理论基础和策略依据。

理论上，现有食品安全治理研究多强调需加大监管力度（Ortega et al.，2011；龚强等，2013，2015；李新春和陈斌，2013；李想和石磊，2014）。政策上，党和国家领导人提出“四个最严”的监管指导思想。立法上，2015 年 10 月中国实施的新食品安全法被誉为史上最严的食品安全法，政府监管部门也极大地加强了监管力度。然而，食品药品市场违规行为依然屡禁不止，如 2016 年 3 月辽宁省“口子窖”假酒事件及山东济南流向 18 个省市的 5.7 亿元毒疫苗事件等。

针对已有研究中强化监管的主要结论在现实中并未起到预想效果这一问题，我们首次在理论上论证了在某个监管力度范围内政府加大监管力度反而会促使更多违规行为产生的“监管困局”现象，提出食品安全“监管有界性”假说，并探讨了产生“监管有界性”的“信号扭曲”原理。同行评议认为，我们提出的“监管困局”现象“纠正了传统文献的部分认知误区”，尤其食品安全“监管有界性”假说是“颇富洞见的”。

理论上，我们基于“监管有界性”假说提出食品安全治理的监管平衡思想，将现有侧重总量增加的绝对监管水平研究，扩展为相对监管水平的结构优化研究。同行评议认为，该成果“能够有效地解释中国现实，并且在理论上构成了对现有文献的推进”，对于探讨食品安全监管政策影响的不确定性研究具有引领价值，为各级政府监管部门辩证地落实和贯彻党和国家领导人提出的“四个最严”指导思想提供了理论基础和策略依据。

同时，提出并阐述了社会系统失灵的概念，以解释食品安全治理的复杂机制。我们指出，社会系统失灵是指一国或经济体出现的既非单纯的市场失灵、政府失灵或社会共治失灵，又非三者或两者之间的协同失灵，而是这三个失灵之间相互影响产生的全社会体系性的治理失灵现象。市场失灵、政府失灵和社会共治失灵及其交互导致的食品安全治理失灵是一种典型的社会系统失灵现象，由此构建食品安全治理复杂机制的社会系统失灵理论模型，研究具有前沿性。从理论上较好地诠释了为什么食品安全治理是一项世界难题，以及国家食品安全治理政策为什么需要与食品工业等产业政策、雾霾治理等环境保护政策、腐败治理等政府廉政政策相互协同的内在机理，为政府在食品安全治理中开展跨部门协同配合提供了理论依据和政策分析基础。

（3）在公共政策分析上，对食品安全监管"零容忍"政策提出了创新性解释。基于政府监管平衡思想，重点探讨了食品安全社会共治五种混合治理的创新模式，为制定和优化食品安全社会共治的政策和措施，提供理论基础和策略依据。

"零容忍"既是食品安全治理的一项重要制度安排，也是易于误导政府出现治理偏差的一个政策操作难点。我们针对国际学术界关于食品安全"零容忍"的两种对立看法（Hou et al.，2015；Prakash，2014），基于社会人假设对食品市场的违规决策进行经济分析，指出主张或反对食品安全"零容忍"均是有条件的，食品安全监管力度需要随生产经营者的超额违规收益、消费者的支付水平而动态调整，表明社会共治是食品安全"零容忍"制度安排的必然发展方向。由此，我们对食品安全监管"零容忍"政策提出了创新性解释，将食品安全"零容忍"的两种对立观点统一在一个经济分析框架内，形成对现有文献与政策争论的理论推进，丰富了食品安全监管平衡的思想。

现有食品安全治理的制度安排研究，或强调加大监管力度等正式制度（龚强等，2013，2015），或强调声誉机制等非正式制度（吴元元，2012），虽也提及要加强处罚等正式制度与声誉等非正式制度的结合，认为消费者参与、媒体监督、行业组织等第三方参与也构成解决食品安全问题的一个重要途径（李想和石磊，2014；张国兴等，2015；周开国等，2016），或者强调短期措施与长期制度的结合（刘瑞明等，2017），但因缺乏理论指导而对如何结合或如何参与未有深入探讨。

我们基于政府监管平衡思想，重点探讨了食品安全社会共治中五种正式制度与非正式制度实现混合治理的创新模式，即最优监管力度、震慑信号与价值重构、信息技术与制度、食品供应链的三种方式，以及多主体参与的预防—免疫—治疗三级协同的制度安排。我们论证了单纯依靠正式或非正式制度均难以解决食品安全治理这类社会系统失灵问题，需要将震慑、惩罚和追溯等正式制度与风险交流、价值重构、重塑行为规则等非正式制度结合进行混合治理，为政府优化既有食品安全治理政策和措施提供了理论基础和策略依据。

（4）在研究方法上，一方面，较好地解决了监管部门监管力度、企业违规决策、消费者支付意愿三者之间动态影响的建模难题。另一方面，首次构建完全理性假设和有限理性假设下三个理论模型并进行动态仿真分析，探讨政府监管影响的两面性及其形成机制中的主要动态特征，具有研究方法的创新价值。

食品市场上监管者、企业、消费者三者互动关系难以获得动态数据形成实证研究，也难以通过案例研究分析三者的动态影响过程，针对食品安全治理这一公共政策影响的动态性、不确定性和相互关联性，以及多主体及多因素相互影响过程的不可观察性，我们首次构建了完全理性与有限理性假设下的监管部门监管力度、企业违规决策、消费者支付意愿三者动态影响的理论模型，较好地解决了三者动态影响的建模难题，为考察食品安全监管中多主体匹配与协同的复杂机制提供了方法论基础。

已有研究主要采用博弈、计量研究和统计分析（龚强等，2013；周开国等，2016），或实证或案例研究探讨食品安全治理（刘鹏，2010，2015），虽也有使用仿真分析，但主要是针对两者之间博弈行为的仿真（张国兴等，2015；吴林海和谢旭燕，2015），虽然也出现针对三个社会主体的仿真分析，但主要是针对食品供应链主体（监管部门、食品企业和农户）的仿真分析（汪普庆和李晓涛，2014），或者针对监管者、企业、消费者三者博弈的声誉机制等制度安排（汪晓辉和史晋川，2015），我们首次构建完全理性假设和有限理性假设下三个理论模型来进行动态仿真分析，以探讨政府监管影响的两面性及其形成机制中的主要动态特征。

建构食品药品安全社会共治的制度体系，是期望解决单一监管体制难以解决的治理难题，但多主体参与的社会共治也会带来多边机会主义和多种利益冲突的风险。针对此，食品药品安全社会共治的制度安排应使新制度既能解决原有体制可以解决的问题，又能解决原有体制难以解决的部分或多数关键问题，同时还能解决新模式带来的新问题。具体地，在社会共治模式下要调动各参与主体的积极性，形成理性、有序的社会参与而不会出现“九龙治水”的混乱格局，就需要对实现机制中各项机制间的内在逻辑进行梳理和分析，对其相互关系进行界定和优化，使食品药品安全社会共治的实现机制、保障机制，以及实现机制与保障机制之间能够相互协同。否则，社会共治的社会总福利可能低于单一监管体制的社会总福利。

然而，上述研究创新在理论体系上缺少一项重要内容，即基于上述理论框架的食品药品安全社会共治的公共政策分析。因此，本书在我们出版的《食品安全社会共治：困局与突破》基础上，聚焦于探讨食品药品安全社会共治中的制度安排与制度评估，认为食品药品安全社会共治是针对社会系统失灵问题而形成的社会公共政策选择。在研究内容上，我们基于食品药品安全社会共治预防—免疫—治疗三级协同，结合Ostrom的制度分析框架，提出针对食品药品安全社会共治的混合型制度安排分析与发展框架（institutional arrangement and development for hybrid system，IADHS），重点通过行动主体、行动情境、主体交互、潜在结果及混合型制度评估五个环节或节点来进行制度分析与评估，对食品药品安全社会共治的公共政策提出政策建议。

本书对中国情境下的食品药品安全社会共治的制度安排与制度成熟度进行讨

论和评价，首次提出中国食品药品安全社会共治成熟度评价体系，对中国31个省（自治区、直辖市，不含港澳台地区）食品药品安全社会共治的区域成熟程度进行评估和分析。在此基础上，本书提出中国食品药品安全社会共治的公共政策建设方向，为中国食品药品安全社会共治的区域性制度安排提供公共政策分析基础。

最后，我们感谢中山大学管理学院肖静华副教授对本书撰写给予的诸多帮助和建议，也感谢中央财经大学经济学院副院长陈斌开教授对本书思想的点评和建议。同时，感谢中山大学管理学院傅淑楠、严炜东、李凌、林晨舸、吴小龙等同学，不仅参与中国食品药品安全社会共治成熟度评估体系的研讨，而且投入诸多时间和精力协助作者搜集和整理评估所需的数据和材料。

第1章

食品药品安全社会共治的制度分析框架

食品药品安全治理是一项世界性难题。针对这项难题，世界各国监管机构及其政策制定者形成了多种不同的治理策略和措施，或者从治理思路上锐意创新，或者在技术手段上不断提高，或者在资源投入上持续加大，或者在监管措施上不断细化，等等。中国食品药品安全治理，不仅构成中国政府及其监管机构面临的重大社会问题，而且成为中国工商管理、公共管理、农林经济管理，乃至法学和伦理学等多学科领域学者关注的重大研究课题。

在我们出版的《食品安全社会共治：困局与突破》（科学出版社，2017 年）中，对中国情境下食品安全治理中出现的社会系统风险、“监管困局”与监管平衡、正式治理与非正式治理相结合的混合治理、预防—免疫—治疗三级协同模式，以及基于食品质量链的多主体协同等关键问题进行了较为系统的探讨，形成了对食品安全经济学理论建构的重要创新。但是，该书尚未对食品安全治理中涉及的制度安排做更为情境化的探讨，尤其是缺乏对药品安全治理，以及区别食品安全与药品安全治理的制度安排及探讨。本书的研究动机就是在《食品安全社会共治：困局与突破》的基础上，推进中国情境下食品药品安全治理的制度安排与评估分析研究。

■1.1 研究背景与问题

1.1.1 政府加强食品药品监管力度

近年来，随着中国食品药品安全事件频发，影响波及面越来越广，尤其是伴随着中国国民物质生活水平的提高和对生活品质要求的提升，食品药品安全治理成为中国社会关注的热点问题,也引起了中国国家领导人及各级政府的高度重视。根据中国政治经济体制特征，我们认为中国国家领导人关于食品药品安全治理的重要讲话，可以在相当程度上反映中国政府食品药品安全治理的总体制度安排思路和方向。因此，对中国国家领导人食品药品治理重要讲话的关键词分析，近似等同于对中国政府食品药品安全治理制度安排总体思路和方向的分析。

我们搜集整理出2014~2016年中国国家领导人关于食品药品安全的重要讲话（附表1和附表2）。这些重要讲话一方面体现了中国国家领导人对食品药品安全治理的重视，另一方面反映出中国国家领导人对国家食品药品安全治理的顶层制度安排与设计的政策思路，因此，通过对中国国家领导人关于食品药品安全重要讲话的分析，可以从制度安排与分析视角明确中国政府及监管机构对食品药品安全治理制度安排的总体设计方向。

首先，2014~2016年中国国家领导人关于食品安全重要讲话共计19次。中共中央总书记、国家主席习近平发表重要讲话共计5次。其中，4次讲话主题为强化现有食品安全监管手段，用最严谨的标准、最严格的监管、最严厉的处罚、最严肃的问责，加快建立食品安全治理体系，仅在2014年2月内蒙古企业调研过程中敦促企业重视食品安全问题。同时，国务院总理李克强在2014~2016年发表相关重要讲话6次，核心主题均为以食品安全监管"零容忍"措施惩治食品安全违法行为，给予违法犯罪最严厉处罚。

我们对中国国家领导人关于食品安全的19次相关讲话内容中出现的关键词进行分析（表1-1），第一，发现严格监管、严厉处罚、"零容忍"等加大处罚力度的关键词出现频次最多，共计11次，占比58%，反映出国家领导人的制度安排思路主要是加大监管力度，强化现有监管手段，用"四个最严"和"零容忍"政策遏制食品安全违法犯罪行为发生。第二，食品安全教育宣传类关键词出现频次排名第二，共计3次，占比16%，反映出国家领导人同时意识到社会公众的参与治理是提升食品安全满意度、改善治理绩效的重要途径。第三，源头管控、大数据监管、社会共治、民主监督等关键词，也在不同场合被国家领导人提及，反映出促进传统监管体系向现代治理体系转型也成为国家领导人制度安排的思路之一。

表1-1　2014~2016年中国国家领导人食品安全讲话内容关键词分析

高频词汇	加大处罚力度	教育宣传	源头管控	大数据监管	社会共治	民主监督	总数
出现频次/次	11	3	2	1	1	1	19
百分比/%	58	16	11	5	5	5	100

表1-1表明，中国政府对于食品安全治理的制度安排设计思路现阶段主要还

是从加大监管力度角度来实现对食品安全公共管理的治理，但同时注意到现有加大监管力度遇到的资源约束、能力约束和制度约束等局限，也强调教育宣传、源头控制等措施的治理价值。但是，这些制度安排思路主要还是属于政策操作层面，对于如何将这些制度安排思路落实到具体的治理体制中，还存在着理论指导的缺乏和实践落地的难题。

其次，2014~2016年国家领导人关于药品安全重要讲话共计9次。与食品行业相比，药品行业由于存在较高的准入门槛，对经营场地、制造设备、资金来源、专业技术、信息系统、销售规模、产品研发与服务等方面提出了较高的要求，政府部门对药品安全实施较为系统的监管。在9次讲话中，国家主席习近平共做了2次讲话，分别为强调药品安全监管“四个最严”以及加强现有药品安全治理体系。国务院总理李克强在3次重要讲话中，紧紧围绕强化企业安全生产、打击违法犯罪行为、严肃问责等向各级政府部门发表重要指示。

中国国家领导人关于药品安全9次讲话内容的关键词分析结果见表1-2。表1-2表明，与食品安全重要讲话类似，国家领导人在药品安全领域依然强调加大对违法犯罪行为的处罚力度，如持续开展专项整治和综合治理、强化检验检测标准、严厉打击违法行为等，这类关键词共出现3次，占比33.33%。同时，药品安全监管更加强调与药品企业的合作，9次讲话中有2次的核心关键词为源头管控，即推动地方药品企业提升各环节制药标准和质量，加快企业信息化与精细化建设。此外，队伍建设、大数据监管、体制改革、严肃问责等关键词各出现1次，分别占比11.11%，反映出国家领导人对药品安全监管体系与食品安全监管体系一样，在制度安排思路上同样期望以风险管控为核心构建现代社会公共治理体系。

表1-2 2014~2016年中国国家领导人药品安全讲话内容关键词分析

高频词汇	加大处罚力度	源头管控	队伍建设	大数据监管	体制改革	严肃问责	总数
出现频次/次	3	2	1	1	1	1	9
百分比/%	33.33	22.22	11.11	11.11	11.11	11.11	99.99

表1-2也表明，政府对于药品安全治理的制度安排思路与食品安全治理一样，也是重视监管力度或资源投入，对于如何建构更高效率的药品安全监管结构，如何通过更有效的制度安排来提高药品安全治理成效，也缺乏具体的制度设计思路。

综合上述表1-1和表1-2的分析结果，可以认为，中国政府食品药品安全制度安排的总体思路是期望标本兼治，期望通过“运动式”加大监管力度来短期内遏制住不断严重的违规行为或事件的发生，同时通过源头控制、队伍建设、大数据监管、体制改革和严肃问责等制度安排来实现对药品安全治理的本源治理。诚然，在制度设计上，从中央到地方各级政府部门的治理策略包括加强现有监管力度，通过监管“零容忍”和实施“四个最严”等监管措施，提升监管部门食品药品安全治理水平。这种加大监管力度的策略导向，一方面可以提高国民对政府食品药品安全治理的信心，提高食品药品市场的消费购买意愿，另一方面可对地方政府日常食品药品安全监管工作起到重要指导作用，使现有监管措施向专业化和精细化方向发展。总体而言，中国政府乃至世界各国政府对食品药品安全治理标本兼治的制度安排思路和方向无疑是合适的，这在全球食品药品安全治理的制度安排中已经成为一种治理共识。

但是，在标本兼治中如何将对“标”的制度安排与对“本”的制度安排有机结合起来，通过对“标”与“本”的制度安排匹配与协同，形成针对短期治理目标与长期治理目标的有效的制度建构，构成了当前中国乃至世界食品药品安全社会共治的制度安排的一个管理难题，目前无论是理论上还是实践中均缺乏必要的探讨和实践经验总结。这也构成本书研究的一个学术探讨动机。

同时，从监管者的角度看，针对中国食品药品安全治理中的乱象，采取“乱世用重典”的制度安排思路是合适的，尤其是针对中国食品药品市场庞大、消费层次与需求多样性、消费群体差异显著等国情，加大监管力度的制度安排导向无疑是短期内有效遏制住食品药品市场违规行为及现象的一种适宜思路。但是，从社会总成本角度分析，不断加大监管力度，在某个治理发展程度上未必总是合适的，如我们在《食品安全社会共治：困局与突破》中所阐述的，食品市场中信息扭曲导致“监管困局”和“违规困局”，使监管机构加大监管力度在某个程度范围内不仅没有遏制违规行为，反而可能促使更多的违规行为发生。

1.1.2 严格监管下违规事件发生规律

在中央政府和地方政府大力加强监管力度的现实情境下，中国 2014~2016 年食品药品安全事件存在什么特征？现以食品安全事件发生规律为例进行说明，我们从国务院官方网站、《人民日报》、百度搜索、网易新闻等权威渠道搜集整理出 2014~2016 年中国食品安全事件列表（详见附表 3）。

我们搜索到 2014 年 1 月 1 日至 2016 年 11 月 1 日具有社会影响的食品安全事件 45 件。其中，2014 年发生全国性食品安全事件 3 件，地域性食品安全事件 8 件；2015 年发生全国性食品安全事件 5 件，地域性食品安全事件 20 件；2016 年发生全国性食品安全事件 2 件，地域性食品安全事件 7 件。可见，2015 年是中国食品安全事件突发年份，比 2014 年和 2016 年发生的食品安全事件总和多 25%。尽管其中的原因是多方面的，但一个原因不容忽视，即该年份为全国食品药品安全监管体系改革的关键阶段，各地食品药品监督管理局从工商行政管理局、卫生局、质量技术监督局、农业局等部门承接相应食品安全监管职责以及监管资源。由于各地监管部门需要时间进行机构改革和人员配置，对监管效能存在一定影响。到 2016 年，全国各地食品安全事件数量又与 2014 年基本持平。

然而，2014~2016 年，中央和地方食品安全监管部门投入大量人力、物力、财力加大现有监管力度，推出多项“零容忍”监管措施，如与公安机关联合建立食品安全稽查大队，各地政府配置覆盖各个主要社区的食品安全信息员，以及开展多项专项整治运动。但是，从 2014 年和 2016 年数据上看，中国全国性和地域性食品安全事件发生概率并没有因此而显著下降。

对 45 件具有社会影响的食品安全事件进行典型案例分析（表 1-3），结果表明，针对全国性食品安全事件而言，实施主体主要为大型内外资企业，这些企业为了降低经营成本铤而走险，甚至不惜突破食品安全监管底线。近年来，随着中央政府和地方政府不断完善食品安全监管手段和监管标准，以及加大违法犯罪行为的打击力度，大企业违法违规的概率将会持续下降并维持在较低水平。从数据上也看出，全国性食品安全事件占比 22%左右，并不是影响社会公众满意度的核心原因。监管部门应该将更多精力投放在地域性食品安全事件上。

表 1-3　2014~2016 年全国性与地域性食品安全事件案例特征分析

属性	典型案例选取	特征分析
全国性事件	上海福喜“过期肉”事件、台湾顶新“黑心油”事件、亨氏米粉铅超标、“僵尸肉”事件	与大企业密切相关，企业为了降低经营成本，从而违反食品安全监管规定
地域性事件	“毒豆芽”事件、亚硝酸盐中毒、有机磷中毒、“注胶虾”事件、罂粟壳烤肉店案	与中小微企业相关，一些企业主要为了降低成本，另外一些企业或个人则是非理性行为

针对地域性食品安全事件而言，其实施主体主要为中小微企业，这部分企业违反犯罪的主要原因有二：一是与大型企业类似，希望可以通过违法行为降低食品经营成本，从中获利；二是由于中小微企业存在知识和能力上的不足，容易受周边环境影响做出非理性的违法犯罪行为。因此，在未来食品安全监管过程中，需要重点关注的是如何更有效地降低地域性食品安全事件发生概率，提升地区人民食品安全满意度。对于地域性食品安全事件，现有研究认为单纯依靠加大监管力度并不能有效解决，需要正式治理与非正式治理等多种制度安排协同治理。然而，当前中央政府和地方政府对不同的治理模式关注不够，主要追求加大监管力度，忽视对其他社会主体的积极调动。

1.1.3　食品药品质量链视角的对策体系

在提出食品药品安全社会共治制度分析框架前，有必要对现有食品药品安全治理的对策研究做一个梳理。总体来看，现有食品药品安全治理的政策措施就单一层面或某个具体问题和领域而言在不断深化，且获得了相当丰富的研究和足够的重视。然而，既有研究和政策操作中对食品药品安全治理属于一个社会系统失灵问题的认识不足，对解决这种问题的综合性方法重视不够。对策研究虽然丰富，但研究成果的针对性有待加强。

从质量链视角分析，现有食品药品安全治理对策研究大体从产品、信息和制度三个方面形成丰富的研究成果。第一是食品药品产品链帕累托改进控制策略，包括食品药品质量控制（quality control，QC）流程、技术和方式三部分，表 1-4 对食品药品代表性控制策略进行了归纳。

表 1-4　代表性食品药品产品链改进控制策略

要素	控制策略	主要文献
流程	（1）标准体系：国际食品安全管理体系（food safety management system，FSMS）标准（ISO22000）；新食品安全管理体系；危害分析与关键控制点（hazard analysis critical control point，HACCP）；良好农业规范（good agricultural practice，GAP）；良好操作规范（good manufacturing practice，GMP）；卫生标准操作程序（sanitation standard operation procedures，SSOP）；全球良好农业操作认证（GLOBALGAP）；药品生产质量管理规范（新版 GMP）；《美国药典》（U.S. Pharmacopeial，USP）；药品 GMP 认证检查评定标准；《中国药典》（Chinese Pharmacopeial，CP）；药品技术指导原则；国家药品标准工作手册；药品注册管理办法 （2）标准认证：HACCP 体系认证、QS 食品质量安全市场准入认证、无公害食品认证、绿色食品认证、有机食品认证；动物健康与动物福利认证；国家药品执业药师资格认证；药品经营质量管理规范（good supply practice，GSP）认证；药品非临床研究质量管理规范（good laboratory practice，GLP 认证） （3）管理流程：超市自加工控制；分色管理控制；保质期管理；过期食品回收销毁处理；食品召回；闭环供应链食品召回；食品召回责任保险；无线射频识别（radio frequency identification，RFID）技术控制；药品冷链物流运输管理；欧盟药品风险管理计划（European Union Risk Management Plan，EU-RMP）；美国 FDA（Food and Drug Administration，即食品药品监督管理局）药品管理体系；药品不良反应信息通报机制	Bailey 等（2016）；Tóth 等（2016）；Dou 等（2015）；Hou 等（2015）；Jouanjean 等（2015）；Buckley（2015）；Briz 和 Ward（2009）；Henson 等（2000）；刘瑞明等（2017）；钱存阳和李健（2016）；张博和刘家松（2016）；刘鹏（2015）；张志勋（2015）；戚建刚（2014）；褚小菊等（2014）；任建超等（2013）；陈亚飞等（2013）；郝琳琳和卜岩兵（2013）；梁颖等（2012）；胡春丽等（2012）；刘明理等（2012）；顾颂青和叶桦（2012）

续表

要素	控制策略	主要文献
技术	（1）添加剂控制技术：药物添加剂控制；滥用抗生素控制；超标使用重金属物质控制；滥用激素类产品控制；病原微生物污染控制；烹调过程食品添加剂控制；食品防腐剂控制；绿色饲料添加剂；农药残留限量标准；农残控制；农田作物镉超标和水产品无机砷超标控制 （2）检测控制技术：农药兽药残留检测技术；有机污染物、天然毒素、生物性污染检测技术；转基因食品检测技术；免检食品控制技术；食品快速检测技术；地沟油检测鉴定；地沟油检测方法；餐厨垃圾无害化处理；死猪无害化处理；药品水分近红外检测技术；快速检测技术；药品发热物质检测技术；药品注射剂检测技术；苯丙醇胺检测技术；药品微生物检测技术；兽药耐药性检测技术；生物制药安全检测技术 （3）包装物流技术：分级包装；塑料、纸、玻璃、金属制品、橡胶制品、陶瓷和搪瓷等包材控制、采购标准 GB 9683—1988、GB 9686—2012 和 GB 9687—1988；冷链物流港口冷藏设备和冷藏仓储基础设施；防伪药品包装；HALCON 药品包装瓶批号检测技术；再生塑料检测技术；塑料、玻璃、纳米材料等包装控制；非处方药（over the counter，OTC）包装分析；药品冷链物流设备管理；药品逆向物流管理；药品物流 RFID 应用；邮政药品物流	Berardo 和 Lubell（2016）；Rahman 等（2016）；Dou 等（2015）；Hou 等（2015）；Lim 等（2016）；Lu 等（2015）；Pham 等（2009）；Jackson（2009）；张红霞（2017）；王锐等（2016）；宋国宇等（2016）；王波和江春芳（2016）；贺文慧等（2016）；李中东和张在升（2015）；胡颖廉（2015）；张曼等（2014）；曾寅初和全世文（2013）；吴林海等（2012）；郭桦等（2012）
方式	（1）食品安全抽检；免检；普检；食品安全实时与抽查混合；整合现有检测资源、提升检测能力；生产许可/分包装/过期香原料复检；产地农产品集中检验 （2）药品安全抽检；免检；普检；药品安全实时与抽查混合；不合格产品通报与惩罚；兽药安全检测集中采购制度设计；中药检测	Devaney（2016）；Lee 等（2015）；Wu 等（2014）；Sani 和 Siow（2014）；Yano 等（2014）；崔春晓等（2017）；徐飞（2016）；祝运海（2015）；梁晨（2015）；李中东和张在升（2015）

由表 1-4 可以看出，食品药品安全产品链质量控制流程研究主要集中在质量规范、认证和过程控制三个方面，质量控制技术主要集中在添加剂控制技术、检验控制技术和包装物流技术四个方面，质量控制方式因为在质量管理中研究成熟，较少涉及。上述研究均侧重于产品质量改进方面，缺乏对不同社会主体在何种情境下加以运用进行深入探讨。

第二是食品药品信息链的帕累托改进控制策略，包括食品药品信息系统、信息集成和信息披露三部分，代表性控制策略见表 1-5。

表 1-5 代表性食品药品信息链改进控制策略

要素	控制策略	主要文献
信息系统	（1）可追溯信息系统：内部追溯、外部追溯、全供应链追溯、部分供应链追溯；统一的信息平台；食品信息监管平台；药品信息监督平台；食品安全监控电子商务平台；药品安全监控电子商务平台；可追溯食品电子商务平台；可追溯药品电子商务平台 （2）物联网控制体系：食品全链条物联网控制体系（原料、加工环境、设备、工艺、包装及标识、储运、生产人员、加工记录）、多机器人智能化食品加工技术、RFID技术应用；基于物联网的药品供应链流程再造；智慧医疗；物联网药品风险监控系统；物联网药品安全系统架构；药品流通物联网体系；药品无线传感网络	Handford 等（2016）；Nohmi（2016）；Zhang 等（2015）；Martirosyan 和 Schneider（2014）；王明远和金峰（2017）；崔春晓等（2017）；贺文慧等（2016）；葛莉（2016）；程景民等（2016）；张凯华等（2016）；宋国宇等（2016）；王锐等（2016）；龚强等（2015）；肖峰和周梦欣（2015）；凌俊杰等（2013）；沈小静和王燕（2013）；李静和陈永杰（2013）；高德兴（2012）
信息集成	（1）产品信息：加工食品、饮料、牛肉产品、水产品、葡萄酒、水果和蔬菜全球统一标识系统（Global Standard 1，GS1）；产地农产品信息收集；药品信息咨询系统；药品信息监测；麻醉药品信息；药品信息数据仓库；药房药品信息标准 （2）质量信息集成：食品安全溯源信息指标（关键溯源点、过程溯源指标、安全溯源指标）；食品安全可追踪系统信息传递；食品安全指数；超市食品安全质量顾客满意度指数（customer satisfaction index，CSI）；食品安全顾客满意度指数；食品安全风险监测模型；食品安全预警机制；药品安全信息评价；中药色谱鉴别；药品调剂质量信息发布；药品临床试验质量管理规范（good clinical practice，GCP）	Cortese 等（2016）；Nohmi （2016）；Tóth 等（2016）；Dou 等（2015）； Sani 和 Siow（2014）；Yano 等（2014）；陈素云（2016）；陈婷等（2016）；钱存阳和李健（2016）；张冰妍等（2016）；张博和刘家松（2016）；贺文慧等（2016）；肖峰和周梦欣（2015）；陈亚男等（2014）；曾寅初和全世文（2013）；孙春伟（2013）；何远山等（2012）
信息披露	（1）政府信息公开：信息披露、农产品信息披露；食品安全社会责任信息披露；食品安全黑名单；消费者对信息披露的反应行为；消费者对食品质量信息的应用；消费者对重大食品事件信息的关注；美国 FDA 药品信息公开；电子化政府部分；行业药品信息披露；国家药品信息公开制度 （2）社会信息传播：食品新闻事件传播；食品安全事件病毒式传播；食品安全事件传播功能与规律；食品安全负面新闻控制；网络舆情非理性表达；药品媒体安全网；从风险社会理论视角反思药品安全问题；公众用药安全 （3）媒体舆情干预：大众传媒责任偏差与重构；新闻螺旋现象的食品药品安全事件舆情干预与引导；食品药品安全报道舆论监督负面效应及心理安抚；食品药品安全事件公众恐慌的信息干预；食品药品安全风险社会放大的消极后果控制；谣言、流言与恐慌控制	Ricks（2016）；Handford 等（2016）；Jouanjean 等（2015）；Buckley（2015）；Briz 和 Ward（2009）；陈素云（2016）；曾一（2013）；鄢子为（2013）；陈玥（2013）；张驰和刘焱（2013）；王聪（2012）；山丽杰等（2012）；欧阳兵（2012）

食品药品安全管理政策的效能取决于合适的信息制度（王可山，2012），但

现有研究主要探讨食品药品信息系统建设、食品药品信息传递和传播、食品药品信息共享对食品药品安全治理的价值或作用，对政府主体、企业主体和市场主体在普遍性情境和特殊性情境下如何实现高效协同的控制策略缺乏深入探讨。

第三是食品药品制度链帕累托改进控制策略。目前，中国出台的食品药品安全相关法律法规主要包括《中华人民共和国食品安全法》(简称《食品安全法》)、《中华人民共和国农产品质量安全法》、《中华人民共和国食品卫生法》、《食品企业卫生许可证》、《中华人民共和国食品安全法实施条例》、《食品召回管理规定》、《生猪屠宰管理条例》、《农药登记管理条例》《流通环节食品抽样检验管理办法（征求意见稿）》、《中华人民共和国药品管理法》（简称《药品管理法》）、《中华人民共和国药品管理法实施条例》、《药品注册管理办法》、《药品生产质量管理规范》、《国家药品标准工作手册》及《药品GMP认证检查评定标准》等。此外，食品药品安全制度还包括正式制度、非正式制度和实施方式三部分，代表性控制策略见表 1-6。

表 1-6　代表性食品药品制度链改进控制策略

要素	控制策略	主要文献
正式制度	（1）认证与评估：食品药品供应商评价制度；食品安全认证制度；食品安全企业标准备案制度；食品上市公司社会责任报告；HACCP 贷款制度、HACCP/ GAP 补贴计划、支持评价制度、食品流通再保险；国家药品安全责任体系；药品经营企业 GSP 认证；药品安全监管制度；药品 GMP 认证制度；中药制剂风险性管控；中国药品安全规制 （2）责任与赔偿：保险理赔与病死动物无害化处理协同机制；病害动物无害化处理补偿补贴机制；病死猪无害化处理长效机制；病死畜禽无害化处理统一收集制度；食品侵权责任惩罚性赔偿制度；食品安全犯罪被害人的权利救济；食品企业强制商业保险；食品安全救助基金；药品惩罚性赔偿制度；药品不良反应的民事赔偿责任；不合格药品召回管理办法 （3）激励制度：食品安全监管和责任激励机制设计；食品安全管理激励机制与相关制度的匹配；食品安全监管的制度缺陷；农产品价格补贴制度；安全食品供给的契约；契约选择与食品生产者质量控制；契约选择与食品安全供给；农业产业链的契约风险；食品安全信用档案；惩罚性赔偿激励民间药品安全监督；药品安全信用体系；广东省药品安全信用平台；医疗纠纷服务平台 （4）社会治理：多主体多中心治理；从“法律中心”到“社会管理”；从威权管制到合作治理；公众参与；消费者参与、媒体、行业组织、街道社区、虚拟社区团体；行业协会参与；行业协会自治；食品安全舆情网民参与	Bailey 等（2016）；Lu 等（2015）；程景民等（2016）；张凯华等（2016）；李中东和张在升(2015)；胡颖廉(2015)；张曼等（2014）；凌潇和严皓（2013）；洪巍等（2013）；齐萌（2013）；王志涛和谢欣（2013）；陈瑞义等（2013）；闫海和徐岑（2013）；董欣（2013）；丁冬（2012）；肖小虹（2012）；马成林和周德翼（2012）；吴元元（2012）；高秦伟(2012)；陈建勋和武治印(2012)

续表

要素	控制策略	主要文献
非正式制度	（1）信任机制：食品药品安全信心、信任；消费者信任机制；品牌信任；食品药品安全信任形成；可追溯体系对品牌的信任影响机制；QS认证与消费者信任；声誉机制、合作社品牌；口碑传播 （2）信任修复机制：黑名单；评价与谴责；消费者用脚投票；消费者信任修复；消费者信心重构	Ricks（2016）；Handford等（2016）；Rahman等（2016）；Lim等（2016）；Pham等（2009）；李中东和张在升（2015）；胡颖廉（2015）；陶善信和周应恒（2012）；吴元元（2012）；李新春和陈斌（2013）
实施方式	（1）多主体模式：农民协会+农民合作社+农户模式；农业协会；农业合作社；零售终端+合作社+农户模式；农户+农民经纪人+企业；农户+企业；农户+基地+企业；农户+合作社或技术协会+企业；农超对接；监督量化分级管理；食品药品闭环供应链管理；农商一体化（药品快批）冷链物流模式；农产品协议流通模式；药品原料商+药品制造商+药品分销商+医院模式；药品行业协会；药店+药品制造商模式；药品供应链管理 （2）政府和媒体责任：打击经营不安全食品药品非法收入和增加赔偿额；加强政府风险预警；开展食品药品安全知识宣教；加强技术指导；政府问责，纳入政府考核；媒体监督制度化和程序化；媒体传播责任 （3）第三方监管：监管责任第三方审核；第三方机构认证；对监管者的再监管；严格审查食品药品专利授权；《食品安全法》赔偿条款执行；食品安全监管中的渎职行为与追责；《药品管理法》赔偿条款执行；药品安全问责制度 （4）消费者保护：强化消费者司法保护，细化消费者举报监督，健全消费者权益保障；举证责任倒置；消费者举报奖励制度；精神损害赔偿；修正食品药品企业有限责任制度；提高认知能力；提高风险感知；消费者属性偏好行为；消费者信息搜寻	Handford等（2016）；Chen和Su（2015）；Wu等（2014）；Ko（2015）；Prakash（2014）；张红霞（2017）；张志勋（2015）；戚建刚（2014）；孙春伟（2013）；范春梅等（2013）；张振等（2013）；黄奋强等（2013）；莫鸣和安玉发（2013）；华红娟和常向阳（2012）；李红和常春华（2012）；苏苗罕（2012）；胡映蓓（2012）；王成（2012）

在食品药品安全质量链中，制度链的研究文献数量多，且主要集中在三个方面：一是与产品链和信息链相关的制度安排，如政府对实施HACCP的企业的贷款制度，或者遵守《药品管理法》为企业带来的潜在收益等；二是食品药品安全治理模式的设计与选择，如多主体社会治理模式等；三是食品药品安全的消费者行为及其参与，如消费者的认知行为等。一方面，这些制度研究文献为构建食品药品安全社会共治制度安排奠定基础，但另一方面，现有研究缺乏将不同社会主体的制度安排进行系统性研究，难以解决不同主体形成的制度安排间相互矛盾与冲突的现实困局。这种状况在食品药品治理出现社会系统失灵的情境下，将变得更加严重。或者说，从食品药品质量链视角构建食品药品安全社会共治制度解决方案是困难的，需要从社会系统失灵解决方案视角来探讨食品药品安全社会共治的制度安排。

1.1.4 研究问题的提出

根据1.1.2小节和1.1.3小节的分析可认为，一方面，党中央、国务院高度重视食品药品安全治理问题，并在2014~2016年加大对食品药品安全违法行为的打击力度，以“四个最严”和“零容忍”政策覆盖食品药品全产业链，希望对企业起到“不敢违法”和“不想违法”的震慑作用。另一方面，从2014~2016年中国食品药品安全事件统计分析结果来看，虽然中央政府和地方政府在三年时间里加大监管力度，但全国性和地域性食品药品安全事件发生概率并没有下降，反而在2015年呈现出“井喷式”现象。数据显示，地域性食品药品安全事件是监管部门需要重点关注的领域，加大监管力度并没有很好地解决地域性食品安全监管问题。因此，我们对中国食品药品安全问题屡禁不止以及监管措施难以奏效的现实困境进行分析，总结出以下两方面原因。

第一，中国食品药品安全问题是综合食品药品市场失灵、食品药品安全监管失灵以及社会共治失灵的社会系统失灵，因此成为世界性公共管理难题。正如我们在《食品安全社会共治：困局与突破》中论述的，社会系统失灵是指一国或地区出现的既非单纯的市场失灵、政府失灵或社会共治失灵，又非三者或两者之间的协同失灵，而是这三个失灵之间相互影响而产生的全社会体系性的治理失灵现象。与市场失灵等单一的资源配置机制失灵相比，社会系统失灵有三个明显特征：其一，社会系统失灵表现为既有市场失灵，也存在政府失灵，同时还存在社会共治失灵或其他资源配置机制失灵现象，且资源配置失效具有跨部门或跨领域的传染性；其二，表现为复杂动态的变化过程，形成相互关联、相互影响的复杂社会网络结构，即市场失灵、政府失灵与社会共治失灵三者之间互为因果关系，难以通过单纯解决其中一种失灵现象而使问题得到解决或缓解；其三，社会系统失灵具有反向自适应的动态变化特征，在不同的发展阶段或不同区域范围内其失灵影响形成不同的自我超速放大特征，如当社会发生食品安全事件时，媒体的不当报道既可能迅速递增社会舆情压力，也可能使某个食品行业迅速陷入全行业生产萎缩的窘境。

解决中国食品药品安全治理这样的社会系统失灵问题，不能单纯依靠解决市场失灵或政府失灵的常规手段，而应采取既包括自上而下的顶层制度设计，又包括自下而上的社会边缘革命或创新带动的渐进变革的综合性系统管理方式来解决，因为系统性问题需要系统性方式来解决。这也就可以解释为什么中国政府提出多项治理策略，却无法在政策结果上给予公众一个满意的答复，因为当前的监管政策单纯依靠解决市场失灵的策略或者解决监管失灵的策略，缺乏实施正式治理与非正式治理的混合策略。

第二，在监管力度、超额违规收益、支付水平三者密切关联的现实约束下，监管部门加大监管力度导致"监管困局"产生。加大监管力度在多大程度上或在多广范围内可以有效抑制食品安全违规决策行为，这是全球几乎所有国家和政府食品药品监管部门都期望了解的答案。通过对食品药品安全监管力度两面性的分析发现，监管力度存在一个最合适的监管力度范围，不是监管力度越高越好，也不是监管力度越低越好。在既定条件下监管者最合适的监管力度与生产经营者的超额违规收益与消费者的支付水平三者密切相关，三者是相互依存变化的。然而现实情境中，监管部门一味加大监管力度，不仅导致基层食品药品安全监管部门疲于奔命，而且使得行业超额违规收益显著增加，甚至出现群体道德风险行为。

作为一项公共政策，食品药品安全社会共治或治理政策不仅涉及食品药品行业的发展，而且牵涉到社会经济发展的多个层面的影响。因此，食品药品安全社会共治的公共政策，本质上既是一项提升社会福利的公共政策，也是一项提升食品产业和药品产业生产效率的产业政策，需要得到更广泛的重视。然而，现有研究更多地关注治理本身或治理策略，对食品药品安全治理公共政策分析的理论基础缺乏深入讨论。在此，我们试图对食品药品安全社会共治政策分析的理论基础做初步探讨。

■1.2　食品药品安全治理制度分析的理论基础

1.2.1　自组织与治理困局

Elinor Ostrom凭借公共池塘资源自组织理论方面的卓越贡献，被授予2009年诺贝尔经济学奖。针对只有政府层级治理和市场私有化可以解决公共池塘资源问题的观点（Olson，1965；Hardin，1968），Ostrom（1990）提出了自组织治理制度作为第三种解决思路。自组织是指资源使用者或地方社群基于关系和信任自愿结合，为管理集体行动自定规章制度、自主治理与自主监督的活动（Ostrom，1990，1992；罗家德和李智超，2012）。

与层级治理和市场机制相比，自组织可以更好地解决集体行动带来的社会困局（Ostrom，1998；Berardo and Lubell，2016），其实现路径主要通过在资源使用者或社群内部建立互惠机制、声誉机制和信任机制，从而解决理性个体短期自利行为的诱惑问题（Nowak and Sigmund，1993；Pahl-Wostl，2009）。一般地，影响自组织成功构建的内部变量包括参与者数量、群体异质性、群体对公共物品的依赖程度、群体共同理解、集体利益总体规模、群体中个体对集体物品的贡献程度等，外部变量包括制定规章制度的自治权和外部政治制度，主要由地方政治机构决定（Ostrom，2010，2014）。自组织通过社会资本形成信任机制、互惠机制及声誉机制，推动自主治理与自我监督（Knack and Keefer，1997；Ostrom，1996；Anderson et al.，2004；罗家德和李智超，2012）。

当前，学术界主要从关系、结构和认知三个视角来探讨社会资本（Nahapiet and Ghoshal，1998）。其中，关系视角认为，关系的性质、来源以及强度决定了人际间社会资本的强弱，最终影响群体内合作意愿是否产生（Ostrom，2008；罗家德等，2013）。结构视角认为，不同结构的社会网络影响群体间社会资本（Coleman，1990；Wasserman and Faust，1994），如公共服务领域广泛的社会参与可以形成开放式社会资本，提升公共服务质量（Salamon，1995）。认知视角主要探究群体内共同的记忆、相互认同，以及共享相同的规范对社会资本的影响（Nahapiet and Ghoshal，1998）。此外，社会资本通过产生信任增强群体实现集体行动的可能性（Torsvik，2000）。

在获取社会资本后，组织学习帮助社群组织理解多主体、多层次的复杂情境下制度变迁机制（Pahl-Wostl，2007）。这里的组织学习主要以应用性学习的形式出现，通过对资源管理制度和约束边界进行整体性回顾，推动社群主体进行制度构建（Hargrove et al.，2002；Armitage et al.，2008），因而对于不同利益群体共同开发和维护公共池塘资源具有非常重要的作用。

在组织学习结束后，社会主体获取充足信息进行制度变迁的下一个环节，即通过规则谈判对集体行动目标进行磋商，讨论如何实现既定目标，以及如何将计划转化为实际行动（Tippett et al.，2005；Pahl-Wostl，2009）。然而，现实中规则的制定过程面临各种不确定性，许多规则在缺乏全面认知的情况下进行选择，可能导致自组织构建难以实施而失败（Ostrom，1990）。

自组织构建在本质上是一种渐进性的制度变迁过程，在追求自主治理目标过程中，组织逐渐改变制度结构。其中，干中学是一种有效的解决策略（Armitage et al.，2008；Ricks，2016）。与组织学习环节以应用性学习为主不同，这里，干中学是指组织经过主体间重复互动，获取某项特定技能并顺利推动组织运作的流程（Nelson and Winter，1982）。

1.2.2　制度分析与发展框架

1. 针对单一制度的分析与发展框架

自组织理论提出了治理公共池塘资源的八项基本原则，对自组织治理的边界界定、占用与供给条件、集体选择安排、监督、分级制裁、冲突解决机制、组织权认可、嵌套式企业进行了分析（Ostrom，1990）。然而，对于如何实现上述八项原则，自组织理论并没有给出明确答案。因此，Ostrom（2005）为自组织理论构建、调整与改善建立了制度分析与发展（institutional analysis and development，IAD）框架。此外，美国顶级政治学期刊*Policy Studies Journal*（《政策研究杂志》）于 2011 年第 1 期专门设立了Special Issue ——IAD框架研究，Ostrom还特意为Special Issue 撰写了IAD框架的演化过程，并为政策制定者如何使用IAD框架作制度分析提供了指导。由此可见，IAD框架已经成为自组织制度分析领域的权威框架。

Ostrom（2011）认为，IAD框架可以识别出当前制度安排中的关键结构变量，成为制度分析的多层次概念地图。换句话说，IAD框架可以解释制度安排中的内生变量与外生变量，能够影响公共池塘资源自组织治理中的制度安排结果，并为政策制定者提供一套增强多中心主体信任与合作的制度设计方案，以及评估和改善现行的制度安排（Kiser and Ostrom，1982；Poteete et al.，2010）。

目前，在公共管理领域，IAD框架得到较多的应用，既可以用来研究静态的制度安排，也可以用来研究动态变化的制度安排，对其中的规则演化和技术变迁作深入分析（Ostrom，2008）。Ostrom在 2005 年出版的《理解制度多样性》（*Understanding Institutional Diversity*）专著中首次系统阐述了IAD框架（图 1-1）。

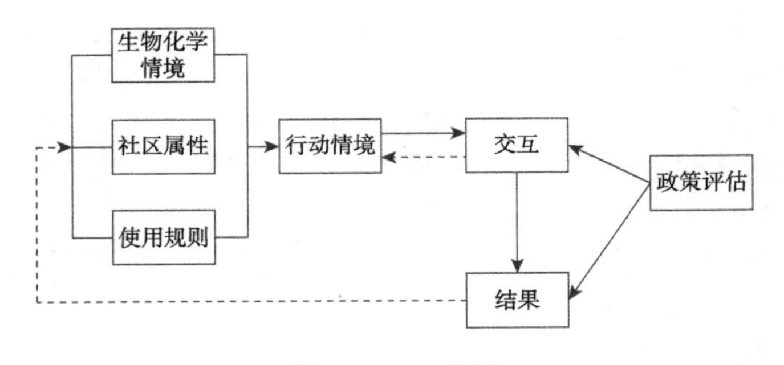

图 1-1 IAD 框架

由图 1-1 可以看出，IAD框架的核心构念包括行动情境、交互、结果以及政策评估。行动情境是导致制度安排中各主体交互和产生结果的重要因素（McGinnis，2011）。随后，Ostrom（2005）行动情境这一核心变量进一步打开，观察行动情境中的核心组成部分，以及识别出各层次主体的行动（图 1-2）。

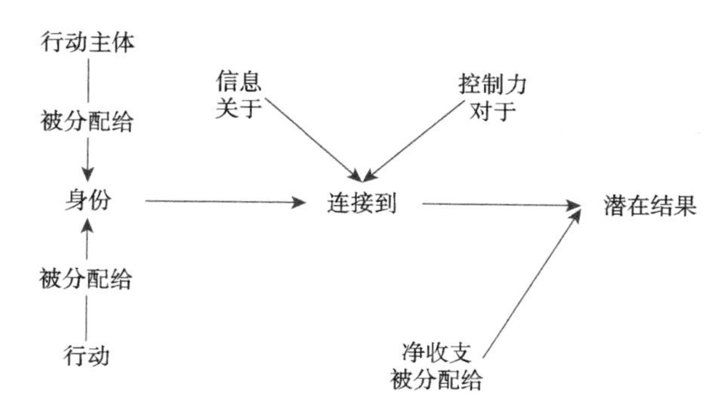

图 1-2　IAD 框架中行动情境的内在结构

因此，IAD框架中行动情境的关键组成部分包括行动主体、身份、行动、信息、控制力、净收支以及潜在结果。IAD框架的使用逻辑在于，通过行动情境这一复杂和重要因素，解释多中心主体参与公共池塘资源自组织治理过程，对特定身份的个体在既有信息和控制力下如何采取行动从而对治理结果产生影响进行分析（王群，2010）。

利用IAD框架对食品药品安全治理进行分析，可以更加系统地理解社会系统失灵的内在原因和提出更加有针对性的政策建议。IAD框架表明，食品药品安全治理除了要考虑生物化学情境（如天气、地理位置等）、社区属性（如特定地区饮食和药物使用习惯）以及应用规则（如食品药品安全各项监管策略）外，更重要的是理解不同的经济社会因素对治理行为的影响，如管理体系、行动者利益、交互作用方式、潜在结果等。

2. 针对混合型制度的分析与发展框架

Ostrom认为，中国现有的食品药品安全监管体系高度集中化，而食品药品安全问题本身却十分分散，自组织治理可能会有效解决中国食品药品安全问题[①]。此外，食品药品安全治理是一个社会系统失灵问题，因此不存在解决社会系统失灵的单一制度安排或单一解决方法。现有对食品药品安全社会共治乃至公共管理社会共治的理解或解释结论，难以解决食品药品安全治理失灵的问题，解决社会系统失灵的方式只能是社会系统的思维及方法。要提出解决社会系统失灵的制度安排，首先必须对社会系统性制度安排进行分析，在此基础上提出相应政策建议。然而，IAD框架主要适用于分析单一制度安排，现有研究并没有针对多主体协同与匹配的混合型制度安排提出相应的IAD框架。

因此，基于Ostrom提出的IAD框架及其内在结构，我们在此提出一个IADHS

① 《诺奖得主奥斯特罗姆：多中心治理可能会有效解决食品安全问题》，中国新闻周刊网，2011 年 5 月 20 日。

框架，具体如图 1-3 所示。IADHS框架，由行动主体、行动情境、主体交互、潜在结果及混合型制度评估五个环节或构念组成。

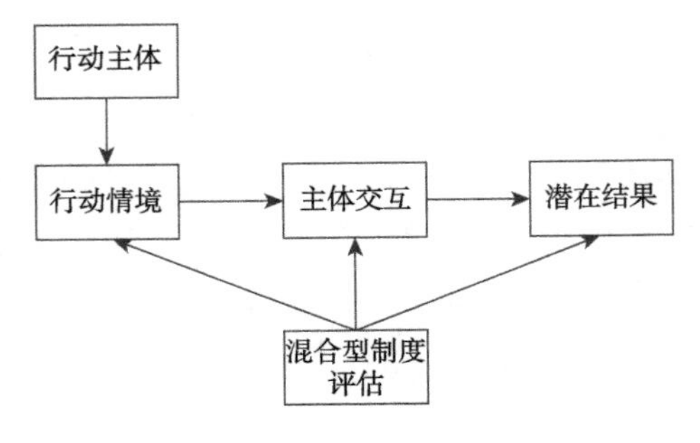

图 1-3　IADHS 框架

我们对IAD框架进行优化和调整的主要原因来自以下三个方面。

首先，IAD框架存在过多构念与变量，难以分析混合型制度安排，因此需要提炼出核心构念，并理顺制度安排之间的相互逻辑。行动情境是IAD框架的核心，是指行动个体相互影响、交换物品与服务、解决问题、相互统治或者斗争的社会空间（Ostrom，2011）。大量关于IAD框架的研究都聚焦在行动情境层面，并对这一层面的不同变量进行分析与调整，从而预测不同主体在这一结构下的行为方式。因此，本书选择行动情境作为IADHS框架的核心变量。行动主体是指在情境中的个体或组织，行动意味着这些主体有一个特定的目标和自我意义。而行动主体的行为直接影响行动情境的变化与调整（Radnitzky，1987）。不同主体在社会困局中的利益是不同的，因此需要对不同主体进行复杂性分析（Willamson，1985）。因此，我们选择行动主体作为行动情境的关键前因变量。在行动主体和行动情境的作用下，主体间产生相互作用，最后产生潜在结果，并对潜在结果进行混合型制度评估，这些变量成为IADHS框架的核心。

其次，食品药品安全社会共治涉及的行动情境与Ostrom的公共池塘资源情境相比更为复杂，因此需要对IAD框架进行简化，从而更易于分析复杂环境下的多主体匹配与协同问题。当前，中国食品药品安全治理问题属于社会系统失灵问题。与市场失灵、政府失灵和社会共治失灵相比，社会系统失灵有三个明显特征：其一，既有市场失灵，也存在政府失灵，同时还存在社会共治失灵或其他资源配置机制失灵现象，且资源配置失效具有跨部门或跨领域的传染性；其二，市场失灵、政府失灵与社会共治失灵三者之间互为因果关系，难以通过单纯解决其中一种失灵现象而使问题得到解决或缓解；其三，具有反向自适应的动态变化特征，在不同的发展阶段或不同区域范围内其失灵影响形成不同的自我超速放大特征。食品药品安全治理成为世界难题的经济学原因在于，这是一个典型的社会系统失灵问题。因此，适用于分析公共池塘资源配置失灵的IAD框架无法分析食品药品安全治理问题，IADHS框架或许可以成为更加有效的政策分析工具。

最后，在理论逻辑上，IADHS框架比IAD框架更为清晰简洁，因此可以更加有效地分析复杂情境下多主体匹配与协同问题。行动主体的行为偏好与特性决定了行动情境的选择，行动情境为行动主体提供了合适的主体间交互模式，最后形成潜在行动结果。简洁的理论逻辑可以帮助政策制定者与理论研究者更清晰地解释现象，并对未来政策执行效果进行有效预测。

1.2.3 预防—免疫—治疗三级协同框架

Alfred Marshall在《经济学原理》中声称经济学应该是广义上的生物学的分支。社会生物学这一新兴学科便将社会与生物作为共同研究对象，其基本假定是人类行为具备生物机制，并遵守进化伦理。食品药品安全违规行为中既有近乎完全理性的机会主义违规行为,也有许多由认知偏差或过失导致的非理性违规行为,食品药品安全治理的核心是对食品药品安全违规行为的治理。

借助社会生物学的理论思想，谢康等（2015a，2016a）提出食品药品安全社会共治的事前、事中、事后三阶段制度框架，即食品药品安全的预防—免疫—治疗三级协同制度模型。这里，借鉴社会有机体的生物特性构建食品药品安全社会共治的三级制度体系：一是在食品药品安全社会共治制度安排中，长期坚持宣传和贯彻形成的社会共识、伦理道德的价值重构，形成针对违规行为的类似基因遗传那样的社会监督“基因”，构成食品药品安全社会共治制度安排的预防体系；二是大量的、分散随机形成的社会自组织，发挥类似人体组成免疫系统的血细胞和蛋白质那样的防御能力，充当“零容忍”制度安排的免疫系统，正如公共危机管理中政府与社会力量之间的社会组织协同是一种有效处理公共危机的治理模式；三是政府监管机构的监管与执法活动，充当社会共治制度安排的治疗体系，由此形成社会共治治理的预防—免疫—治疗三级协同模式。

正如我们在《食品安全社会共治：困局与突破》中初步讨论的，预防—免疫—治疗三级协同机制主要包括六项内容。

第一，社会共治中自上而下和自下而上结合的制度供给机制。社会共治的制度供给，就是由谁来制定社会共治中的各种正式与非正式制度，如具体由谁来设计社会自组织的制度、由谁来设计社会共治中的预防—免疫—治疗协同制度，或者哪些主体或个体有足够的动力和能力来建立这套制度。有序参与意味着需要有序规则，食品药品安全社会共治既不是平均分摊权利和责任，也不是社会主体可以无规则或无责任地参与监督，社会共治的制度供给者依然是政府监管机构，但需要政府监管机制与其他社会主体协同完成制度供给。

第二，食品药品安全社会共治的预防“搭便车”机制。社会共治的预防“搭便车”机制，是指如何防止多主体参与中的“出工不出力”窘局，包括多主体的“搭便车”倾向、逃避社会责任及各类机会主义行为等，这涉及社会共治中企业、政府、媒体、消费者、行业组织、第三方等利益相关方的社会责任意识、责任承担与社会可信承诺问题。现有研究大多关注对政府和企业机会主义行为的治理，对媒体、消费者、行业组织、第三方等利益相关方机会主义行为的治理研究相对不足。制度理论强调通过契约、权威等正式制度，以及声誉、信任等非正式制度等来实现对机会主义的限制。多中心治理理论则强调可以通过社会主体自我激励方式来监督社会公共事务，再通过处罚来形成对机会主义行为的威慑。

在社会共治预防—免疫—治疗模式下，政府监管机构将部分制度设计权限授权或让渡给行业组织、媒体、消费者，乃至基层社会自组织等社会主体或个体，规定制度供给者的相应权力，以充分满足不同层次不同类型社会组织的特殊要求，由拥有信任等社会资本的主体来自发地、随机地负责执行规则或程序，以及对违规者采取分层分类和累进分级处罚，实现对遵守社会承诺的激励和对机会主义的制约。例如，政府监管机构部分授权行业组织或第三方代理部分监管职能，并对其监管行为进行规范，行业组织或第三方可以有自己的检查监督员，自主地选择监督方式，自主决定对何种食品药品何时进行监督等，既可以缓解监管机构资源不足的困境，又可以提高行业组织或第三方参与的积极性和成就感。

第三，社会共治的相互监督机制，是指如何通过多主体的相互监督来实现对“搭便车”等行为的限制，以此解决社会第三方监督企业或政府，又由谁来监督第三方的问题。复杂系统理论强调主体行为中的元胞自动机原理具有自主性和随机性，多中心治理理论认为通过监督其他主体的行为可以确信大多数主体都是遵守规则的，从而增强社会组织相互监督的积极性，并降低监督的社会成本。

第四，社会共治的多种利益并存协调机制，是指社会主体通过建立矛盾或冲突解决机制形成对经济利益与非经济利益（如成就感、名誉）的集体行动安排，由此解决食品药品安全社会共治中集体行动的机会主义难题，如“大家都管，最后都不管”或“有利益都出来管，没有利益都不管”等问题。多中心治理理论和复杂适应系统理论均强调，社会主体不同利益集团的权力、观念和偏好的差异，以及参与监管过程中的低有限理性或非理性行为，不可避免地使不同主体在执法资源投放方向和使用方式等问题上存在冲突。如果这些冲突不能得到有效解决，将有可能涌现出无法预计的复杂结果。

多主体利益协调机制主要包括以下对策举措：通过包含激励机制的协同契约设计等一系列促进多主体协同的策略，实现不同利益诉求的匹配或融合，使不同利益诉求的多主体在参与治理过程中实现不同程度的协同效应。同时，将决策中心下移，或者从小规模协作来逐步实现大规模协作的目标等策略。在社会共治的预防—免疫—治疗三级协同模式中，不存在一个比政府监管机构更加独立的、固定的“公正第三方”来裁决或监督，而是需要通过政府监管机构与社会主体协同完成对多种利益并存协调机制的制度设计，建构利益冲突解决机制与程序、服从规则的机制与程序等来维护不同社会主体之间的利益均衡。在社会层面设计多种利益冲突解决机制是困难的，这也是食品药品安全社会共治可能失灵的内在原因之一。

第五，社会共治的长期协作机制，是指社会主体在实现自身经济或非经济利益的同时也实现社会共同目标的社会激励相容，由此解决食品药品安全社会共治中短期有活力而长期缺乏动力的难题。多中心治理理论强调，全面有效的信息披露和传播是社会公共治理的基础。复杂系统理论也强调在信息有效传播情境下，只要适当提高违规发现概率和处罚力度，使潜在违规者感受到强烈的震慑和违规心理压力，社会中现有的违规者或潜在违规进入者就会逐步减少，或转变为不违规者，甚至成为规则的监督者。

第六，社会共治制度安排的社会保障机制，主要包括三项，即信息披露与稳定匹配机制、社会观念意识培育机制及法律保障机制。一般地，这三项保障机制与前述五个实现机制相互匹配形成制度配套。其一，信息披露与稳定匹配机制不是单纯侧重信息揭示机制，而是一方面重视信息的有效揭示，另一方面重视有效揭示的信息如何与相应的社会公众搜寻行为形成动态匹配，通过信息揭示与信息获取，双方实现稳定匹配的机制，使食品信息在全社会达到充分共享，为社会共治提供不可或缺的社会保障条件。其二，长期来看制度治理是高成本的，需要在加强治理的同时，引入和培育价值重构的社会观念，形成文化治理。因此，社会观念意识培育机制通过企业和政府的宣导、媒体介入、行业组织行为、消费者参与和舆情引导等多种方式，培育公众的行业信心和对食品药品市场的信任。其三，社会共治离不开法律保障，因此，社会共治框架下的法律体系和法律关系需要得到创新发展，从企业、政府、消费者、媒体、行业组织、舆情领袖和其他第三方的角度，以及信息保障和行为规范角度，厘清各自的法律角色和关系变化，提出法律保障需求。其中，要重视社会共治中解决食品药品企业被监管的“弱势地位”问题，避免过度监管或“矫枉过正”引发社会总体效率的下降。

1.2.4　理论框架构建

结合 1.2 节前面三小节的理论介绍，我们提出如图 1-4 所示的中国食品药品安全社会共治制度分析理论框架。图 1-4 构建的理论框架主要包括三个层面——理论层面、框架层面与应用层面。

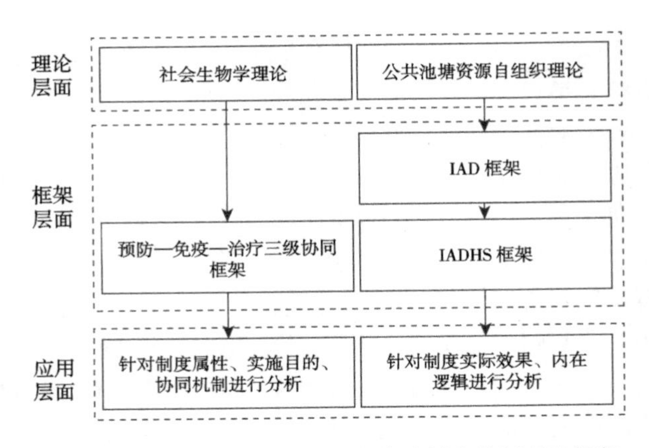

图 1-4　中国食品药品安全社会共治制度分析理论框架

在理论层面上，本书理论主要来源于两方面：第一，来源于新兴学科社会生物学理论。社会生物学的基本观点认为人类的行为方式与动物的行为方式基本类似，存在本能冲动决定行为的先天因素（彭新武，2002；陈蓉霞，2008）。而食品药品安全违规行为中既有近乎完全理性的机会主义违规行为，也有许多由认知偏差或过失导致的非理性违规行为，与社会生物学中涉及的动物本能行为研究类似，因此可以作为食品药品安全社会共治分析的理论基础之一。第二，来源于Ostrom提出的公共池塘资源自组织理论，该理论主要用来解决公共池塘资源治理困局中存在的多中心治理问题。Ostrom（1990）认为，除了层级治理与市场机制以外，还存在第三种治理机制来解决公共池塘资源情境中的集体行动问题，与食品药品安全社会共治的核心内涵保持一致。

在框架层面上，谢康等（2015a，2016a）借助社会生物学的理论思想，提出食品药品安全社会共治的事前、事中、事后三阶段制度框架，即食品药品安全的预防—免疫—治疗三级协同框架。该框架充分展现出食品药品安全治理不同阶段的特点，如在事前阶段政府主体、市场主体与社会主体应该强化社会伦理道德的宣传，构建食品药品安全预防体系，形成对食品药品安全违法犯罪行为的有效震慑。同时，在Ostrom（2005）的公共池塘资源自组织理论的基础上，我们提出针对单一制度的分析与发展框架（即IAD框架），该框架的主要目的在于为自组织理论在实际情境下的构建、调整、改善提供指导，属于政策应用层面的理论构建。IAD框架可以帮助政策制定者识别出单一制度安排中的关键变量，为政策制定者描绘出多层次的制度概念地图，解释内外部变量与制度安排结果之间的相互联系。然而，IAD框架也存在明显的缺陷，该框架只可以分析单一制度安排，对于混合型制度安排并不适用。因此，本书在公共池塘资源理论和IAD框架的基础上，结合多主体协同与匹配的混合型制度安排特点，初步构建出针对混合型制度的分析与发展框架（即IADHS框架）。

在应用层面，预防—免疫—治疗三级协同框架可以帮助我们根据混合型制度安排的制度属性、实施目的、协同机制等特点进行分类，形成中国食品药品安全社会共治预防体系制度、中国食品药品安全社会共治免疫体系制度、中国食品药品安全社会共治治疗体系制度。这种制度安排分类的好处在于，帮助我们识别出不同情境下多主体匹配与协同的最优制度安排，避免政策制定者面对食品药品安全突发事件"病急乱投医"，做到治理策略有的放矢、有点有面以及相互协同。

在应用预防—免疫—治疗三级协同框架的基础上，我们采取IADHS框架对不同体系的制度安排进行分析。IADHS框架的核心目的在于帮助政策制定者理解行动情境、行动主体、交互方式与潜在制度安排结果之间的关系。

1.3　制度评估方法

总体来说，与我们出版的《食品安全社会共治：困局与突破》一书的研究方法不同，本书主要基于文献分析法、政策研究法、田野调查法及案例研究法等定性或质性研究方法，与统计学、层次分析法（analytic hierarchy process，AHP）、模糊综合评价法等定量方法相结合，探讨中国情境下食品药品安全社会共治的制度安排，并对此制度安排下的食品药品安全社会共治的公共政策进行讨论。

1.3.1　定性评估方法

1. 文献分析法

如前所述，我们根据社会生物学构建出预防—免疫—治疗三级协同框架。在此基础上，利用文献分析法对预防—免疫—治疗的核心概念与理论内涵进行归纳与整理。具体方法如下：对 1990 年至 2016 年 9 月Scopus、EBSCO及Web of Sciences（WOS）三个专业数据库中食品药品安全治理的英文文献进行主题检索与分析。经检索，确定与预防—免疫—治疗主题相关的英文文献共计 586 篇。其中，从政府和企业视角出发探讨预防—免疫—治疗的研究最多，分别为 176 篇和 132 篇，占检索文献数的 30.03%和 22.52%，从消费者、媒体、行业协会及协同视角出发的研究共 278 篇，占检索文献数的 47.44%。

同时，对知网和万方数据库收录的 1 256 篇食品药品安全治理的中文文献也进行了主题检索与分析。从企业视角讨论中国食品药品安全预防—免疫—治疗的文献最多，有 233 篇，占检索文献数的 18.6%；政府、媒体、消费者、多主体协同需求与协同契约的论文分别为 138 篇、114 篇、101 篇和 98 篇，分别占 11.0%、9.1%、8.0%和 7.8%。可见，学术界普遍意识到，食品药品安全治理是一个系统工程，不能仅依靠政府监管和企业自律，还需要媒体、消费者、行业协会等多主体参与和社会协同。具体文献分析结果见表 1-7。

表 1-7　预防—免疫—治疗三级协同模式核心观点与文献

制度体系	行动主体	核心观点	核心文献
预防	政府预防	政府监管部门监管理念从“以加大打击力度为主”向“以风险预防为主”转变，核心措施包括建立全食品药品供应链的风险分析监控机制，构建多部门联合教育与培训体系等	Bailey 等（2016）；Jouanjean 等（2015）；Hou 等（2015）；Dou 等（2015）；丁煌和孙文（2014）；安奉凯等（2009）
	市场预防	市场主体通过建立声誉机制、互惠机制等市场自律体系，推动企业食品药品安全保证计划，制定比行业水平更高的食品药品安全标准，实现相互监管和自我监管等	Devaney（2016）；Ababio 和 Lovatt（2015）；Buckley（2015）；Bertot 等（2010）；陈易新（2007）
	社会预防	一方面，政府通过信息公开保障社会公众的知情权，以此调动消费者参与食品药品安全社会共治的积极性；另一方面，推动社会组织、媒体等社会主体主动承担行业监管职责，借助其专业性分担监管部门监管负荷	Unnevehr 和 Hoffmann（2015）；Sohn 和 Oh（2014）；但斌等（2013）；费威（2013）
免疫	政府免疫	监管部门需提高对食品药品安全事件的应急处理能力，如进行行政流程的优化，并与其他社会主体构建风险交流平台，加强与其他主体的信息沟通等	Khan 和 Oh（2016）；Kirezieva 等（2015）；Cortese 等（2016）；李民和周跃进（2010）
	市场免疫	当发生食品药品安全事件后，企业需主动召回问题产品，避免引发集体性伤害；同时，企业内部建立“吹哨人”制度，形成员工保护机制等	Walls 等（2016）；陈光建和高阳（2010）；刘畅等（2011）
	社会免疫	消费者利用司法体系保障自身权益；社会组织发现食品药品安全事件后，第一时间与监管部门联系；媒体主动监督和曝光机制等	Devaney（2016）；Fagotto（2014）；Charalambous 等（2015）；戴建华和杭家蓓（2012）
治疗	政府治疗	成立专门机构打击食品药品安全违法行为；加强多部门信息共享，将违法犯罪行为暴露在严格监管之下；进行不预先通知的突击检查，提高检查结果真实性等	Tonkin 等（2016）；Wertheim-Heck 等（2015）；Handley 和 Gray（2013）；龚强等（2013）；孟庆峰等（2012）
	市场治疗	在行业举报和监管部门监督之下，要求企业强制召回问题食品药品，对受害人群进行赔偿等	Chen 和 Su（2015）；Gefen 和 Carmel（2013）；谭晓辉和蓝云曦（2012）
	社会治疗	消费者用脚投票，行业声誉谴责，媒体科学引导，行业协会与组织协助监管部门进行监管和处罚	Handley 和 Gray（2013）；Fagotto（2014）

2. 政策研究法

我们根据预防—免疫—治疗三级协同框架与IADHS框架的理论内涵，从百度搜索、网易新闻、搜狐新闻、《人民日报》、新华社、《参考消息》等渠道搜集 2014~2016 年社会多主体匹配与协同的制度安排，具体见本书第 2 章和第 3 章的分析。

3. 田野调查法

2014 年 10 月以来，课题组先后前往日本东京、中国台湾的台北和高雄，对日本食品安全委员会和中国台湾农业产业进行实地调研，先后访谈了日本食品安全委员会秘书处信息宣传科科长植木隆先生、副科长中里智子小姐及技术助理入多由纪惠小姐，并与日本最大的国家智库野村综研和中国台湾高雄的中山大学进行了主题交流。同时，我们对重庆市和广东省食品安全委员会办公室，广州、深圳及顺德区等的食品药品监管部门进行深度访谈，部分成员 2015 年 7~8 月还参与了广州市海珠区食品药品监督管理局分局执法大队执法行动，进行基层监管实践的体验和学习。

此外，我们还对内蒙古伊利乳业、白云山制药、王老吉大健康、广州酒家、广东燕塘乳业、鼎湖山泉等食品药品企业进行实地调研和访谈，掌握了大量第一手资料和数据。我们对访谈资料进行了编码，发现总体上针对食品药品安全社会共治的管理实践也主要集中在预防、免疫和治疗三大方面，关键概念和对典型事例的援引如表 1-8 所示。

表 1-8　田野调查与深度访谈中预防—免疫—治疗的证据事例列表

核心体系	关键概念	证据事例（典型援引）
预防	风险管控	“整个食品药品企业风险不一样，风险的类型也不一样，风险的高低也不一样，我觉得在目前这种资源情况下，怎么把资源集中起来发挥最大的效用，最好的方法就是风险管理。” “现在有专门的团队做沟通和交流，我们沟通和交流的目的是什么，就是希望媒体传递的声音更加客观，更加科学，媒体在预防中是很重要的。”
	社会参与	“这个协会做食品药品安全信息的风险交流，我作为监管部门我在背后支持你，我给你提供资金，我项目委托给你做，你能够成为一个专门的 NGO。” “高风险真的存在，但是你必须要告诉公众风险在哪个地方。”
免疫	企业自律	“欧美企业很重视这种自我审计，就是说作为企业的负责人（要了解），我到底整个生产经营存在什么样的问题，我的风险点在哪里。” “HACCP 的风险点是不一样的，要求每家企业要拿出 HACCP 的体系。我们现在也在推，大企业要采取这种 HACCP 体系。”
	政府应急	“免疫系统其实说白了就是我们监管中的应急机制，或者说自动反应机制。” “我觉得这是政府调动其他主体积极性的问题，让他们愿意主动去做这个事情，通过他们主动去做，问题就很快可以消除掉，成本还小。”
	联防联控	“快递员、保安、送奶送报纸的、城市街头的老头老太，还有社区服务者，这些人群是最容易参与到食品安全监管中的主体，是社会免疫体系的一个个分子。” “可以建社会共治示范社区，你整个社区里面到底有多少这种主体，有多少资源，可以建立什么样的机制，把这些主体和资源结合起来。”

续表

核心体系	关键概念	证据事例（典型援引）
治疗	专项整治	“这么多年下来，我们觉得短时间内效果较好，就是专项整治，因为资源确实太有限了。” “我们为什么要搞这种专项整治，为什么要搞风险排查，不是排查完就排查完了，排查风险的目的是结合风险来采取有针对性的专项整治。”
	严厉打击	“现在我们的打击力度是挺大的，问题太多了，整天都人手不够。” “目前我们国家制定的食品安全标准有的地方有点过高，很多小企业和小摊贩根本没法达到。”

4. 案例研究法

本书将工商管理案例研究步骤和规范（Eisenhardt，1989；Yin，2008）引入食品药品安全社会共治研究中，主要原因有二：其一，我们主要探究政府主动支持情境下的食品药品安全自组织构建逻辑和机制，案例研究能够生动、细致地剖析复杂现象的逻辑和规律，揭示现象背后的隐含动机（Paré，2004；黄江明等，2011）；其二，我们需要对自组织构建的过程进行深入分析，案例研究在展示动态演变过程方面具有先天优势，能够深入揭示构建过程的演进路径和构建特征（Elsbach et al.，2010）。我们研究的案例对象是深圳市零售商业行业协会，该协会是国内领先的零售终端行业协会，拥有会员企业300多家，涵盖沃尔玛、华润万家、天虹等大型购物中心、百货和超市等。为提升会员企业零售终端食品安全水平，协会与深圳市市场和质量监督管理委员会保持长期紧密合作。具体内容见第4章。

1.3.2　定量评估方法

对中国食品药品安全社会共治制度的定量评估和科学衡量可以深刻揭示制度安排的内在价值与功能，为更合理的制度设计提供客观标准和量化依据，是改进和完善食品药品安全社会共治制度的重要工具和科学手段。食品药品安全评价是国际公认的最有效的安全管理办法之一，是对食品药品进行科学管理的体现（杜树新和韩绍甫，2006）。

目前，中国食品药品安全评价实践正处于快速发展阶段。2009年，国家药品不良反应监测系统建成，逐步覆盖国家、省、地市、县4级监测机构和药械生产企业、药械经营企业、医疗机构用户超过10万家，涵盖药品不良反应/事件监测、医疗器械不良事件监测、药物滥用监测3个平台，以及关联评估、专家评审、监测报警和查询统计4个应用系统。2011年国家食品药品监督管理总局在全国试行药品安全责任体系评价，并制定了省级药品安全责任体系评价参考指标，对各地药品安全责任体系建设从监管资源保障、药品监管、安全绩效三方面状况进行评价。2011 年 10 月，国家食品安全风险评估中心（China National Center for Food Safety Risk Assessment，CFSA）成立，逐步建立起了食用农产品质量安全标准、食品卫生标准和食品质量标准，基本解决现行标准交叉、重复和矛盾的问题，形成较为完善的食品药品安全国家评价体系。2016 年 8 月，国务院出台各地方政府食品药品安全绩效考核指标。

1. 预防—免疫—治疗三级协同模式构建社会共治成熟度评价

目前，国内外多数研究者主要从食品药品生产链内部、外部及消费过程三方面对食品药品安全性进行评价指标体系设计（郗伟东等，2007），包括：①对食品药品供应链各环节进行评价。刘华楠和陈中江（2008）对肉类生产企业生产食品的内外部因素进行分析，并建立了评价指标模型，通过对生产企业的信用评价衡量食品是否安全。Erdem等（2012）通过使用自我评价量表技术来测量食品供应链各环节对自身责任的认识，帮助政策制定者与企业进行有效沟通，从而更好地实现食品药品安全社会共治。②从食品药品供应链综合状态的安全性进行构建。Baert等（2011）基于“压力—状态—响应”模型建立了一套评价体系测量比利时食品供应链安全，食品安全由相关指标反映，该指标与化学和微生物相关，与预防和控制食品安全措施相关等。武力（2010）通过建立国家层面的宏观监管评价指标体系，对基础项目和整体状态进行评价。③对食品药品供应链中可能出现的风险建立起预警体系。食品药品安全预警体系通过对潜在安全问题的评价、监测、追踪、分析和预报等一系列过程来建立问题预警功能（门玉峰，2012）。国内外学者在构建预警体系过程中已经形成了相关理论基础，包括逻辑预警理论、系统预警理论、系统工程预警理论、耗散预警理论和协同预警理论（马九杰等，2001）。④针对消费者行为进行食品药品安全评价。Hallagan等（1995）对由化学物质导致食品风味产生的风险进行了估计和阐述，从而测量出消费者对相关安全事件所做出的反应。Berg（2004）对消费者在疯牛病时期对食品安全的信任进行评价，对消费者行为和习惯进行了具体分析，并提出相应解决措施。

我们重点明确中国省际食品药品安全社会共治成熟度评价的目的并不在于理论构建，而是帮助中国食品药品安全监管部门更好地履行公共管理职能，探索科学有效的社会管理工具。因此，中国省际食品药品安全社会共治成熟度评价仅仅是一个综合性评价工具，从一个侧面或角度为中国政府及监管机构的多目标决策提供决策咨询。从某种意义上说，没有评价就没有决策，社会共治成熟度评价是科学决策和科学管理的重要前提，是社会管理中的一项基础性工作。

本书在理解中国食品药品安全社会共治发展现状和战略要求的基础上，围绕社会共治中预防—免疫—治疗三级协同体系这一发展目标，结合社会生物学理论和公共池塘资源自组织理论，综合运用多种评价体系构建方法，构建起中国省际食品药品安全社会共治成熟度评价指标体系，对中国食品药品安全社会共治进行了试评价和分析，以期指导有关政策的制定和落实。

2. 食品药品安全社会共治成熟度评价指标体系构建方法

国内外关于食品药品安全评价构建的方法种类繁多，归纳起来主要有综合指数法、整体状态评估法、层次分析法、模糊评价法等（梁保松和曹殿立，2007；刘华楠和陈中江，2008）。杜树新和韩绍甫（2006）提出了一种基于模糊评价理论的综合评价方法，在建立食品安全状态评价指标体系时，综合考虑了食品的多样性、危害物多样性和危害物毒性的差异，并用模糊数学方法计算对应类别危害物的风险指数，最终得出综合性安全指数。蔡强等（2014）利用改进型神经网络计算方法构建了食品药品安全评价模型，较好地解决了传统评价模型过度依赖主观性、自我学习能力差等特点，充分利用了神经网络推广性、容错性等优点，提高了评价准确性。谢锋等（2011）认为，多测点、多项目的食品安全评价是一种典型的多目标决策问题，因此应用密切值法评价食品安全程度。在现有研究基础上，我们认为对中国食品药品安全社会共治成熟度的评价涉及多个因素或多个指标，评价是在多因素或多个共同指标作用下的综合性判断，因此可以采取两种主要评估方法——层次分析法和模糊综合评价法。

层次分析法是运用多种因素分级处理从而确定各指标权重的定性和定量方法相结合的决策方法。该方法创始于 20 世纪 70 年代，由美国运筹学专家、美国匹兹堡大学著名教授萨蒂在为美国国防部研究课题时提出，最开始帮助美国政府确定各个工业部门对国家福利的贡献大小从而进行电力分配。该方法从系统观点将复杂问题分解为各构成因素，并将这些因素按照一定关系分析形成有序阶梯。运用该方法的步骤包括建立评价指标体系、确定指标权重和一致性检验。

模糊综合评价法是美国加利福尼亚大学教授查德于 1965 年提出，主要用数学方法研究和处理具有模糊性现象的一种系统研究方法。该方法的特点在于评价方式与人们的正常思维模式接近，经过一定的数学方法处理将模糊性指标数量化，从而得到评价指标体系更加科学合理的计算结果。其具体步骤包括建立模糊指标评价模型、进行模糊性指标的评价调查、计算综合评价值等。

■1.4　总体研究框架

根据本书对食品药品安全社会共治的理解以及理论基础，以预防—免疫—治疗三级协同框架和IADHS框架，形成本书四大部分的研究内容：

（1）回答中国食品药品安全社会共治预防体系制度、免疫体系制度以及治疗体系制度的发展现状与特征，并对三级协同机制存在的问题和应对策略进行梳理。

（2）回答在单一监管体制的现实情境下，如何通过公共池塘资源自组织理论构建从单一监管到社会共治的制度变迁路径，并以深圳市零售商业行业协会与深圳监管部门，以及S市医药保健商会与S市市场和质量监督管理委员会的社会治理创新为案例研究对象，提出政府支持型自组织构建思路。

（3）回答如何构建中国省际食品药品安全社会共治成熟度评价指标体系，以预防—免疫—治疗三级框架为核心，通过层次分析法和模糊综合评价法构建三级指标并进行试评价，根据评价结果探讨食品药品安全社会共治存在的问题与对策建议。

（4）根据制度评估、案例研究以及成熟度评价，为政策制定者提供食品药品安全社会共治三级协同模式政策建议、正式与非正式混合治理的政策建议、基于质量链的产业协同政策建议，以及社会共治中自组织变革的政策建议。

根据上述研究内容，本书研究框架和相应的章节安排如图 1-5 所示。

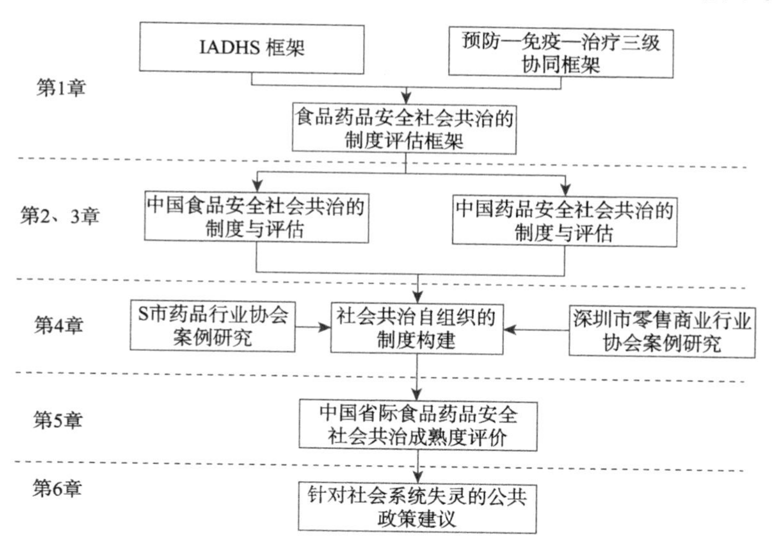

图 1-5　本书的研究框架与内容安排

第 1 章提出食品药品安全社会共治制度分析的IADHS框架，并对我们出版的《食品安全社会共治：困局与突破》中提出的预防—免疫—治疗三级协同框架进行了提炼，构建本书食品药品安全社会共治制度评估的理论框架。在此基础上，

第 2 章和第 3 章分别对食品和药品社会共治的制度安排进行分析与讨论。第 4 章为双案例研究，第 5 章进行定量评估，最后第 6 章在前述基础上提出若干政策建议。

本书希望通过对中国当前食品药品安全社会共治制度安排进行定性和定量分析，尝试为食品药品安全最优监管力度和监管力度范围给出初步答案。为解决食品药品安全治理的社会系统失灵问题和“监管困局”问题，我们提出了预防—免疫—治疗三级协同体系并成为可能的治理之道。以往研究表明，预防—免疫—治疗三级协同制度安排既能够应对理性假设的违规决策行为，又能够应对有限理性的违规决策行为；既可以应对有规律的群体性违规行为，又可以应对无规律的随机违规行为；或者可以同时应对短期和长期违规行为。然而，如何在中国政治经济现实情境下实施预防—免疫—治疗三级协同制度安排，以及如何将社会共治体系与现有正式监管体系形成互补，现有研究并没有给出满意的答案。

因此，本书的核心研究问题是：在现有正式与非正式制度安排的基础上，如何通过政府支持型自组织构建，初步形成预防—免疫—治疗三级协同社会共治体系，从而应对中国食品药品安全治理社会系统失灵与“监管困局”等世界性难题。

第2章

中国食品安全社会共治的制度与评估

本章通过文献分析法与政策分析法，对中国食品安全社会共治制度安排进行定性评估，一方面为本书第 5 章构建中国食品药品安全社会共治成熟度评价指标体系奠定基础，另一方面则为政策制定者提供食品安全社会共治预防—免疫—治疗三级协同应对策略。

■2.1 中国食品安全社会共治制度分析框架

2.1.1 基于三级协同的 IADHS 框架

要解决食品药品安全社会共治这类社会系统失灵难题，需要构建应对该难题的综合性社会系统体系来逐步解决。基于对食品药品安全社会共治制度安排的这一基本认识，需要根据公共政策分析的理论框架构建三级协同的政策理论框架。

如第 1 章所述，本章分析框架主要包括如表 2-1 所示的两部分：首先，借助社会生物学的核心思想，提出针对食品药品安全社会共治的事前、事中、事后三阶段制度框架，即食品药品安全预防—免疫—治疗三级协同框架。在此基础上，将当前中国食品安全社会共治制度安排归纳为三个体系制度安排，即预防体系制度安排、免疫体系制度安排与治疗体系制度安排。其次，在Ostrom（2005）提出的针对单一制度安排的分析与发展框架（即IAD框架）基础上，对该框架进行进一步简化与改良，构建针对混合型制度安排的分析与发展框架（即IADHS框架）。

表 2-1　综合预防—免疫—治疗框架与 IADHS 框架的总体理论框架

制度类型	基于 IADHS 框架的制度内容			
	行动主体	行动情境	交互模式	潜在结果
预防体系制度	以预防为核心的主体	预防发生情境	预防主体交互	预防结果预测
免疫体系制度	以免疫为核心的主体	免疫发生情境	免疫主体交互	免疫结果预测
治疗体系制度	以治疗为核心的主体	治疗发生情境	治疗主体交互	治疗结果预测

由表 2-1 可以看出，我们搜集整理的与食品安全相关的制度安排，可以归类为三种体系的制度安排，分别是中国食品安全社会共治预防体系制度安排、中国食品安全社会共治免疫体系制度安排，以及中国食品安全社会共治治疗体系制度安排。这种制度类型评估方式的优点在于可以帮助政策制定者与学者简单区分不同制度安排的目的、实施效果与协同机制，在实践过程中能够迅速为政府监管部门提供三级协同治理策略。例如，针对食品安全事件发生前的制度安排，监管部门可以更多地采取预防为主的政策措施，如加强食品安全宣传，对食品安全相关法律法规进行完善；针对食品安全事件发生过程中的制度安排，则可以采取免疫为主的政策措施，如鼓励更多消费者加入联防联控，以及推动行业协会加强行业自律等。然而，这种类型的评估方法也存在一些不足，如缺乏定量研究支持，无法清晰告诉政策制定者使用免疫措施可以在多大程度上减少监管部门日常监督成本。但是，本书属于中国食品安全社会共治制度评估的探索性研究，因此，使用该框架获得初步认识比较合适。

2.1.2　IADHS 框架关键构念与应用原则

在IADHS框架基础上，可以对不同体系的制度安排进行内容评估，包括对行动主体、行动情境、交互模式以及潜在结果的评估。这种内容评估方式优势在于可以清晰划分不同制度安排的内容，帮助政策制定者与学者了解行动主体、行动情境、交互模式与潜在结果之间的因果关系。例如，对中国食品安全社会共治免疫体系制度安排进行分析，发现行动主体主要以政府监管部门为核心，且交互模式以“命令—控制”为主，与社会生物学提出的元胞自动机和Ostrom提出的社会自组织核心概念——自主组织与自主治理——相违背。这在理论上可以有效解释为什么中国监管部门疲于奔命却无法让消费者感到满意，因为中国食品安全社会共治严重缺乏免疫体系。但是，这种内容评估方式也存在局限性，即内容分析过于粗糙，分析结果过于简单。倘若政策制定者想要获得更进一步的科学结论，需要通过定量分析方法获取。因此，我们尝试通过构建中国食品药品安全社会共治成熟度评价指标体系解决这一问题。

在预防—免疫—治疗三级协同框架与IADHS框架基础上，我们从国务院官方网站、各地政府官方网站、各级食品药品监督管理局官方网站、新华社、《人民日报》、百度搜索、360 搜索、网易新闻、搜狐新闻、中国食品企业 500 强官方网站等权威渠道搜集整理出 2014~2016 年中国食品安全社会共治制度安排。

随后，根据唯一性原则、普适性原则以及可靠性原则对中国食品安全社会共治制度安排进行筛选。唯一性原则是指当同一主体在不同时间点出台内容一致的制度安排时，只选取时间节点较近的制度安排作为本书分析内容。例如，中央政府在 2014~2016 年均出台了奶源管理相关政策，且内容十分接近，因此我们选取 2016 年政策作为本次制度安排分析内容。普适性原则是指当不同主体在同一时间点出台内容一致的制度安排时，选取普适性较高的制度安排作为本书分析内容。例如，广东省政府、广州市政府与越秀区政府均出台了小摊小贩管理办法，则选取广东省政府小摊小贩管理办法作为本书分析内容。可靠性原则是指所有纳入本书分析的制度安排均需要经过多方渠道核实验证，保证分析内容的准确性与真实性。例如，蒙牛乳业在官方网站上发布了建立国际奶源管理合作平台的制度安排，我们从新华社、行业协会官方网站、地方权威新闻网站等不同渠道对该制度安排进行三角验证，从而确保制度安排真实可靠。

在唯一性、普适性与可靠性原则基础上，我们筛选出中国食品安全社会共治制度安排共计 71 项（详见附表 4、附表 5 和附表 6）。其中，中国食品安全社会共治预防体系制度数量最多，有 32 项；中国食品安全社会共治免疫体系制度次之，有 23 项；数量最少的是中国食品安全社会共治治疗体系制度，仅为 16 项。当然，由于时间和人员等方面的现实制约，我们无法罗列 2014~2016 年中央政府、地方政府、企业、社会组织、媒体、消费者等建立的所有社会共治制度安排，但是我们相信，本书挑选出了具有代表性和典型性的 71 项食品安全社会共治制度安排，通过对这些制度安排进行分析，可以在总体上归纳出中国食品安全社会共治制度安排的基本特征。

针对中国食品安全社会共治预防体系制度安排、免疫体系制度安排与治疗体系制度安排，我们根据IADHS框架对不同体系制度安排进行深入分析，分析内容包括行动主体、行动情境、交互模式与潜在结果四项。对于行动主体而言，我们将不同行动主体划分为三类，分别是政府主体、企业主体和社会主体，如娃哈哈集团属于企业主体，而深圳市零售商业行业协会属于社会主体。对于交互模式而言，我们将不同模式划分为两大类别，分别是命令控制式交互模式与参与合作式交互模式，如政府主体对下属二级机构主要采取命令控制式交互模式，而媒体等社会主体主要采取参与合作式交互模式影响消费者的安全意识与购买行为。对于潜在结果而言，我们将不同潜在结果划分为长期结果和短期结果两类，如政府主体通过查处三鹿奶粉涉案企业维护食品市场秩序，该制度安排形成的主要是短期结果，当政府主体结合市场主体与社会主体意见修改相关法律法规形成对奶制品企业的震慑作用时，该制度安排形成的是长期结果。

行动情境是IADHS框架的核心构念，通过对行动情境的划分不仅可以看出不同体系制度安排发展阶段，而且可以帮助政策制定者选择恰当的制度工具解决食品安全社会共治问题。我们将行动情境划分为两类：一类是普遍性情境，在普遍性情境下，制度安排构建目的是帮助政策制定者完善食品安全社会共治制度，对社会监管体系具有长期影响；另外一类是特殊性情境，在该情境下，制度安排构建目的是帮助政策制定者解决不同组织形成的突发性问题，主要针对组织层面的短期行为。在不同情境划分基础上，结合不同行动主体、交互模式与潜在结果特征，我们希望在本章结尾部分构建出预防—免疫—治疗三级协同应对策略。

■2.2 中国食品安全社会共治预防体系制度

中国食品安全社会共治预防体系制度安排对于社会共治制度建设至关重要，预防体系的构建可以避免许多食品安全事件发生。当前，预防体系制度安排在数量上排名第一，是治疗体系制度安排总量的两倍，表明政府主体、企业主体与社会主体均意识到社会共治预防体系建设的重要性。

食品安全治理的预防子系统，是指社会形成类似基因遗传那样的针对食品安全事件的监督“基因”来构成社会共治的预防体系，主要包括公众宣传教育、制度震慑信号、财政补贴政策和社会价值重构等多种政策的组合策略。例如，英国食品企业强制性实施可追溯体系及食品安全关键控制体系（即HACCP），从事后监管处置转向事前风险控制，形成社会共治的预防机制。接下来，我们将根据IADHS框架对32项中国食品安全社会共治预防体系制度进行分析。

2.2.1 预防体系制度的行动主体

行动主体是指在食品安全治理情境中的个体或组织，行动意味着这些主体有一个特定的目标和自我意义。不同主体在社会困局中的利益是不同的，因此需要对不同主体进行复杂性分析。因此，本小节主要回答社会共治的制度供给由谁来完成，如具体由谁来设计社会自组织的预防体系制度，或者哪些主体或个体有足够的动力和能力来建立这套制度。食品安全社会共治既不是平均分摊权利和责任，也不是社会主体可以无规则或无责任地参与监督，社会共治的制度供给者可以是政府监管机构、企业、行业协会、媒体等不同行动主体，但需要政府监管机构与其他社会主体协同完成制度供给。例如，在不同发展阶段中，监管机构将什么权力何时以何种方式让渡给什么社会主体，这些受让权力的社会主体又如何真正成为有意愿、有能力和有可能承担监管权力的社会主体。对附表 4 中 32 项制度安排的行动主体进行分析，政府主体作为行动主体的制度安排共计 23 项，占比 72%；企业主体作为行动主体的制度安排共计 7 项，占比 22%；社会主体，如媒体、社会组织作为行动主体的制度安排共计 2 项，占比 6%。由此可见，中国 2014~2016 年预防体系制度安排依然以政府为主导，企业和社会主体为辅助行动主体。

对政府主导下的预防体系制度安排进行分析,发现存在三种类型的制度安排。

（1）推进食品安全治理法律法规建设的制度安排。首先，清晰完善、赏罚分明的食品安全治理法律法规是预防重大食品安全事件发生的重要基础。为了对食品安全违规行为形成震慑作用，中央政府在 2015 年出台史上最严食品安全法。该法律法规不仅为中央政府和地方政府实施食品安全治理措施提供法律依据，更重要的是对违法犯罪企业起到威慑作用。其次，中央政府构建起地方官员问责制度和地方食品安全监管部门绩效考核制度，使得监管部门积极采取各项措施杜绝违法犯罪行为，起到预防作用。

（2）推进政府监管能力建设的制度安排。首先，政府监管部门不仅需要有严厉的惩罚措施起到震慑作用，更重要的是提高自身监管能力，杜绝食品安全违法犯罪企业的侥幸心理。传统的食品安全监管主要以问题解决为导向，而现代化食品安全监管模式则以风险预防为核心，因此中央政府提出各项风险预防措施，提升政府食品安全监管能力。例如，2016 年中央政府提出食品生产经营风险分类制度，推进食品药品安全监控检测和风险预警功能。其次，2015 年中央政府大力推动食品安全机构改革，健全从中央到地方直至基层的食品药品监管体制，提升食品安全监管能力。

（3）规范市场企业行为的制度安排。对于政府而言，预防体系建设一方面意味着加强法律法规建设，提升食品安全监管能力，另一方面则是推进市场企业行为更加规范。例如，2015 年中央提出食品安全责任保险制度，发挥市场机制完善食品安全治理体系；还有 2016 年上海政府提出建立社会信用负面清单评估体系，提高违法犯罪企业的违规成本。

企业主导下的预防体系制度安排则包括两部分内容，分别是对内的食品安全管理能力建设，以及对外的社会公众教育宣传活动。第一，关于食品安全管理能力建设的制度安排。企业是食品安全事件发生的核心主体，只有提升企业自身食品安全管理能力，才能减少食品安全事件发生概率。为此，中国食品企业 500 强纷纷采取各项措施提升食品安全管理能力。我们以乳制品行业为例，中国奶粉行业巨头雅士利集团率先建立起七大食品安全管理体系，为消费者提供放心食品；中国乳制品领头羊蒙牛集团在社会公众质疑声中构建国际农牧业质量安全和技术合作平台，从源头保障食品安全；休闲加工食品企业上好佳则以科学技术创新推进食品安全保障能力建设，在快速扩张中确保食品安全。第二，关于社会公众教育宣传的制度安排。一方面，企业需要加强自身食品安全管理能力，为消费者提供安全食品；另一方面，消费者食品安全意识的提升可以帮助企业获取相应报酬。在中国现实经济发展环境下，受制于消费者教育水平和获取信息途径，消费者容易产生非理性消费行为，违规企业超额违规收益较高。为此，中国食品企业致力于提升公众食品安全认识，如康师傅深切体会到社会公众容易受到媒体舆论误导，因此通过开展公益活动不断提升消费者对食品安全科学的认知。

社会主体主导下的预防体系制度包括两条，分别是中国消费者协会和《人民日报》提出的。中国消费者协会和《人民日报》了解到社会公众由于对食品安全基本认识不清晰，不仅导致其参与度不足，而且无法维护自身利益。因此，两个社会组织加强食品安全消费维权工作，普及食品安全知识，提高社会公众媒介素质，构建起社会监督的社会共治格局。

2.2.2　预防体系制度的行动情境

本书期望最后给出中国食品安全社会共治预防—免疫—治疗三级协同应对策略，为政策制定者提供一个社会共治“工具箱”，使得基层执法人员可以在食品安全事件的事前、事中、事后不同阶段采取相应的政策手段应对食品安全风险。因此，行动情境的有效界定与分析至关重要。

行动情境是IADHS框架的核心构念，同时也是预防—免疫—治疗三级协同应对策略的使用条件。行动情境是指行动主体相互影响、交换物品与服务、解决问题、相互约束或斗争的社会空间，侧重对政治、经济、文化等社会环境因素的描述（Ostrom，2011）。情境是与现象有关并有助于政策制定者解释现象的各种因素（Mowday and Sutton，1993）。各种独特的情境不仅是行动主体形成不同制度安排的关键因素，而且使得许多政策实践不尽相同。

学术界主要从理念角度和物质角度两种视角对行动情境进行分类。理念视角的分类研究基于研究对象所依附的组织价值观，如Child（2009）提出国家情境构成包括文化价值、宗教价值、政治价值。物质视角将行动情境划分为物力情境、政治情境、法律情境、社会情境等（陈晓萍等，2008）。Hackett和Bycio（1996）将情境分为信息情境、任务情境、物理情境和社会情境。Johns（2006）将情境分为普遍性情境和特殊性情境两个类别。

结合中国食品安全社会共治预防体系制度的基本特征，我们采取Johns（2006）提出的分类方式。我们将行动情境划分为两类：一类是普遍性情境，在普遍性情境下，制度安排构建目的是帮助政策制定者完善食品安全社会共治制度，对社会监管体系具有长期影响；另一类是特殊性情境，在该情境下，制度安排构建目的是帮助政策制定者解决不同组织形成的突发性问题，主要针对组织层面的短期行为。特殊性情境下与普遍性情境下的制度安排的差异分析如表 2-2 所示。特殊性情境下的制度安排与普遍性情境下的制度安排，在制度影响对象、制度影响范围、制度适用策略上存在较大差异。

表 2-2　特殊性情境下与普遍性情境下的制度安排的差异分析

情境类别	制度影响对象	制度影响范围	制度适用策略
特殊性情境	区域、组织或个体	局部	短期策略
普遍性情境	社会共治制度	整体	长期策略

如表 2-3 所示，我们选取了 32 项预防体系制度中普遍性情境和特殊性情境的典型例子进行展示。普遍性情境一般是指针对食品安全社会共治制度体系本身的情境，如食品安全法律法规比较薄弱，导致违法犯罪行为发生。这类情境需要政策制定者采取影响制度体系本身的策略才可以有效解决，如史上最严食品安全法等。特殊性情境一般是指针对食品安全事件发生过程中的对象的情境，通常情况下包括区域、组织或个体等，如 2015 年初出现了大规模农村食品安全事件，由此需要政府监管部门采取积极措施，针对该区域实施食品安全专项整治运动。中国食品安全社会共治预防体系制度安排中，普遍性情境的制度安排有 17 项，占比 53%；特殊性情境的制度安排有 15 项，占比 47%。

表 2-3　中国食品安全社会共治预防体系制度安排情境典型例子

情境	普遍性情境	特殊性情境
典型例子	推动企业承担更多责任；违法犯罪行为增多；法律法规薄弱；强化食品安全责任	机构改革缓慢；农村食品安全突发事件；小作坊小摊贩管理混乱；奶源管理混乱

随后，我们对针对普遍性情境的制度安排进行分析，典型情境包括中央政府和地方政府承担食品安全责任过大，需要市场主体帮助分担一部分责任，由此推出食品安全责任保险制度安排；当前法律法规基础较为薄弱，基层监管人员在日常监管过程中无章可循，因此推出史上最严食品安全法；食品安全监管体系从传统以解决问题为导向，逐步转型为风险管控为导向，故而推出食品安全生产经营风险分级制度安排。

此外，我们对特殊性情境的制度安排进行分析，发现行动主体以政府监管部门为主，典型情境包括 2015 年农村发生大型食品安全事件，当地监管部门为了遏制风险蔓延，因此推出农村食品安全预防制度安排；为了加强对小摊小贩的管理，河北政府推出“三小”管理培训班，强化对小摊小贩市场行为的控制。

当前，中国食品安全社会共治预防体系制度安排仍然处于构建初级阶段，大量制度安排仍然适用于特殊性情境，意味着监管部门需要制定针对组织层面的政策措施，应对突发食品安全事前阶段出现的问题。

2.2.3 预防体系制度的交互模式

社会共治理论的代表人物之一Evans（1995）提出，社会共治是指政府与社会、公共与私人之间并没有明确的分界，通过一定的制度安排将政府嵌入社会或者让公民参与公共服务，最终实现共治目标。这里将共治的交互模式分成两种，即政府主动参与社会主体的共治活动，或者让公民参与到政府主导的监管行为中。不同国家的行动主体交互模式存在显著差异。英国在1875年食品安全立法之初，便形成了自上而下的食品安全社会共治交互模式，即中央监管部门负责政策制定，地方政府主要负责政策执行。同时，企业与监管部门之间形成紧密的“合作监管”关系。美国食品安全监管推崇自由市场和地方自治，缺乏联邦层面的食品安全监管，对食品安全纠纷主要通过不断完善的司法体系来解决，由此构成自下而上的食品安全社会共治交互模式。

现阶段，中国政府为响应消费者食品安全诉求，一方面加大食品安全监管力度，承担更多的食品安全治理职责（Scott et al.，2014；Unnevehr and Hoffmann，2015），另一方面受困于监管资源稀缺与规制俘获等现实约束，期待从单一监管向社会共治转型（龚强等，2015；谢康等，2016a）。因此，中国食品安全社会共治的行动主体间交互模式与西方发达国家存在显著差异，既存在明显的命令控制式交互模式，从而保证了食品安全治理的效率，又存在与自下而上交互模式类似的参与合作式交互模式，从而提升食品安全满意度。因此，我们采用命令控制式交互模式和参与合作式交互模式，对32项中国食品安全社会共治预防体系制度安排进行分类，如表2-4所示。

表2-4 中国食品安全社会共治预防体系制度安排交互模式分类

交互模式	命令控制式交互模式	参与合作式交互模式
典型例子	健全从中央到地方的监管体制；政府通过行政命令要求社会主体参与共治；督促企业落实主体责任；负面清单建设；“三小”培训班	推动食品安全责任保险制度；发动社会组织参与社会共治；市场主体自发构建大数据监管平台；从选种到销售的一条龙管理

以命令控制为交互模式的制度安排共计22项，占比69%；以参与合作为交互模式的制度安排共计10项，占比31%。预防体系强调的是社会形成类似基因遗传

那样的针对食品药品安全事件的监督“基因”，因此理想状态应该是以参与合作的交互模式为主，命令控制的交互模式为辅。当前，由于中国食品安全监管体系正处于从单一监管体系向社会共治体系转型的初级阶段，制度安排在很大程度上沿用以往单一监管体制的核心范式，未来在制度安排的交互模式上有较大提升空间。

随后，我们对 10 项以参与合作为交互模式的制度安排进行深入分析，行动主体主要以企业和社会主体为主，如《人民日报》和中国消费者协会通过调查了解到消费者存在广泛的食品安全科学知识误区，因此使用人民群众喜闻乐见的活动形式普及食品安全知识。还有蒙牛集团基于企业自身利益和社会公众利益，在与国际品牌企业合作的基础上构建农牧业质量安全和技术合作平台，真正实现了社会共治的良好效果。

接着，我们对 22 项采用命令控制式交互模式的制度安排进行分析，发现其中 20 项行动主体为政府监管部门，核心内容包括强制食品企业建立食品安全信用体系，强制小商小贩参加食品安全培训班等。这些措施的本意是好的，希望通过政府部门的培训提升市场食品企业规范程度。然而，受制于专业知识不足以及人力、物力、财力等现实约束，政府监管部门在实际执行过程中经常事倍功半以及吃力不讨好。专业的预防体系构建不应该依靠政府监管部门，而应该交给市场主体和社会主体承担，但是当前各地监管部门依然采取“大包大揽”的态度。

2.2.4　预防体系制度的潜在结果

制度安排的执行是由一系列复杂的程序和环节组成的，因此对潜在结果的评估和预测十分重要。潜在结果是指制度安排在具体执行后产生的潜在影响或预期结果（Ostrom，2005）。潜在结果不同于制度安排制定的目标，目标是指人们已经规划或设计好的实际指标，而潜在结果的定义更加宽泛，其可能与政策制定目标一致，也可能优于政策制定目标，本书将潜在结果等同于政策目标处理。对潜在结果的分类有不同方式，如将潜在结果分为隐性结果和显性结果，也可以分为长期结果和短期结果。根据中国食品安全社会共治预防体系制度安排的定义，我们将制度安排的潜在结果分为长期结果和短期结果，具体如表 2-5 所示。

表 2-5　中国食品安全社会共治预防体系制度安排潜在结果分类

潜在结果	长期结果	短期结果
典型例子	建立最严格的监管制度；提升食品安全治理能力和保障水平；形成食品安全社会共治格局；提供健康有保障的食品	将食品安全责任转移到市场主体；对待违法犯罪行为“零容忍”；提高农村食品安全保障能力；严防食品中毒事件

长期结果是指该项制度安排追求的是对中国食品安全治理体系产生长远影响的制度结果，如提升食品安全治理能力，形成食品安全社会共治格局等。短期结果是指该项制度安排追求的是对食品安全预防体系中不同行动主体产生影响，对治理体系不产生长远影响，如严防食品中毒事件发生，主要是对农村食品消费者和生产者产生影响，对食品安全社会共治预防体系建设没有产生长远影响。对 32 项中国食品安全社会共治预防体系制度安排进行分析，发现追求长期结果的制度安排共计 16 项，占比 50%；追求短期结果的制度安排共计 16 项，占比 50%。

接下来，我们对长期结果和短期结果的制度安排所适用的行动情境进行交互分析。理想情况下，由于特殊性情境下的制度安排主要应对组织层面产生的食品安全问题，因此，制度安排追求以短期结果为主。同理，由于普遍性情境下的制度安排主要应对制度层面产生的食品安全问题，因而制度安排追求以长期结果为主。根据上述理想情况，我们将预防体系下长期结果与短期结果，以及特殊性情境与普遍性情境进行匹配。在 16 项长期结果制度安排中，有 13 项制度安排属于普遍性情境下的制度安排，有 3 项制度安排属于特殊性情境下的制度安排，表明 3 项制度安排存在不协同或不匹配的问题，影响制度安排的实施效果。与此同时，在 16 项短期结果制度安排中，有 12 项制度安排属于特殊性情境下的制度安排，有 4 项制度安排属于普遍性情境下的制度安排，需要监管部门对潜在结果预期进行适度调整。

■2.3　中国食品安全社会共治免疫体系制度

食品安全治理的免疫子系统，是指社会形成类似人体组成免疫系统的血细胞和蛋白质那样的防御能力，构成社会共治的免疫系统，如基层社会组织的联防联控、有奖举报、舆情黑名单、自愿者小团队等。在西方发达国家（如英国和美国），企业利用信息不对称发生违规生产行为时，除了监管部门启动应急机制进行风险应对外，更多的是依靠大量分散的、随机形成的社会自组织，发挥着类似人体组成免疫系统的血细胞和蛋白质那样的防御能力，从而较好地解决食品安全事件的随机性和隐蔽性问题，提高执法资源的配置效率。食品安全社会共治的免疫体系强化了食品安全事件发生过程中的监管措施，制度设计的目标是防微杜渐。

免疫体系的核心理论基础是元胞自动机，然而元胞自动机演化模型及仿真尚未在食品药品安全研究中应用，但已大量应用于股票等金融市场、交通行人特征、舆情传播与干预等研究中（Zenil and Delahaye，2011；Cheng et al.，2011），相关成果对于食品安全社会共治免疫体系具有借鉴意义。

在元胞自动机演化博弈构造中，正向元胞自动机（监管或监督者）与反向元胞自动机（违规或犯法者）之间的演化博弈服从四项规则：①群决策从众行为或羊群行为（Banerjee，1992）或前景理论规则下的非理性行为，如代表性法则、锚定法则等。研究表明，群决策最终的演化结果对初始状态相当敏感，尽管群体交互收敛速度很快，但却不利于产生最优策略（杨善林等，2009），这符合食品安全事件的发生特征。②当正向元胞自动机的角色由社会基层组织、个体或自愿者团队等来承担时，称为社会自组织或元胞自组织，其行为规则服从自组织团队的群决策过程（李民和周跃进，2010）。③当反向元胞自动机演化数量超过元胞自组织或元胞自组织数量被大量同化后，行业危机扩散阈值与行业自身的信用依赖度正相关（曹霞等，2012）。④食品药品安全信息传导效应可用单一群体传染病模型进行解释，且具有三个特征：一是食品药品行业突发事件风险感知是否在消费者之间传递，取决于最初接触事件的消费者的风险感知程度；二是食品药品行业突发事件风险感知传播的速度取决于消费者之间信息传播的速度；三是消费者认知能力对风险感知程度有调节作用（马颖等，2013）。

与中国食品安全社会共治预防体系制度评估类似，我们将根据IADHS框架内容——行动主体、行动情境、交互模式和潜在结果，对 23 项中国食品安全社会共治免疫体系制度进行分析。

2.3.1　免疫体系制度的行动主体

免疫体系构建强调多个行动主体相互作用，形成多方合作的相互监管机制。Henson和Caswell（1999）从博弈与均衡的角度出发，提出监管是各利益主体间的相互博弈，因此监管机制应包含消费者、生产商、政府等利益主体，从而达到博弈均衡解。刘呈庆等（2009）从政府规制、企业市场扩张策略、第三方监管等方面对“三鹿事件”进行分析，得出政府监管对乳制品食品问题抑制作用有限，多方协同监管是最优选择。Broughton和Walker（2010）研究中国水产品质量安全政策与实践，提出水产品质量安全监管应由多个政府部门、组织监管才能发挥最大效能。郭晴和熊丽敏（2012）认为食品安全的舆论监督有助于维护大众利益和公共利益，促进社会进步，媒体要明确自身导向功能，满足民众对食品安全信息的需求。

在理论分析的基础上，我们对附表 5 中 23 项制度安排的行动主体进行分析。结果表明，在中国食品安全社会共治免疫体系制度安排中，政府主体作为行动主体的制度安排共计 14 项，占比 61%；企业主体作为行动主体的制度安排共计 2 项，占比 9%；社会主体诸如媒体、社会组织作为行动主体的制度安排共计 7 项，占比 30%。可见，政府主体构建的免疫体系依然占主导地位，社会主体和企业主体只是作为必要补充。

进一步对中国政府主导下的免疫体系的制度安排进行分析，可以发现存在三种类型的免疫体系制度安排。

（1）调动基层政府监管部门参与积极性的制度安排。

中央政府与地方政府在食品安全治理总体利益上既存在共同点也存在分歧点。共同点在于，中央政府与地方政府均希望地区食品安全治理满意度提升，老百姓对监管部门表现出更加强烈的信任。然而分歧点在于，中央政府制定政策与发布监管指令，地方政府则是具体执行和应对食品安全事件的主体，双方存在典型的“委托代理”关系。因此，中央政府如何通过制度安排调动基层政府积极参与治理成为食品安全监管效能提升的关键点。例如，2015 年中央政府发布充分发挥基层食品安全信息员的政策，广泛动员社会力量帮助基层食品安全治理。又如，2016 年中央政府制定一系列风险应答机制，推动基层监管部门加强监管监测、风险评估、溯源预警和过程控制等部署。

（2）调动企业积极参与食品安全社会共治的制度安排。

与政府监管部门相比，企业具有丰富的行业知识与及时的同行信息，可以说是监管部门最重要的共治伙伴。因此，2016 年深圳市政府构建行业“吹哨人”制度，让企业内部员工主动曝光企业违法犯罪行为，大幅降低监管成本，让全社会从中受益；此外，2016 年山东政府积极推动腊味行业协会主动参与监管，对行业协会提出年度监管要求，并监督执行。

（3）调动社会公众积极参与食品安全社会共治的制度安排。

在互联网等新兴技术的帮助下，消费者投诉日益成为政府监管部门提升监管效能的重要源泉。2014 年，中央政府设置 12315 消费者投诉举报热线，积极发挥 12315 与广大消费者信息互动、畅通民意、接受社会监督的作用。此外，2015 年，中央政府将食品安全教育纳入中小学相关课程，让更多年轻消费者积极参与食品安全社会共治。

一般地，社会主体主导下的免疫体系制度安排主要包括以下两部分内容。

第一，通过为监管部门提供相关线索加强对违法犯罪行为的打击。免疫体系制度安排的优势在于可以让更多社会力量参与到食品安全治理，这些社会力量在食品安全事件发生前处于“静默状态”，在食品安全事件发生过程中或者发生后，社会力量在社会道德刺激下处于“活跃状态”，帮助监管部门采取正式治理。例如，2014 年东方卫视长期遵守媒体曝光食品企业制度，最终成功揭发上海福喜工厂偷工减料的违法犯罪事实，避免大型食品安全事件发生。又如，2015 年民间食品安全守望者——啄木鸟环境与食品安全中心，根据消费者食品安全科学知识缺失的现状，为普通民众普及食品安全维权意识。

第二，加强食品行业自主组织与自主治理。例如，深圳市零售商业行业协会根据行业自律需求，通过季度食品安全规范店评比加强自律，获得行业广泛使用；还有北京 20 多家猪肉制品企业认为猪肉质量安全可追溯体系十分重要，因此积极参与可追溯体系建设，加强对生猪屠宰加工企业的质量安全监控力度。

一般地，企业主体主导下的免疫体系制度安排主要有下述两项：一是企业内部“吹哨人”制度，通过鼓励企业内部员工检举揭发企业食品安全问题，从而形成企业主体主导下的免疫体系；二是企业间形成生产质量制造联盟，通过企业间相互合作降低高质量产品制造成本，形成行业核心竞争优势。

2.3.2　免疫体系制度的行动情境

与中国食品安全社会共治预防体系制度保持一致，我们将免疫体系制度安排的行动情境划分为普遍性情境和特殊性情境，如表 2-6 所示。免疫体系制度安排普遍性情境是指，该制度安排主要针对食品安全社会共治免疫体系制度层面，且影响范围较广，属于完善制度层面的政策措施；免疫体系制度安排特殊性情境是指，该制度安排主要针对食品安全社会共治免疫体系实施过程中的区域、组织或行动个体，影响范围与普遍性情境相比较窄，属于应对组织层面食品安全风险的政策措施。其中，普遍性情境的制度安排有 14 项，占比 61%；特殊性情境的制度安排有 9 项，占比 59%。

表 2-6　中国食品安全社会共治免疫体系制度安排情境分类

情境	普遍性情境	特殊性情境
典型例子	消费者投诉日益重要；小学生教育关乎食品安全未来；食品安全社会共治格局构建；投诉举报体系构建	基层监管部门疲于奔命；网络监管需要大量人力、物力、财力；乳制品行业整顿；企业可追溯体系构建滞后

随后，我们对适用于普遍性情境的制度安排进行分析，典型情境包括：深圳食品零售行业需要提升食品安全管理水平，因此思考如何加强行业自律；政府监管部门监管力量薄弱，因此思考如何构建适合于中国国情的消费者投诉举报热线，既可以避免行业竞争对手对良心企业的骚扰，又可以加强对违法犯罪行为的打击作用；在社会公众广泛关注肉制品来源的现实情境下，北京 20 多家企业思考如何才可以使得猪肉质量安全可追溯体系常态化运营。

同时，我们对特殊性情境的制度安排进行分析，典型情境诸如 2016 年初中央政府向全社会征集食品安全快速检测方法，调动企业积极性，使其参与更加科学高效的食品安全监管。

免疫体系的制度安排，是指社会形成类似人体组成免疫系统的血细胞和蛋白质那样的防御能力，构成社会共治的免疫系统。因此，免疫体系应该具备两种能力：一种是加强自身抵抗力的修复能力，这种能力强调社会机体在普遍性情境下能够应对普通食品安全事件发生；另一种是适应新型病毒并产生特殊抗体的快速学习能力，这种能力强调社会机体在面临特殊性情境的食品安全事件时，可以快速提出相应治理策略，避免大型食品安全事件发生。因此，免疫体系应该强调适应普遍性情境的制度安排与适应特殊性情境的制度安排之间的平衡。

2.3.3 免疫体系制度的交互模式

免疫体系交互模式，是指社会自组织或元胞自动机参与监管部门正式治理体系中的方式。社会自组织的概念与食品药品安全治理中第三方的概念不同。第三方有时是指除企业与消费者，或企业与政府外的第三方主体，有时是指新闻媒体、消费者、公众、行业组织、消费者协会、食品药品质量检验和认证机构、高校等食品药品安全研究机构、卫生健康组织、社区及媒介组织等社会力量（高志宏，2013）。社会自组织的社会对象主要是指消费者个体或小世界网络的个体组织，如小规模的自愿者团队、街道社团乃至有兴趣的个体等，通过联防防控、批评建议、有奖检举、网上揭发、申诉和控告等消费者参与策略（齐萌，2013），构筑基于社会基层组织的食品药品安全监督体系，包括消费者参与的司法保护、消费者举报监督和消费者权益保障机制，进一步强化消费者参与食品药品安全治理的司法保护和细化消费者举报监督机制，前者诸如实行举证责任倒置、合理界定销售者责任、明确精神损害赔偿等，后者诸如统一食品药品经营者违规举报受理制度、明确食品药品安全监管者违规举报受理制度，完善消费者有奖举报制度、强化对举报人的保护等（Grunert et al.，2011；刘广明和尤晓娜，2011）。

免疫体系内部的社会自组织强调自发性、自由性和自愿性原则，自组织不需要外部强制力量提供协助，而是内部成员基于相互信任自主协商达成合作（Ostrom，1990）。Ostrom（1990）认为，自组织核心在于群体如何制定规则，通过自筹资金和自主治理形成相互监督和处罚机制，最终有效解决公共池塘资源问题。其中，社会资本形成自组织群体间信任和共享规范（Ostrom，1998），集体选择构建起声誉、互惠、监督等机制（Ostrom，2008），而渐进式制度变迁最终实现激励重构（Ostrom，1990）。

与预防体系制度分析类似，我们采用命令控制式交互模式和参与合作式交互模式，对 23 项中国食品安全社会共治免疫体系制度安排进行分类，如表 2-7 所示。

表 2-7　中国食品安全社会共治免疫体系制度安排交互模式分类

交互模式	命令控制式交互模式	参与合作式交互模式
典型例子	敦促和指导第三方电子商务平台实施企业监管；广泛调动基层食品安全信息员；实施乳制品行业兼并重组；推动行业协会监管	向社会公开征集食品安全快速检测方法；企业内部员工“吹哨人”制度；媒体追踪曝光制度

以命令控制为交互模式的制度安排共计 13 项，占比 57%；以参与合作为交互模式的制度安排共计 10 项，占比 43%。免疫体系的灵魂是社会自组织自愿参与食品安全治理活动，体现的是一种社会信任和社会道德价值。因此，免疫体系理想交互模式与预防体系类似，以参与合作的交互模式为主，尽量避免命令控制的交互模式。在免疫体系内部，命令控制式交互模式会损害社会自组织能动性，不利于免疫体系自我成长与自我修复。

在此基础上，我们对 10 项以参与合作为交互模式的制度安排进行深入分析，行动主体主要以企业和社会主体为主。例如，深圳市零售商业行业协会通过季度食品安全规范店评比加强自律，其核心驱动力在于行业协会代表行业企业利益，协会会长由全体会员企业投票选举产生，而不是由政府监管部门指定，因此企业更愿意与协会合作共治；又如，媒体曝光上海福喜事件具有自组织动力，其动力来源于曝光度可以帮助东方卫视提升收视率和关注度。因此，要推动食品安全社会共治免疫体系构建，形成各行动主体参与合作的共治格局，就必须要充分了解不同利益主体的利益诉求，通过将利益诉求体现在免疫体系内容中，从而产生共治内生动力。

最后，我们对 13 项采用命令控制式交互模式的制度安排进行分析，发现行动主体主要为政府监管部门。例如，2015 年中央政府大力号召企业对不安全产品主动召回，推动乳制品行业兼并重组，以及要求地方行业协会参与食品安全社会共治。这里，我们重点分析行业协会在命令控制式交互模式下逐步沦为僵尸协会的案例，对广东省S市行业协会进行深入调研，发现该协会的会长由政府监管部门任命，协会完全成为监管部门政策“上传下达”的工具，无法获得会员企业的信任。因此，监管部门在推动协会共治过程中遇到不少问题，如协会举办的食品安全活动没有企业愿意参加。

2.3.4　免疫体系制度的潜在结果

在公共危机管理中，政府与社会力量形成的社会自组织之间的协同，是一种有效处理公共危机的治理模式（张立荣和方堃，2009）。因此，免疫体系制度安排的最优潜在结果为：政府在食品药品安全治理中发挥中央控制角色的监管功能，社会自组织发挥类似人体组成免疫系统的血细胞和蛋白质那样的防御能力，发挥食品药品安全的社会免疫系统功能（谢康，2014）。当消费者更多地参与监督和能力不断提高时，食品药品企业会逐步向生产优质产品的策略转化（王冀宁和缪秋莲，2013）。

元胞自动机是由单一元胞组成的网络，每个元胞都根据邻域的状态来选择是否进行食品药品安全生产、加工、配送、销售、消费、监管、执法、报道和评论等行为，形成多主体的自组织特征。所有的元胞都遵循同样的邻域规则，因而元胞易于形成正向元胞（也称社会自组织）的信息监督机制，也易于形成反向元胞（即违规主体）的群体道德风险，由此形成中国食品安全社会共治免疫体系。与中国食品安全社会共治预防体系制度安排类似，我们将免疫体系制度安排的潜在结果分为长期结果和短期结果，具体如表 2-8 所示。

表 2-8　中国食品安全社会共治免疫体系制度安排潜在结果分类

潜在结果	长期结果	短期结果
典型例子	以企业平台为媒介解决维权问题；为普通老百姓科普食品安全知识；形成食品安全社会共治格局；降低食品安全监管成本	形成行业自律与自组织；加快可追溯体系互联互通；加快食品安全快速检测方法制定；加大媒体曝光力度

对 23 项中国食品安全社会共治免疫体系制度安排进行分析，发现追求长期结果的制度安排共计 15 项，占比 65%；追求短期结果的制度安排共计 8 项，占比 35%。接下来，我们对长期结果和短期结果的制度安排所适用的行动情境进行交互分析。与预防体系制度安排同理，理想情况下，由于特殊性情境下的制度安排主要应对组织层面产生的食品安全问题，因此制度安排追求以短期结果为主；而普遍性情境下的制度安排主要应对制度层面产生的食品安全问题，因此制度安排追求以长期结果为主。根据上述理想情况，我们将免疫体系下长期结果与短期结果，以及特殊性情境与普遍性情境进行匹配，发现长期结果与普遍性情境相匹配，短期结果与特殊性情境相匹配，这有助于免疫体系制度安排发挥最佳效果。

■2.4　中国食品安全社会共治治疗体系制度

食品安全治理的治疗子系统，是指社会培育类似外科手术式的监管打击能力，如精确查处、快速反应集中查处、从严惩罚和严格执法等，构成社会共治的治疗体系。例如，英国完善的法治体系和严苛的惩罚措施，以及不断提高的监管技术和能力等。换句话说，打击惩治等政府监管在食品药品安全治理中发挥治疗体系的社会功能，因此，政府主体在治疗体系中发挥核心作用。此外，企业主体也承担类似“自我疗法”的作用，通过问题产品自查和强制召回，协助政府监管部门降低食品安全潜在风险。

现实中，由于受到资源约束限制，政府集权式监管的治理特点是“运动式”打击违规犯罪行动，可以在短期内有效地将食品药品行业或违规群体数量控制在一定范围内。但是，违规者或犯罪者具有分散性和低有限理性等特点，所以当食品药品监管力度减弱时，政府集权式监管机制难以有效防止食品药品行业再次爆发食品药品安全事件。原因在于当政府加大打击力度时，违规或犯罪主体转变为等待或转向；当政府打击力度减弱时，违规或犯罪主体由等待转变为行动或模仿。如此循环往复，出现屡禁不止、周而复始的食品药品安全问题顽疾。因此，必须依靠中国食品安全社会共治治疗体系，对食品违法犯罪行为实行精准打击。

与中国食品安全社会共治预防体系、免疫体系制度评估类似，我们将根据IADHS框架内容——行动主体、行动情境、交互模式和潜在结果，对 16 项中国食品安全社会共治治疗体系制度进行分析。

2.4.1　治疗体系制度的行动主体

在中国食品安全社会共治预防—免疫—治疗三级协同框架中，治疗体系主要在食品安全事件发生后实施，核心主体为政府监管部门，企业主要辅助监管部门执法。其中，“零容忍”是治疗体系中经常采取的监管措施，也是党中央、国务院 2014 年以来一直倡导的治理方针。“零容忍”是指通过严格和不妥协的政策实施，从而起到对反社会行为（如犯罪）的坚决反对或抵制作用（Wilson and Worosz，2014）。首先，“零容忍”政策推动食品产业标准化生产。通过设计科学化的食品安全标准并对其进行严格实施，“零容忍”政策使得不同地区企业实现标准化生产（Ransom et al.，2010）。例如，世界贸易组织通过推动MCAS（multilayered conformity-assessment system，即多层级评估体系）在世界各地的实施，从而使得生产者按照同一标准生产（Hatanaka，2014）。其次，“零容忍”政策响应消费者对食品安全的迫切需求。Worosz和Wilson（2011）通过实证研究发现，大部分消费者更倾向于购买具有“零添加”标志的商品。Scott等（2014）认为中国政府在食品领域发放“无污染”认证，其主要原因是提升消费者对食品生产者的信任，最终提高消费者支付意愿。最后，“零容忍”政策可以满足政府部门不同政治目的。一方面，政府可以通过“零容忍”政策提升民众对监管部门的信任（Matsuo and Yoshikura，2014），另一方面，“零容忍”政策还可以成为地方贸易保护的重要手段（Mulvaney and Krupnik，2014）。

在理论分析基础上，我们对附表 6 中 16 项制度安排的行动主体进行分析。在中国食品安全社会共治治疗体系制度安排中，政府主体作为行动主体的制度安排共计 12 项，占比 75%；社会主体诸如媒体、社会组织作为行动主体的制度安排共计 4 项，占比 25%。

对政府主导下的治疗体系制度安排进行分析，发现存在三种类型的治疗体系制度安排。

（1）理顺组织结构的制度安排。政府监管部门进行精准打击前，必须首先建立精简、高效、统一的政府监管体系。例如，2015 年中央政府对农村食品安全整治活动汇总，完善了农村食品生产经营全链条监管，积极推进监管重心下移，切实加强农村食品安全日常监管。又如，2016 年云南省政府为了加强对网络食品销售的监管，开展“净网”行动保障全省网络食品药品安全，专门设立网络监管队伍。

（2）建立强有力监管机制的制度安排。例如，2014 年中央政府在打击假冒伪劣商品过程中，实施综合治理活动，大力提升农村监管效能；又如，2015 年中央政府春节食品督查活动中，加大节令食品抽检频次，发现问题及时处置，严防不合格食品流入市场。

（3）建立快速风险应对的制度安排。例如，2016 年江苏政府加强与公安机关的协调配合，严厉打击制售有毒有害食品违法犯罪行为，形成重大食品安全事件快速反应机制。

企业主导下的治疗体系制度安排，主要包括对问题食品的查处和召回，避免食品安全问题迅速扩大。例如，2014 年麦当劳在福喜事件爆发后，采取产品强制召回措施减少伤害，通过治理控制食品安全问题发展。

2.4.2 治疗体系制度的行动情境

中国食品安全社会共治治疗体系行动情境是指，政府监管部门和企业主体在解决食品安全问题中不同主体相互影响的社会空间，侧重对政治、经济、文化等社会环境因素的描述。通过对治疗过程中相关现象的描述，可以有效解释政策制定者选择不同政策工具的因素。

与食品安全社会共治预防体系制度和免疫体系制度类似，我们将治疗体系制度的行动情境划分为两类（表 2-9）：一类是治疗体系制度安排的普遍性情境，在普遍性情境下，治疗体系制度安排的目的是帮助监管部门和企业主体完善食品安全社会共治治疗体系制度，侧重在制度层面进行问题发现与解决，对食品安全社会共治治疗体系具有长期影响。另一类是治疗体系制度安排的特殊性情境，在特殊性情境下，治疗体系制度安排的目的是帮助监管部门和企业主体解决组织面临的突发性食品安全问题，侧重在组织层面进行短期问题的发现和解决，对食品安全社会共治治疗体系具有短期影响。

表 2-9　中国食品安全社会共治治疗体系制度安排情境典型例子

情境	普遍性情境	特殊性情境
典型例子	食品安全突发性事件时有发生，监管难度大，监管范围广，监管人员数量不足，监管手段落后等问题	春节出现大规模农村食物中毒事件；亨氏米粉出现造假行为，严重影响消费者身体健康；上海福喜事件违规操作

在此基础上，我们对16项治疗体系制度安排进行分析。首先，普遍性情境下的制度安排共计4项，占比25%，典型例子包括中国广大农村地区面临基层监管力量薄弱，监管手段落后，监管人员数量不足，与此同时监管问题十分突出的现实困境，针对这些现实挑战监管部门需要加大监管力度，形成史上最严食品安全监管体系，有效保障农村广大消费者的身体健康。其次，特殊性情境下的制度安排共计12项，占比75%。例如，2014年为市场经济不景气的年份，假冒伪劣产品十分猖獗，中央政府在充分考虑市场主体和社会主体核心利益的基础上，采用综合治理活动，严厉打击生产经营假冒伪劣产品行为，大大提升了地区监管效能。又如，2016年江苏地区发生大规模非法销售禽产品案件，江苏政府在多方研究后启动紧急预案，连同江苏公安部门严厉打击制售有毒有害食品违法犯罪行为。

2.4.3　治疗体系制度的交互模式

治疗体系交互模式是指企业监管部门与企业主体之间根据不同食品安全事件影响程度采取的治理方式，属于治疗体系制度安排的核心部分。

在考察我国食品安全社会共治治疗体系制度安排前，首先对英美发达国家治疗体系制度安排现状进行分析。在英美两国中，食品安全社会共治治疗体系是社会共治制度设计的最后一道防线，只有当食品安全事件造成严重社会影响时才会启动。在预防体系和免疫体系的基础上构建社会共治的治疗体系，可以将有限的执法资源集中在关键控制点上，采取精确目标锁定、重点打击、随机突击检查等“点穴式”执法监管模式，提高执法监管的社会震慑信号价值。食品安全社会共治治疗体系强化食品安全事件发生后的监管措施，政府主体是治疗体系的核心，但市场和社会主体也发挥重要的协同和推动作用（表2-10）。

表 2-10　英美食品安全社会共治治疗体系制度安排

层面	政府层面	企业层面	社会层面
核心内容	成立机构打击违法犯罪行为； 加强多部门信息共享，将食品违法犯罪暴露； 不预先通知的突击检查	企业不按规定主动召回问题食品时，监管部门强制性命令企业召回； 企业主动信息披露机制	消费者用脚投票； 声誉谴责； 媒体科学引导社会

在政府层面，英美两国均高度重视培育监管部门对违法犯罪行为的打击能力。首先，针对马肉风波这样的国际性食品安全事件，英国成立专门机构重点打击食品欺诈行为；其次，FSA（Financial Service Authority，即英国金融服务管理局）加强对食品安全信息的收集和跨部门共享，使食品犯罪暴露在严格的监管控制下；再次，针对风险较高的食品产业，FSA采取不预先通知的突击检查，提高检查结果的真实性和准确性，如FSA突击检查并关闭约克郡彼得博迪屠宰场等；最后，英国提高实验室监测功能，对食品纯正性进行标准化检验。

在企业层面，企业在食品安全事件发生后可以帮助食品安全监管机构尽可能减少损失。在美国，《食品安全现代化法案》规定当食品生产企业不按规定主动召回问题产品时，监管部门有权强制企业召回问题食品。为了使产品召回更加迅速有效，监管部门成立协调事故应对和评价网络，由专业人员操作相应程序。例如，2014 年美国火星食品公司生产的大米导致数十名儿童出现过敏、头疼等不适症状，在美国FDA的要求下，该企业对产品实施强制召回，避免了食品安全问题的蔓延。除了强制召回以外，企业主动信息披露也是重要的市场治疗手段之一，如马肉风波后英国著名大型超市乐购的供应商被查出含有 29%的马肉，乐购第一时间向FSA提供所有材料，以最快速度回收上市的可疑速冻牛肉。

在社会层面，社会主体也可以在食品安全治疗体系中发挥作用，协助监管部门形成社会共治合力，如英国媒体在马肉风波爆发后，科学客观地向公众报道调查进展，使公众对政府监管重拾信心。同时，消费者用脚投票也会迫使企业加强食品安全监管，提高食品安全水平。

综上，英美两国构建的食品安全社会共治治疗体系，能够在预防体系和免疫体系失灵的情况下，针对食品安全事件采取积极有效的监管措施，筑起最后一道防线。社会共治的治疗体系短期内是一种有效的制度安排，但长期来看是高成本的，且只针对“大病”有效，针对“小病”可能会失灵。这与人体的治疗系统相似，针对急症重症有效的治疗方案，用于治疗慢性病时则可能失灵。

与预防体系和免疫体系制度分析类似，我们采用命令控制式交互模式和参与合作式交互模式，对 16 项中国食品安全社会共治治疗体系制度安排进行分类，发现全部为命令控制式。与英美发达国家相比，中国食品安全社会共治治疗体系具有更强的优势体现为逐步完善的食品安全监管体制，以及中央政府对食品安全监管强有力的领导。例如，2013 年机构改革以后，各地食品安全监管由分段式监管向集中式监管转型，体现出治疗体系制度安排的一大进步。

诚然，我们也意识到中国食品安全社会共治体系存在许多问题，如预防体系与免疫体系制度安排相对薄弱，导致"大病小病都治疗"，使得食品行业"机体"过度虚弱，消费者满意度显著下降，对政府食品安全监管能力产生极度不信任等。这些都是未来中国食品安全社会共治治疗体系改革需要重点关注和解决的问题。

2.4.4　治疗体系制度的潜在结果

食品安全社会共治治疗体系是社会共治预防—免疫—治疗制度设计的最后一道防线，只有当食品安全事件造成严重社会影响时才会启动。在预防体系和免疫体系的基础上构建社会共治的治疗体系，可以将有限的执法资源集中在关键控制点上，采取精确目标锁定、重点打击、随机突击检查等"点穴式"执法监管模式，提高执法监管的社会震慑信号价值。因此，治疗体系制度安排的潜在结果主要包含两方面：一方面，对食品安全违法犯罪行为进行严厉打击，惩罚违规行为，维护市场秩序，从而形成短期结果；另一方面，在社会层面形成震慑信号发送，使得食品生产制造者、消费者和其他主体清晰认识到，监管部门对待违法行为绝不手软，通过震慑信号发送形成价值重构。

与中国食品安全社会共治预防体系和免疫体系制度安排类似，我们将治疗体系制度安排的潜在结果分为长期结果和短期结果（表 2-11）。追求长期结果的治疗体系制度安排数量较少，为 7 项，占比 44%，典型例子包括成立食品药品安全专项稽查大队，加强对基层食品药品安全违法犯罪行为的打击力度；还有在省政府层面构建食品安全绩效考核指标，加强对监管部门"不作为"或"少作为"现象的管控。追求短期结果的治疗体系制度安排数量较多，为 9 项，占比 56%，典型例子包括彻底追查上海福喜事件相关违规责任人，并实行严厉处罚。

表 2-11　中国食品安全社会共治治疗体系制度安排潜在结果分类

潜在结果	长期结果	短期结果
典型例子	大力提高食品安全违规处罚力度，降低违法犯罪行为出现概率	有效控制福喜事件违规行为；对农村食品安全中毒事件有效控制

■2.5　食品安全社会共治三级协同策略分析

上述分别对中国食品安全社会共治预防体系、免疫体系和治疗体系的制度安排进行了分析，包括行动主体、行动情境、交互模式与潜在结果。通过对中国食品安全社会共治预防—免疫—治疗三级协作模式的分析发现，该模式可以较好地保障食品安全事件发生前、发生中和发生后三个阶段的监管有效性，形成社会各主体积极、主动和有序参与。

在预防阶段，当社会形成一种企业不敢违法、不能违法和不想违法的食品安全文化时，监管部门的监管负担最小，社会公众食品安全满意度最高。要实现这一目标，需要通过制度设计构建一种类似生物学和医学的预防体系，强调食品安全事件发生前的预防措施，制度设计目标是“治未病”。

在免疫阶段，企业利用信息不对称发生违规生产行为时，除了监管部门启动应急机制进行风险应对外，更多的是依靠大量分散的、随机形成的社会自组织，发挥着类似人体组成免疫系统的血细胞和蛋白质那样的防御能力，从而较好地解决食品安全事件的随机性和隐蔽性问题，提高执法资源的配置效率。食品安全社会共治的免疫体系强化了食品安全事件发生过程中的监管措施，制度设计的目标是防微杜渐。

在治疗阶段，只有当食品安全事件造成严重社会影响时才会启动治疗体系。在预防体系和免疫体系的基础上构建社会共治的治疗体系，可以将有限的执法资源集中在关键控制点上，采取精确目标锁定、重点打击、随机突击检查等“点穴式”执法监管模式，提高执法监管的社会震慑信号价值。

接下来，我们对中国食品安全社会共治预防—免疫—治疗三级协同制度安排现状进行归纳与总结，明确当前中国食品安全社会共治制度安排存在的问题与挑战。在此基础上，根据社会生物学的理论内涵明确三级协同制度的理想情况，提出食品安全社会共治三级协同策略组合，为监管部门日常监管过程中如何选择有效的政策工具提供借鉴。最后，选取奶制品供应链作为食品安全社会共治三级协同策略组合实施案例，通过具体例子详细阐述如何运用三级协同“政策工具箱”。

2.5.1　预防—免疫—治疗制度安排现状特征

根据本章前述 3 小节的分析，我们得到如表 2-12 所示的预防—免疫—治疗制度安排现状特征。表 2-12 左边主要呈现三种体系的制度安排，分别是预防体系制度安排、免疫体系制度安排和治疗体系制度安排。预防—免疫—治疗三级协同策略组合的优势在于，帮助政策制定者根据不同行动情境采取不同政策组合，因此，我们将行动情境放在分类的首位。根据不同行动情境分类，政策制定者可以选择合适的行动主体作为治理主体，采取不同的交互模式，并设定合理的潜在结果。

表 2-12　食品安全社会共治预防—免疫—治疗体系制度安排现状特征（单位：%）

体系	行动情境		行动主体		交互模式		潜在结果	
	类别	比例	类别	比例	类别	比例	类别	比例
预防体系（32 项）	普遍性情境	53	政府主体	37	命令控制	28	长期结果	19
							短期结果	9
					参与合作	9	长期结果	6
							短期结果	3
			企业主体	13	命令控制	3	长期结果	3
					参与合作	10	长期结果	10
			社会主体	3	参与合作	3	长期结果	3
	特殊性情境	47	政府主体	35	命令控制	35	长期结果	6
							短期结果	29
			企业主体	9	命令控制	3	短期结果	3
					参与合作	6	长期结果	3
							短期结果	3
			社会主体	3	参与合作	3	短期结果	3
免疫体系（23 项）	普遍性情境	61	政府主体	30	命令控制	17	短期结果	17
					参与合作	13	长期结果	13
			企业主体	9	命令控制	4.5	短期结果	4.5
					参与合作	4.5	短期结果	4.5
			社会主体	22	参与合作	17	长期结果	22
					命令控制	5		
	特殊性情境	39	政府主体	31	命令控制	31	短期结果	31
			社会主体	8	参与合作	8	长期结果	8
治疗体系（16 项）	普遍性情境	25	政府主体	25	命令控制	25	长期结果	25
	特殊性情境	75	政府主体	50	命令控制	50	长期结果	19
							短期结果	31
			企业主体	25	命令控制	25	短期结果	25

根据表 2-12 我们发现，预防体系制度安排有 53%的制度安排属于普遍性情境制度安排，有 47%的制度安排属于特殊性情境制度安排。该数据表明，当前预防体系制度安排中，有超过 50%的制度安排属于针对制度层面预防体系构建的政策

措施，如政府主体在制度层面构建食品安全责任保险制度，推动食品企业更多地承担食品安全责任；出台新食品安全法，贯彻落实“四个最严”食品安全监管策略；强化地方监管部门风险经营意识，提升监管工作效能。与此同时，有相似比例的制度安排属于针对组织层面预防体系构建的政策措施，这部分制度安排虽然不属于制度层面的完善与改进，但是通过组织层面的制度构建可以推动制度层面预防体系进一步完善。例如，中央政府推动地方机构改革，健全从中央到地方基层食品药品安全监管体制。同时，我们发现在53%的普遍性情境制度安排中，有37%的制度安排属于政府主体实施的制度安排，13%属于企业主体制度安排，3%属于社会主体制度安排。而在47%的特殊性情境制度安排中，35%属于政府主体制度安排，9%属于企业主体制度安排，3%属于社会主体制度安排。这表明无论是特殊性情境制度安排还是普遍性情境制度安排，均为政府主体处于主导地位，这与社会生物学提出的预防—免疫—治疗三级协同制度内在思想相违背。预防体系制度安排应该更多依靠企业主体与社会主体活动，通过激发企业主体和公益组织的积极性，有效减轻政府主体监管负担。此外，由于政府主体处于预防体系主导地位，且使用的交互模式更多为命令控制，因此难以构建预防体系长期防控机制。

进一步观察表2-12中的免疫体系制度安排构建现状，可以认为，免疫体系制度安排中，有61%的制度安排属于普遍性情境制度安排，有39%的制度安排属于特殊性情境制度安排。在普遍性情境下，政府主体制度安排占31%，企业主体和社会主体的制度安排各占11%。与此同时，在特殊性情境下，政府主体制度安排占比38%，社会主体制度安排占比9%。这一数据表明，政府主体在免疫体系制度安排下依然占据主导地位，社会主体的影响力排名第二，需要提升影响力的是企业主体。在免疫体系制度安排中，企业凭借行业专业性和声誉机制，应该成为免疫体系的主导力量，但是当前政府主体让渡给社会主体和企业主体的监管空间较少，企业难以发挥应有作用。

近年来，随着中央政府对食品安全监管领域的不断完善，以及逐步加强地方政府监管体制建设，当前中国食品安全社会共治治疗体系建设与免疫体系和预防体系相比，相对较为完善。由表2-12可以看出，属于普遍性情境的制度安排有25%，属于特殊性情境的制度安排有75%。在普遍性情境下，政府主体承担起所有与制度层面相关的治疗体系制度安排建设。在特殊性情境下，政府主体实施的制度安排占50%，企业主体实施的制度安排占25%，意味着企业主体在治疗体系制度安排下需要进一步发挥企业主导作用，不可以过多依赖政府监管部门的治疗功能。

综上所述，预防—免疫—治疗制度安排构建仍处于初级阶段，其中，治疗体系制度安排构建相对完善，免疫体系制度安排与预防体系制度安排需要进一步提升和完善。

2.5.2　食品安全社会共治三级协同策略组合

在预防—免疫—治疗三级协同制度安排现状特征分析基础上，我们提出理想情境下食品安全社会共治三级协同策略组合，为政策制定者提供社会共治制度安排的策略建议。

食品安全社会共治预防—免疫—治疗三级协同制度安排，尤其强调三级协同行动形成策略组合，可以较好地通过策略组合来提高食品安全事件发生前、发生中和发生后三个阶段的监管效能（表2-13）。

表2-13　食品安全社会共治三级协同策略组合

食品安全问题		食品安全策略			
问题阶段	问题情境	策略主体	策略交互	策略结果	策略属性
食品安全事件发生前	普遍性情境	社会主体	参与合作	长期结果	预防体系
		企业主体	参与合作		
		政府主体	命令控制		
	特殊性情境	企业主体	参与合作	短期结果	
		社会主体	参与合作		
食品安全事件发生中	普遍性情境	社会主体	参与合作	长期结果	免疫体系
		企业主体	参与合作		
	特殊性情境	企业主体	参与合作	短期结果	
		社会主体	参与合作		
		政府主体	命令控制		
食品安全事件发生后	普遍性情境	政府主体	命令控制	长期结果	治疗体系
		企业主体	命令控制		
		社会主体	参与合作		
	特殊性情境	政府主体	命令控制	短期结果	

首先，在食品安全事件发生前，建议政策制定者采取食品安全社会共治预防体系制度安排进行应对。通常情况下，可以将食品安全事件发生前阶段分成普遍性情境和特殊性情境两种情境分析。在普遍性情境下，一般会发生现有制度安排可以应对的情况。例如，基层监管部门缺乏风险防控意识，社会多主体参与社会共治意识不足等。因此，建议政策制定者让渡更多空间给社会主体和企业主体构建预防体系制度安排，发挥社会力量形成对食品安全违法犯罪行为的威慑。当然，政府主体也可以通过行政力量敦促不同社会主体加强食品安全风险防范，但是只能够作为社会力量与市场力量的必要补充，不可以成为预防体系的主导力量。在特殊性情境下，一般会发生现有制度安排没有预料到的情况，通常是指针对组织

层面的食品安全风险，如在当前一段时期背景下，官员受到反腐倡廉运动影响，容易产生“官员惰政”和“不作为”现象。因此，建议政策制定者应该依靠企业主体和社会主体采取创新策略进行应对，而不是依靠政府行政力量加大打击力度。针对普遍性情境的制度安排，建议应该获取长期结果，而针对特殊性情境的制度安排，建议应该获取短期结果，通过普遍性情境的制度安排加以巩固。

其次，在食品安全事件发生中，建议政策制定者采取食品安全社会共治免疫体系制度安排进行应对。与食品安全事件发生前类似，食品安全事件发生中这一阶段也可以分成普遍性情境和特殊性情境两种情境分析。在普遍性情境下，政府主体应该尽量不参与，只是给予社会主体和企业主体必要的行政支持，如在深圳市零售商业行业协会组织食品企业参与行业自律的案例中，深圳市监管部门并没有参与到社会主体与市场主体的免疫体系构建过程中，而是通过资金支持、声誉支持、人力支持等间接手段协助免疫体系构建。我们应该更加信任社会主体与市场主体的自主组织与自主治理能力，放开更多监管空间给企业和公益组织，让它们发挥社会共治力量。在特殊性情境下，由于中国特殊的政治经济环境，社会主体和市场主体缺乏必要的司法保障和制度基础，从而难以在现实情境下存活。因此，政府监管部门应该通过命令控制等手段，加强对市场主体和企业主体的指导作用，帮助它们构建免疫体系。

最后，在食品安全事件发生后，我们建议政策制定者采取食品安全社会共治治疗体系制度安排进行应对。当前，中国食品安全社会共治治疗体系应逐步完善健全，在普遍性情境下，除了坚持现有政府部门严厉打击，以及推动更多食品企业加强问题产品召回，还需要推动社会主体参与食品安全治疗体系构建。社会主体的治疗体系构建十分关键，因为政府加大打击力度在对违法企业形成震慑的基础上，还会削弱消费者食品购买的信心，因此社会主体应该有效配合监管部门监管行动，一方面督促监管部门加大监管，另一方面则弘扬正能量，为消费者宣传正确的价值观和消费观，从而使得合法企业避免不必要的损失。在特殊性情境下，监管部门应该学习西方先进经验，通过风险交流、风险管理与风险评估提升治疗体系的精准性。

综上所述，我们建议政策制定者根据食品安全事件发生前、发生中和发生后三阶段，分别采取中国食品安全社会共治预防体系、免疫体系与治疗体系。三级协同策略组合并不是一成不变的，而应随着社会经济发展程度动态调整。我们提出的仅为现阶段中国食品安全社会共治三级协同策略组合，未来还需进一步优化调整。

2.5.3　三级协同策略组合实施说明：以婴幼儿奶粉为例

2016 年 5 月，中国国务院办公厅发布《2016 年食品安全重点工作安排》，中央政府对全国食品安全监管工作做出了重要部署，希望通过加大监管力度提升食品安全治理能力与保障水平。其中，婴幼儿奶粉成为中央食品安全重点问题综合治理的第一项工作，换句话说，奶粉是各级监管部门关注的头等工作。近年来，婴幼儿奶粉的监管力度已经上升到药品安全监管级别，一方面，在于监管部门需要修复广大人民群众对乳制品行业的信心，另一方面，奶粉供应链上下游监管存在许多监管空白，对监管部门的日常监管构成极大的挑战。

鉴于此，我们以婴幼儿奶粉供应链食品安全监管为例，通过中国食品安全社会共治三级协同策略组合的有效实施，从而推动婴幼儿奶粉治理水平的提升。我们将从两个维度对婴幼儿奶粉产业提出治理建议，一方面，从食品安全事件发生前、发生中和发生后三个阶段提出相应的政策建议，另一方面，则是从婴幼儿奶粉全供应链角度提出政策建议，包括对供应链上游采购端如何治理，对中游物流分销如何避免分销商合谋降低食品质量，对下游零售商如何设计相应制度安排提升消费者信心，具体如表 2-14 所示。

表 2-14　食品安全社会共治三级协同策略组合具体实施——以婴幼儿奶粉为例

阶段	供应链	策略目的	策略主体	具体行动
婴幼儿奶粉食品安全事件发生前	采购制造端	构建采购制造预防体系	政府主体	实行婴幼儿奶粉注册制新政策和按药管理，提高违法成本
			企业主体	提高行业集中度，淘汰落后产能，同时保持充分竞争机制
	物流分销端	构建物流分销预防体系	企业主体	进出口商、分销商、代理商依法遵守监管细则，同行间相互监督
			社会主体	通过食品行业协会形成行业自律，同行企业自主组织与自主治理
	消费零售端	构建消费零售预防体系	企业主体	行业龙头企业凸显品牌效应，带动行业良性发展
			社会主体	媒体帮助社会公众树立食品安全理性认知和合理消费，弘扬正能量
婴幼儿奶粉食品安全事件发生中	采购制造端	构建采购制造免疫体系	政府主体	根据风险评估加大部分企业抽检力度，优化市场环境，减少不良竞争
			企业主体	企业采用电子监管码实行全程可追溯，快速找到质量安全根源问题
			社会主体	行业协会与其他社会组织通过建立行业声誉机制，谴责违规企业，鼓励优秀企业避免影响
	物流分销端	构建物流分销免疫体系	企业主体	代理商等坚决查清源头情况，严把准入门槛，坚决不购买问题产品
			社会主体	媒体、行业协会等自发性监督企业管控收购质量，严厉谴责违法企业
	消费零售端	构建消费零售免疫体系	企业主体	终端零售企业严格管控奶粉质量，为消费者健康负责任
			社会主体	消费者从权威渠道获悉市场上婴幼儿奶粉监测信息，合理消费

续表

阶段	供应链	策略目的	策略主体	具体行动
婴幼儿奶粉食品安全事件发生后	采购制造端	构建采购制造治疗体系	政府主体	坚决查处不合格企业，淘汰不符合规定企业
			企业主体	企业强制召回不合格产品
	物流分销端	构建物流分销治疗体系	政府主体	坚决查处不合格企业，淘汰不符合规定企业
			企业主体	企业强制召回不合格产品
	消费零售端	构建消费零售治疗体系	政府主体	及时向社会公众公布治疗结果
			社会主体	配合政府主体宣传工作，恢复社会公众信心

在婴幼儿奶粉食品安全事件发生前，食品安全社会共治三级协同策略组合将运用预防体系制度安排进行应对，核心目的是提升消费者食品安全信心，降低食品安全事件发生概率。针对婴幼儿奶粉采购制造端，可以通过政府主体和企业主体构建采购制造端预防体系，具体如下：政府实行奶粉注册制，提高奶粉制造企业准入门槛，降低违法犯罪行为存在风险；大型奶粉企业提高行业集中度，淘汰落后产能，同时保持充分竞争机制。针对婴幼儿奶粉物流分销端，可以通过企业主体和社会主体构建物流分销端预防体系，具体如下：企业主体严格遵守奶粉生产制造规则，同行间实行相互监督机制；同时，奶粉食品零售行业协会形成行业自律规则，同行企业自主组织与自主治理。针对婴幼儿奶粉消费零售端，可以通过企业主体和社会主体构建消费零售端预防体系，具体如下：企业主体通过龙头企业效应凸显品牌形象，同时带领行业自律；社会主体帮助企业主体弘扬正能量，帮助社会公众树立食品安全理性认知和合理消费。

在婴幼儿奶粉食品安全事件发生中，食品安全社会共治三级协同策略组合将运用免疫体系制度安排进行应对，核心目的是防微杜渐，依靠大量分散的社会主体和企业主体形成社会共治格局，提高政府监管部门执法效率。针对婴幼儿奶粉采购制造端，可以通过政府主体、企业主体和社会主体构建采购制造端免疫体系，具体如下：政府根据风险评估加大部分企业抽检力度，优化市场环境，减少不良竞争；企业采用电子监管码实行全程可追溯，快速找到质量安全根源问题；行业协会与其他社会组织通过建立行业声誉机制，谴责违规企业，鼓励优秀企业避免影响。针对婴幼儿奶粉物流分销端，可以通过社会主体和企业主体构建物流分销端免疫体系，具体如下：代理商等坚决查清源头情况，严把准入门槛，坚决不购买问题产品；媒体、行业协会等自发性监督企业管控收购质量，严厉谴责违法企业。针对婴幼儿奶粉消费零售端，可以通过企业主体和社会主体构建消费零售端免疫体系，具体如下：终端零售企业严格管控奶粉质量，为消费者健康负责任；消费者从权威渠道获悉市场上婴幼儿奶粉监测信息，合理消费。

在婴幼儿奶粉食品安全事件发生后，食品安全社会共治三级协同策略组合将运用治疗体系制度安排进行应对，核心目的是将有限的执法资源集中在关键控制点上，采取精确目标锁定、重点打击、随机突击检查等“点穴式”执法监管模式。针对婴幼儿奶粉采购制造端，可以通过政府主体和企业主体构建采购制造端治疗体系，具体如下：政府坚决查处不合格企业，淘汰不符合规定企业；企业强制召回不合格产品。针对婴幼儿奶粉物流分销端，可以通过政府主体和企业主体构建物流分销端治疗体系，与采购制造端类似，因而不再赘述。针对婴幼儿奶粉消费零售端，可以通过政府主体和社会主体构建消费零售端治疗体系，具体如下：政府及时向社会公众公布治疗结果，与此同时，企业配合政府主体宣传工作，恢复社会公众信心。

上述分析表明，本书提出的基于三级协同的IADHS理论框架，可以较好地应用于分析中国情境下食品安全社会共治的制度构建及发展，提出的三级协同社会共治策略可以较好地满足中国情境下食品安全社会共治的制度条件要求。

第3章

中国药品安全社会共治的制度与评估

药品安全事件一旦发生便成为全国性事件，影响程度一般极其恶劣，对老百姓生命安全造成威胁。例如，2014 年，浙江省台州天台公安破获一起生产、销售毒胶囊案件，查获可疑空心胶囊 1.355 亿粒，涉案金额 135 万余元。经侦查，早在 1999 年，嫌疑人郑某夫妇就在新昌县制售毒胶囊，黑色产业链持续了长达 17 年，造成大量毒胶囊被发往全国的严重后果。近年来，中国药品安全治理水平总体上向好的方向发展，但频发的药品安全事件，不仅引发了消费者对中国药品质量的不信任，诱发群体事件而影响社会稳定，而且影响到中国的国际形象和产品出口竞争力，既关系到公众的切身利益、国民健康和素质的提升，也关系到国民对政府执政能力的信任、党和政府的形象和声誉。药品安全问题，已成为中国的重大民生问题、社会问题、经济问题和政治问题，解决药品安全问题不仅重要且刻不容缓。

从不同角度看，药品安全治理与食品安全治理二者之间既有相似性，又存在差异性。从供应链管理视角分析，药品供应链是指由药品制造商、药品批发商、药品零售商、医疗服务机构和药品使用者等一系列环节链接而成的网状链条结构。食品供应链则包括食品原料种植养殖、采购、生产、流通加工、配送、消费等环节。食品与药品供应链问题的相同或相似之处在于：第一，供应链上每一个环节都会影响食品药品的安全。药品安全是指消费者服用药品后的健康和生命安全，涉及药品生产质量安全、流通安全和使用安全，因此，药品安全三大环节与供应链的节点是一一对应的，药品安全问题实质上都可以归结为药品供应链安全问题。同理，食品供应链每一节点发生的问题也会随着供应链扩展到整个市场。第二，供应链纵向一体化程度不高，管理上各自为政，难以保障食品药品安全。

供应链各环节食品药品生产商、批发商、零售商大多存在规模小、数量多等特征，使环节之间协调和管控不足，造成供应链流通效率低、成本高、安全隐患大等问题。第三，食品药品供应链的公共管理与相关监管缺位，制度执行漏洞较多。由于食品药品供应链涉及环节众多，安全问题不易发现，加之监管体制存在漏洞，相关部门协同管理能力有待提升，食品药品安全事件频发。

与食品供应链管理相比，药品供应链管理的特征在于：一是药品供应链的链条更长，结构更复杂。药品从出厂后要经过大量批发商、零售商、药房等才最终到达消费者手中，中间很容易出现假药、劣质药流进药品供应链中（沈凯和李从东，2008）。二是伴随着政府推行“廉价药”的压力，药品行业的利润越来越薄，许多企业不得不通过各种办法压低成本，最终导致企业通过牺牲药品质量来维持生存（张舒怡和王远强，2012）。

总之，虽然食品安全与药品安全问题之间存在差异，但这些差异不会影响将二者统筹起来分析社会共治制度安排，可将食品和药品安全社会共治的制度分析与安排研究整合在基于三级协同的IADHS理论框架内。因此，本章在第2章提出的IADHS理论框架基础上，对中国药品安全社会共治制度安排进行定性评估与分析。

我们从国务院官方网站、各地政府官方网站、各级食品药品安全监督管理局官方网站、《人民日报》、百度搜索、360搜索、网易新闻、搜狐新闻、中国药品企业500强官方网站等权威渠道，搜集整理出2014~2016年中国药品安全社会共治制度安排。根据唯一性原则、普适性原则以及可靠性原则对中国药品安全社会共治制度安排进行筛选。我们筛选出药品安全社会共治制度安排共计48项，如附表7~附表9所示。其中，中国药品安全社会共治预防体系制度数量最多，有29项；其次是中国药品安全社会共治治疗体系制度，有10项；数量最少的是中国药品安全社会共治免疫体系制度，仅为9项。表3-1对中国食品安全制度安排与药品安全制度安排进行了初步比较。

表3-1　中国食品安全社会共治制度与药品安全社会共治制度的比较

社会共治制度	食品安全社会共治制度安排		药品安全社会共治制度安排	
	数量	比例/%	数量	比例/%
预防体系制度	32	45	29	60
免疫体系制度	23	32	9	19
治疗体系制度	16	23	10	21
合计	71	100	48	100

从表3-1可以看出，药品与食品安全社会共治制度的共同之处，均为预防体

系制度安排占比最多。其中，药品安全预防体系制度安排占比超 50%，而食品安全治理领域占比接近 50%。由此可以得出三个基本结论：第一，中国药品与食品安全社会共治均重视构建预防体系的制度安排，期望通过政府行政力量与市场主动参与力量的相互结合，形成对药品或食品违法犯罪行为的重要威慑。第二，药品与食品安全社会共治制度在治疗体系制度安排的占比类似，均在 20%左右，意味着在长达几十年的监管能力发展过程中，中国食品药品监督管理部门已经形成一套较为成熟的行业监管体系，可以指导基层监管部门对行业违法企业实行较为精准的打击。第三，与食品安全治理相比，药品安全社会共治制度在免疫体系构建上存在较大不足，占比仅为 19%。一方面，药品行业属于国家重点调控和监管行业，企业和社会公众存在较少的监管空间，更多依靠监管部门在准入许可和日常监管中投入大量人力、物力、财力保障药品安全；另一方面，食品行业进入门槛相对低，监管部门在日常监管中无法实现区域全覆盖和行业全覆盖，需要依靠社会力量和市场力量形成免疫血细胞打击违法犯罪行为。

基于上述分析，与第 2 章探讨类似，我们期望从具有代表性和典型性的 48 项药品安全社会共治制度安排中，总结归纳出中国药品安全社会共治制度安排基本特征。具体地，通过资料和数据搜集，我们将中国药品安全社会共治制度建设实践形成的制度，归为三种体系的制度安排，即中国药品安全社会共治预防体系制度安排、中国药品安全社会共治免疫体系制度安排、中国药品安全社会共治治疗体系制度安排。在此基础上，我们对不同类型的制度安排，分别从行动主体、行动情境、交互模式及潜在结果四项内容分别进行制度评估。

■3.1 中国药品安全社会共治预防体系制度

近现代以来，世界药品安全问题经历了“假劣药”、“化学药”和“新特药”三个阶段。新中国成立以来，药品安全监管制度经过数次变迁，1998 年行政体制改革大幅提升了药品监督管理机构能力，药品安全状况总体稳定向好，但药害事件频发且多种风险聚集。药品行业具有很强的专业性和准入门槛，以往药品安全监管更多强调以问题解决为导向，这种监管体系的优点在于将更多精力放在药品安全事件发生后，能够在短时间内解决药品安全问题，维持社会稳定。但是这项制度安排的不足之处在于，监管部门容易忽视药品事件发生前的潜在风险。十八届三中全会后，中国药品安全监管逐步从事后处罚向事前风险监管转型，推动以风险规制理念为指导的监管体制创新。

药品安全监管体系创新的主要方向，就是从横向和纵向两个方面配置药品监管资源，强化事前和事中两个环节的监管力量，避免职能交叠和监管盲区（梁晨，2015），即强化本书讨论的药品安全社会共治预防体系和免疫体系两种制度构建，因为预防体系和免疫体系可以有效帮助监管部门对内提升自身监管能力，对外加强企业自控与行业自律。

下面，我们将依次对中国药品安全社会共治预防体系制度安排的行动主体、行动情境、交互模式和潜在结果四个制度构念进行分析，逐一解构预防体系的制度安排内容。这一理论框架和思路将贯穿本书其他的制度分析内容。

3.1.1　预防体系制度的行动主体

由于行业特征影响，药品安全社会共治预防体系制度安排与食品安全治理存在较大区别。食品行业由于进入门槛较低，食品加工生产制造技术含量低，需要政府监管部门和社会主体对广大中小企业进行宣传教育。通过提高企业主体的法律意识和科学意识，从而起到食品安全事件发生的预防机制的作用。对于药品行业而言，所有进入药品行业的企业均属于“重资产”企业，拥有较高的资金投入和人员投入。药品生产制造属于高技术含量的生产行业，对于这类企业的预防机制构建，需要依靠强大的监管体系和法律法规。

例如，在29项药品安全社会共治预防体系制度安排中（附表7），核心主体为政府主体和企业主体，共计28项制度安排，社会主体只有1项制度安排。消费者在缺乏政府主体信息公开和市场主体信息引导时，难以辨别药品真假或伪劣，较少直接参与药品安全社会共治。政府主体作为行动主体的制度安排共计23项（占80%），企业主体作为行动主体的制度安排有5项（占17%），社会主体作为行动主体的制度安排只有1项（占3%）。可见，2014~2016年，中国药品安全社会共治预防体系制度安排依然以政府为主导，企业主体和社会主体为辅助行动主体，这与我们的调研结果保持一致。此外，药品监管部门与食品监管部门相比，对于行业企业的监管话语权更重，主导权更强。药品监管部门不仅掌控着药品行业的审批和准入，而且对药品价格存在决定性作用。相对于食品企业而言，药品企业规模更大，服从监管部门的可能性更高。

目前，政府主导下的预防体系制度安排存在三种类型：一是推动药品行业快速整合形成良性自律的制度安排。药品行业非常强调企业准入门槛，当企业达到监管部门许可标准时，则后续日常监管的成本相应较低。例如，2016年中央政府在促进医疗行业健康发展的相关文件中提到，进一步推动小型药品企业整合，建立药品流通领域的新格局；又如，2016年中央政府对药品生产监管进一步加强许可，强制要求生产企业主动申请并接受监管部门资质检查。二是推进政府监管能力建设的制度安排。与食品安全监管类似，药品安全监管更加强调科学监管的重要性，如 2016 年中央政府关于仿制药的监管中，提到要提升一致性评价的公信力和有效性，共同推动一致性评价工作；2014 年中央政府推动药品安全监管体系改革，将国家卫生和计划生育委员会的部分职能划归到国家食品药品监督管理总局，使得药品安全监管保持基层活力和主动性。三是加强社会公众药品安全教育宣传的制度安排。教育宣传是药品安全监管的重要一环，只有当消费者清晰地知道药品安全的相关知识时才能真正起到预防作用。例如，2015 年甘肃政府充分发挥科普师资社会服务功能，加强科普宣传站规范化建设。

接下来，我们对政府主体在食品安全社会共治预防体系与药品安全社会共治预防体系的异同点进行分析。与食品安全相同的是，政府主体在药品安全预防体系中通过加强监管能力建设，健全从中央到地方直至基层的药品监管体制，杜绝药品安全违法犯罪企业的侥幸心理。此外，政府还通过规范市场企业行为构建预防体系。但是，与食品安全治理不同的是，政府主体在药品安全预防体系中承担更多宣传教育功能，这部分职能在食品安全预防体系中主要由社会主体承担。药品行业具有较高的专业性，政府在这方面具有绝对权威，因此需要承担更多职责。

与食品安全预防体系构建基本类似，企业主体在药品安全社会共治预防体系中主要推行对内的药品安全管理能力建设。例如，太极药业大力推动药品生产和质量安全，通过透明化生产营造药品安全天然的预防防线。扬子江药业则执行“三不申报”，产品质量从源头抓起，力争做到中国制药行业质量管理典范企业。又如，九芝堂把“重质量、讲诚信”的经营理念灌输到企业每一个人的心里。

社会主体构建的药品安全社会共治预防体系，主要是关于社会公众教育宣传的制度安排。例如，重庆广播电视集团打造“食品药品安全播报”电视专栏，宣传药品安全，通过监管部门和新闻媒体的结合，对民众进行宣传教育，对社会共治形成推力。

3.1.2 预防体系制度的行动情境

如前所述，行动情境是指行动主体相互影响、交换物品与服务、解决问题、相互约束或斗争的社会空间，侧重对政治、经济、文化等社会环境因素的描述（Ostrom，2011）。结合中国药品安全社会共治预防体系制度的基本特征，我们依然采取Johns（2006）提出的分类方式，将行动情境划分为普遍性情境和特殊性情境两类。在预防体系普遍性情境下，预防制度安排构建的目的，是帮助政策制定者完善药品安全社会共治制度，对社会监管体系具有长期影响。预防体系特殊性情境制度安排构建的目的，是帮助政策制定者解决不同组织形成的突发性问题，主要针对组织层面的短期行为。

我们选取 29 项预防体系制度中普遍性情境和特殊性情境的典型例子进行进一步讨论（表3-2）。其中，普遍性情境的制度安排有17项（占59%），特殊性情境的制度安排有12项（占41%）。

表3-2　中国药品安全社会共治预防体系制度安排情境典型例子

情境	普遍性情境	特殊性情境
典型例子	当前药品生产制造门槛相对西方国家较低，需要进一步提升准入门槛；中医药行业需要加强顶层制度设计和宏观统筹规划	医疗领域机构改革较为缓慢，需要进一步加强监管能力建设；西药一致性评价公信力与有效性不足，需要进一步加强

普遍性情境一般是指针对药品安全社会共治制度体系本身的情境，如当前药品生产制造门槛相对西方国家较低，需要进一步提升准入门槛；中医药行业需要加强顶层制度设计和宏观统筹规划等。这类情境需要政策制定者采取影响制度体系本身的策略才可以有效解决。特殊性情境一般是指针对药品安全事件发生过程中的对象，通常情况下包括区域、组织或个体等，如医疗领域机构改革较为缓慢，需要进一步加强监管能力建设；西药一致性评价公信力与有效性不足，需要进一步加强。

上述制度安排结构与药品行业特征密切相关。药品行业是一个高技术、高投入、高风险、高附加值和相对垄断的行业，对于药品安全生产、流通、零售等不同环节均有非常详细的监管说明和规定。例如，药品企业生产一款新药，从实验室到新药上市会经历一个漫长的过程，包括合成提取、生物筛选、药理、毒理等临床前试验、制剂处方及稳定性试验、生物利用度测试和放大试验等，以及人体临床试验、注册上市和售后监督等诸多环节，且各环节都存在高风险。一个大型制药公司每年会合成上万种化合物，其中只有十几、二十几种化合物通过实验室测试，最终可能只有一种候选开发品能够通过严格检测和试验而成为可用于临床的新药。因此，预防体系制度安排主要针对普遍性情境。

针对特殊性情境的制度安排而言，政府主体主导的制度安排依然占据大多数，如针对中小型药品企业过多问题，政府监管部门通过行政命令强行优化产业结果，提升药品下游企业集约度。当前，中国药品安全社会共治预防体系制度安排仍然处于构建初级阶段，针对普遍性情境的制度安排依然过少，未来需要在制度层面提升中国药品安全治理水平。

3.1.3　预防体系制度的交互模式

总体来看，中国药品安全社会共治各行动主体间交互模式与食品安全治理保持一致，分别是命令控制式交互模式，以及参与合作式交互模式。我们对 29 项中国药品安全社会共治预防体系制度安排进行分类（表 3-3），结果表明以命令控制为交互模式的制度安排有 19 项，以参与合作为交互模式的制度安排有 10 项。可见，当前中国药品安全监管制度依然处于单一监管制度结构中，以政府监管部门为核心，采取的交互模式更多以命令控制式为主。药品安全社会共治预防体系制度安排更多强调对药品安全事件的自发性监督机制，因此，理想情境下社会主体和企业主体应该更多依靠参与合作式交互模式。

表 3-3 中国药品安全社会共治预防体系制度安排交互模式分类

交互模式	命令控制式交互模式	参与合作式交互模式
典型例子	监管部门要求所有药品生产制造流通企业主动申请并接受监管部门资质检查；用行政力量改革药品采购制度，实现流通监管新秩序	监管部门邀请各界药品安全专家委员，承担药品安全政策宣传工作，向社会大众传递药品安全知识，弘扬正能量

对 10 项以参与合作为交互模式的制度安排进行深入分析发现，行动主体主要以企业主体和社会主体为主，且重点聚焦在药品安全教育宣传领域。如前所述，重庆广播电视集团打造“食品药品安全播报”电视专栏，九芝堂“重质量、讲诚信”经营理念，同仁堂按照国家《中药材生产质量管理规范》在中药材主产区建立了 11 个大宗药材种植基地等行动，均属于这类制度安排。

对 19 项采用命令控制式交互模式的制度安排分析发现，行动主体以政府监管部门为主的核心内容包括：用行政力量改革药品采购制度，实现流通监管新秩序；运用行政手段优化产业结构，提升集约发展水平。在药品安全社会共治预防体系中，政府部门对企业主要采取命令控制式交互模式，因为药品安全关系到患者的生命安全，只有通过行政命令的方式对企业各个环节采取有效控制，才可以实现真正的预防体系构建。例如，2016 年政府采用行政力量要求所有药品生产企业改革药品采购制度，实现流通监管新秩序。又如，2015 年四川省政府通过改革 GMP药品认证流程，将所有安全生产流程都以强制内容告知企业执行。但是，根据社会生物学的核心思想，健全的药品安全社会共治预防体系构建，不应仅依靠政府监管部门，充分发挥市场主体和社会主体的作用也是十分重要的。

3.1.4 预防体系制度的潜在结果

如前所述，潜在结果是指制度安排在具体执行后产生的潜在影响或预期结果（Ostrom，2005）。根据中国药品安全社会共治预防体系制度安排的定义，我们将制度安排的潜在结果分为长期结果和短期结果，具体如表 3-4 所示。

表 3-4 中国药品安全社会共治预防体系制度安排潜在结果分类

潜在结果	长期结果	短期结果
典型例子	鼓励药品创新，提升药品质量；规范药品流通秩序；提升医药行业创新能力，保障药品供应能力	共同推进一致性评价工作，健全评审质量控制体系；健全从中央到地方直至基层的药品安全监管体制

长期结果是指制度安排追求的是对药品安全治理体系产生长远影响的制度结果。例如，鼓励药品创新，提升药品质量；规范药品流通秩序；提升医药行业创新能力，保障药品供应能力。短期结果是指制度安排追求的是对药品安全预防体系中不同行动主体产生影响，对治理体系不产生长远影响，如共同推进一致性评价工作，健全评审质量控制体系；健全从中央到地方直至基层的药品安全监管体制等。对 29 项中国药品安全社会共治预防体系制度安排进行分析，发现追求长期结果的制度安排有 18 项，追求短期结果的制度安排有 11 项。

在此基础上，我们对长期结果和短期结果的制度安排所适用的行动情境进行交互分析。理想情况下，由于特殊性情境下的制度安排主要应对组织层面产生的药品安全问题，因此制度安排追求以短期结果为主。同理，由于普遍性情境下的制度安排主要应对制度层面产生的药品安全问题，制度安排追求以长期结果为主。根据上述理想情况，我们将预防体系下长期结果与短期结果，以及特殊性情境与普遍性情境进行匹配。在 18 项长期结果制度安排中，14 项制度安排属于普遍性情境下的制度安排，4 项制度安排属于特殊性情境下的制度安排，表明 4 项制度安排存在不协同或不匹配的问题，影响制度安排的实施效果。同时，在 11 项短期结果制度安排中，8 项制度安排属于特殊性情境下的制度安排，3 项制度安排属于普遍性情境下的制度安排，需要监管部门对潜在结果预期进行适度调整。

■3.2 中国药品安全社会共治免疫体系制度

如前所述，药品行业存在高投入、高风险和高技术含量等特点，药品安全社会共治免疫体系更强调专业性。通过行业协会、媒体等专业性组织的自主组织与自主治理，形成对违法犯罪行为的随机打击。消费者在药品安全社会共治中的角色和作用需要进行进一步研讨，但现实中主要依靠专业化团队，如药品行业协会等作为药品安全的社会监督主体。以下依然根据IADHS理论框架对中国药品安全社会共治免疫体系制度进行分析。

3.2.1　免疫体系制度的行动主体

在中国药品安全社会共治免疫体系的行动主体中，政府主体作为行动主体的制度安排有 6 项，社会主体诸如媒体、社会组织作为行动主体的制度安排有 2 项，企业主体作为行动主体的制度安排有 1 项。在总体比例上，药品与食品安全社会共治免疫体系的制度安排类似。

政府主导下药品安全社会共治免疫体系制度安排也有三种类型：一是推动药品可追溯体系构建的制度安排。谢康等（2015a）认为，可追溯体系、纵向一体化和双边契约责任传递三种制度安排的联动，构成产业链层面的食品药品安全社会共治协同模式的主要内容。例如，2016 年中央政府提倡药品行业构建药品安全追溯体系，希望追溯体系建设的规划标准体系得到完善，法规制度进一步健全。二是推动专业社会组织检举揭发的制度安排。构筑基于社会基层组织的食品药品安全监督体系，包括消费者参与的司法保护、消费者举报监督和消费者权益保障机制，进一步强化消费者参与食品药品安全治理的司法保护和细化消费者举报监督机制，前者诸如实行举证责任倒置、合理界定销售者责任、明确精神损害赔偿等，后者诸如统一食品药品经营者违规举报受理制度、明确食品药品安全监管者违规举报受理制度，完善消费者有奖举报制度、强化对举报人的保护等（Grunert et al., 2011；刘广明和尤晓娜，2011）。但是，与食品安全治理不同的是，药品安全检举揭发更加强调专业性揭发。例如，对于行业协会的内部治理和举报，社会公众在药品安全举报上更多的是有心无力。又如，2016 年中央政府推动企业内部人员举报，双倍奖励，单起最高奖励金额可达 20 万元，民众在激励条件下会更大程度地参与药品安全社会共治。三是加强基层药品安全监管力量的制度安排。这部分内容与食品安全社会共治免疫体系类似。例如，2015 年吉林政府强化基层药品安全管理责任，推进药品安全监管工作重心下移，联防联控药品安全工作新机制，提升全省药品安全保障水平。

社会主体参与构建药品安全免疫体系的制度建设也非常重要。例如，《河南日报》在河南省食品药品监督管理局领导下，定期举办新闻讲座，研究建立信息发布机制，从而营造良好的食品药品安全舆论环境。又如，中国医药协会立足社会关切探索和实践社会参与、多元共治，完善行业考评制度，强化行业协会对成员单位的规范管理，从而缓解监管力量与监督任务不相适应的突出矛盾，引导公众参与监管，加强食品药品行业自律管理。

企业主体只有一项制度安排，湖南红网主要是建立了食品药品安全线上专栏，向公众提供快捷的药品安全信息，认真答复网友的咨询，妥善处理网友的投诉，从而更好地保障公众知情权、参与权和监督权。

综上，可以认为，社会主体和企业主体构建的药品安全免疫体系的主要核心机制是加强药品安全信息公开，通过专业信息的处理加强药品安全监管。另外，药品行业协会则是通过协会机制自主组织与自主治理形成行业自律。

3.2.2　免疫体系制度的行动情境

在药品安全社会共治免疫体系的行动情境中，普遍性情境的制度安排有 14 项，特殊性情境的制度安排有 9 项。与中国食品安全社会共治免疫体系制度保持一致，我们将药品安全社会共治免疫体系制度安排的行动情境划分为普遍性情境和特殊性情境，如表 3-5 所示。

表 3-5　中国药品安全社会共治免疫体系制度安排情境分类

情境	普遍性情境	特殊性情境
典型例子	依靠社会共治提升食品药品安全治理能力；需要更多媒体和社会公众参与到药品安全科普知识宣传中	药品企业追溯体系构建不健全；根据标准对检举揭发危害行为予以必要奖励；基层药品安全监管力量薄弱

药品安全免疫体系制度安排普遍性情境，是指主要针对药品安全社会共治免疫体系，且影响范围较广的制度安排，属于完善制度层面的政策措施；药品安全免疫体系制度安排特殊性情境，是指主要针对药品安全社会共治免疫体系实施过程中的区域、组织或行动个体，影响范围与普遍性情境相比较窄的制度安排，属于应对组织层面药品安全风险的政策措施。药品安全普遍性情境的制度安排的典型情境，包括江苏政府畅通群众投诉举报渠道保障食品药品安全，理顺内部工作流程，将省 12331 热线、市 12345 热线整合，全面落实“四个最严”要求，继续大力做好群众投诉举报处置工作；广东政府依靠社会共治提升食品药品监管能力，成立药品行业协会等协会，制定行业协会章程，立足社会关切探索和实践社会参与、多元共治，强化食品药品监管能力。药品安全特殊性情境的制度安排的典型情境，包括中央政府根据标准对检举揭发危害食品药品安全的违法行为予以奖励，如生产经营单位内部人员举报的，双倍奖励，单起最高奖励金额可达 20 万元，民众在激励条件下会更大程度地参与药品安全社会共治；吉林政府基层药品安全监管力量薄弱，因此强化基层药品安全管理责任，推进药品安全监管工作重心下移，通过联防联控药品安全工作新机制，提升药品安全保障水平。

3.2.3 免疫体系制度的交互模式

与食品安全免疫体系类似，药品安全社会共治免疫体系也存在两种交互方式（表 3-6）。其中，以命令控制为交互模式的制度安排只有 1 项，以参与合作为交互模式的制度安排有 8 项，这与食品安全免疫体系制度安排存在较大差别。

表 3-6 中国药品安全社会共治免疫体系制度安排交互模式分类

交互模式	命令控制式交互模式	参与合作式交互模式
典型例子	推进基层监管人员监管重心下移	企业内部奖励举报人；群众投诉热线 12331；公众通过网络平台提供投诉信息和回答投诉问题

以参与合作为交互模式的制度安排包括：中央政府在 2016 年根据标准对检举揭发危害食品药品安全的违法行为予以奖励，生产经营单位内部人员举报的，双倍奖励，单起最高奖励金额可达 20 万元，使民众在激励条件下更大程度地参与药品安全社会共治。2015 年海南省政府扩大举报奖励范围和提高奖励金额，对市场整治情况进行暗访，调动社会各界支持食品药品监管工作的积极性。与此不同的是，命令控制式交互模式的制度安排，主要与基层药品安全监管力量薄弱有关。强化基层药品安全管理责任，推进药品安全监管工作重心下移，联防联控药品安全工作新机制，提升全省药品安全保障水平。

一般地，药品安全免疫主要以参与合作式交互模式为主，食品安全免疫主要以命令控制式交互模式为主，原因固然有多方面，但以下三点原因较为重要：一是药品行业存在较高准入门槛，且预防体系构建相对完善，药品安全免疫体系重要性不如食品安全免疫体系高；二是药品行业企业基础与食品企业相比相对较好，响应政府监管部门号召的可能性较高，因此政府监管部门不需要采取命令控制式交互模式也可以达到预期效果；三是药品行业存在较高技术门槛，监管部门知识技术水平与药品企业相比略显不足，需要依靠药品企业配合才可以提升监管效能。

3.2.4 免疫体系制度的潜在结果

与食品安全社会共治免疫体系制度安排类似，药品安全社会共治免疫体系制度安排的潜在结果，也可以分为长期结果和短期结果（表 3-7）。

表 3-7　中国药品安全社会共治免疫体系制度安排潜在结果分类

潜在结果	长期结果	短期结果
典型例子	联防联控药品安全工作新机制建立完善，提升药品安全保障水平；更好地保障公众知情权、参与权和监督权	追溯体系建设的规划标准体系得到进一步完善，法律法规进一步健全；民众在激励条件下更大程度参与药品安全社会共治

对中国药品安全社会共治免疫体系制度安排的分析可以发现，追求长期结果的制度安排有 5 项，追求短期结果的制度安排有 4 项。对长期结果和短期结果的制度安排适用的行动情境进行交互分析，可以认为，特殊性情境下的制度安排主要应对组织层面产生的食品安全问题，制度安排追求以短期结果为主；普遍性情境下的制度安排主要应对制度层面产生的食品安全问题，制度安排追求以长期结果为主。

根据上述理想情况，我们将免疫体系下长期结果与短期结果，以及特殊性情境与普遍性情境进行匹配，发现长期结果与普遍性情境相匹配，短期结果与特殊性情境相匹配，这有助于免疫体系制度安排发挥最佳效果。在我们的实地调研和访谈中也发现，中国药品安全社会共治免疫体系的构建程度，比中国食品安全社会共治免疫体系的构建程度要稍微滞后，原因在于：一方面，药品行业长期属于高度管制的行业，企业与政府部门在制度博弈过程中存在较大的利益分歧，监管部门将较少的监管空间让渡给药品企业；另一方面，药品行业同时属于高度专业化的行业，普通消费者难以对药品形成自然监管，需要依靠行业协会、媒体等专业团队实行监督。但是，药品行业协会、媒体等组织受到政府监管部门高度管制，容易与地方利益形成合谋格局，药品安全社会共治免疫体系构建依然需要经历较漫长的道路。

■3.3　中国药品安全社会共治治疗体系制度

鉴于药品安全事件对国民的危害程度更高，且需要更专业化的监管，药品安全社会共治治疗体系的打击力度，通常要比食品安全治理力度更强。本节我们依然采用基于三级协同的IADHS理论框架，对中国药品安全社会共治治疗体系进行制度分析。

3.3.1 治疗体系制度的行动主体

对中国药品安全社会共治治疗体系制度安排的行动主体进行分析后发现，政府主体作为行动主体的制度安排共计 8 项，企业主体作为行动主体的制度安排共计 2 项，表明政府主体依然构成药品安全社会共治治疗体系的核心力量，这是政府公共安全监管的职责所决定的。

进一步分析表明，政府主导下药品安全社会共治的治疗体系制度安排也存在三种类型：一是针对药品申请许可环节违法犯罪行为的制度安排。例如，2015 年中央政府针对药品审评审批过程中存在的弄虚作假问题，制定了相应制度安排严肃查处违法犯罪行为，提高审评审批质量。又如，2015 年云南省食品药品监督管理局发布实施《云南省食品药品安全“黑名单”管理办法》，将违法违规企业信息通过网络公开，通过信息公开和黑名单政策进行行业整治。二是针对药品生产过程中违法犯罪行为的制度安排。例如，2016 年中国政府加大生化药原辅料飞行检查力度，进一步督促企业持续合规生产。又如，2014 年浙江政府在全省范围组织开展春节和省“两会”食品药品安全专项行动，加大执法抽检、市场巡查和现场突击检查力度，坚决避免发生重大食品药品安全事故。三是针对药品流通环节违法犯罪行为的制度安排。例如，四川省在 2015 年强化药品安全形势评估及时防控药品质量安全风险，加大对流通领域专项整治力度，提高飞行检查比例。

企业主导下的治疗体系制度安排主要包括对问题食品的查处和召回，避免食品安全问题迅速扩大等。例如，2015 年华润三九旗下产品“舒血宁”被曝质量问题，华润三九要求召回问题药品，停产停售并进行整改。同时，相关部门通过整顿措施对药品安全问题进行整治。又如，2014 年广药集团发现其原材料经过工业硫黄熏蒸，且成分与实际不符，立即停止销售维C银翘片，并对相关产品进行了封存等。

3.3.2 治疗体系制度的行动情境

药品安全社会共治治疗体系行动情境，是指政府监管部门和企业主体在解决药品安全问题中不同主体相互影响的社会空间，侧重对政治、经济、文化等社会环境因素的描述。我们通过对治疗体系制度安排实施过程中相关现象的描述，可以有效解释政策制定者选择不同政策工具的因素。

与食品安全社会共治治疗体系制度类似，也可将药品安全社会共治治疗体系制度的行动情境划分为普遍性情境和特殊性情境两类（表 3-8）。治疗体系制度安排的普遍性情境，是指治疗体系制度安排的目的是帮助监管部门和企业主体完善药品安全社会共治治疗体系制度，侧重在制度层面进行问题发现与解决，对药品安全社会共治治疗体系具有长期影响。治疗体系制度安排的特殊性情境，是指治疗体系制度安排的目的是帮助监管部门和企业主体解决组织面临的突发性药品安全问题，侧重在组织层面进行短期问题的发现和解决，对药品安全社会共治治疗体系具有短期影响。

表3-8　中国药品安全社会共治治疗体系制度安排情境典型例子

情境	普遍性情境	特殊性情境
典型例子	在当前医药安全背景下需要加强对生化药原辅料的飞行检查力度；需要实行药品安全生产环节黑名单制度	药品医疗器械审批中存在问题日益突出，需要针对特定领域特定环节进行新的制度设计；修正药业产品原材料霉变引发药品安全问题

对10项药品安全治疗体系制度安排统计表明，普遍性情境下的制度安排占4项，典型例子包括中国政府为加强查收违规产品，加大对生化药原辅料的飞行检查力度，责令召回已销售产品，对企业违法违规生产行为立案调查，进一步督促企业持续合规生产。此外，在6项特殊性情境下的制度安排中，典型例子包括修正药业的明星产品肺宁颗粒因原料部分霉变引发药品安全质疑，相关部门通过收回相关证书对药品安全问题进行整治等。

3.3.3　治疗体系制度的交互模式

药品安全社会共治治疗体系交互模式，是指政府监管部门与企业主体之间根据不同食品安全事件影响程度采取的治理方式，属于治疗体系制度安排的核心部分。美国药品安全治疗体系构建较为成熟和完善，美国FDA在加强药品安全监管、重视风险评估、强化上市后监管与研究等方面有许多经验值得中国借鉴（张若明等，2015）。在药品上市前，美国FDA主要关注研发期间的药品剂量范围，对药品风险进行评估，提出相应的风险管控策略，建立起药品市场准入制度。在药品上市后，美国FDA严格监控药品广告，强化药品上市后的研究，并且与药品企业建立风险沟通战略计划，实现药品供应链安全监管（表3-9）。

表3-9　美国FDA药品安全治疗体系的主要特征

药品阶段	药品上市前	药品上市后
核心策略	药品剂量测试：将药品剂量与人体安全用药量进行比对，确保药物安全	药品广告监控：打击违法广告，保障社会公众的知情权与健康
	风险评估与缓解：通过对药品安全风险进行评估，降低药品生产风险	药品上市后研究：对上市后药品进行安全性检验，确保年度评审全覆盖

续表

药品阶段	药品上市前	药品上市后
核心策略	药品市场准入门槛：严格药品上市前的审批程序，确保药品市场安全性	风险沟通交流计划：对药品安全利益相关者进行定期与不定期风险交流
供应链	上市前与上市后，美国 FDA 均对药品供应链上的生产商、分销商、批发商、零售商进行严格监控，确保药品供应链上下游安全性	

基于美国药品安全治疗体系的特征，中国药品安全社会共治治疗体系制度安排可以从三方面进行加强：首先，强化药品安全监管机构的地位，建立起权责统一的管理机构，减少监管执法过程中的寻租行为；其次，继续完善药品安全监管法律法规，提高监管执行力，防止监管权力滥用；最后，重视药品安全监管人才队伍建设，使得监管人员在业务熟练度上接近世界领先水平。事实上，中国药品安全监管交互模式发展也主要从这三个方面进行演变：计划经济时期的政企合一监管阶段（1949~1978 年），市场经济时期的发展型监管阶段（1978~1998 年），以及统一体制时期的地方负总责阶段（1998 年至今）（王波和江春芳，2016）。因此，根据不同阶段的监管体系，中央政府和地方政府采取不同的交互模式。

当前，中国药品安全监管体制正向精细化监管方向发展，主要体现在以下四方面：一是药品安全法律法规的完善。《药品管理法》构建起严谨的药品安全监管制度安排，对于造成重要社会影响的不良药品安全事件，也已经有了较为详细的责任界定，对于规范药品安全生产行为和相关主体责任具有重要意义。二是建立事前风险预警机制。由于药品安全事件的影响范围一般比食品安全事件广泛，危害性也较大，且不易察觉，因此需要建立一整套完善的风险管理机制，科学预测出潜在药品安全风险，才可以提高药品安全事件应对能力。三是建立药品安全事件应急能力。药品安全事件发生难以避免，政府与企业的应急能力至关重要，只有快速应对药品安全事件发生，及时采取紧急措施，才可以避免药品安全问题的快速蔓延。四是危害药品召回机制。政府受限于人力、物力、财力，不可能对所有药品企业实行实时监管，因此需要药品企业积极配合监管部门监管，一旦发生违反药品安全规定的行为，药品企业需要积极主动应对危机。

综上，在交互模式方面，中国食品安全社会共治治疗体系与中国药品安全社会共治治疗体系均采取命令控制式交互模式，对食品药品安全违法犯罪行为进行严厉打击。

3.3.4　治疗体系制度的潜在结果

药品安全社会共治治疗体系构成预防—免疫—治疗三级协同制度设计的最后一道防线，只有当药品安全事件造成严重社会影响时才会启动。治疗体系制度安排的潜在结果主要包含两方面：一方面，对药品安全违法犯罪行为进行严厉打击，惩罚违规行为，维护市场秩序，从而形成短期结果；另一方面，在社会层面形成震慑信号发送，使药品生产制造者、消费者和其他主体清晰认识到，监管部门对待违法行为绝不手软，通过震慑信号发送形成价值重构。因此，可依然将药品安全社会共治治疗体系制度安排的潜在结果，分为如表3-10所示的长期结果和短期结果。

表3-10　中国药品安全社会共治治疗体系制度安排潜在结果分类

潜在结果	长期结果	短期结果
典型例子	提升吉林省全省药品安全生产流通水平；通过信息公开和黑名单制度对行业进行整治；强化药品安全形势评估工作	提高药品安全审批质量；相关部门实现对药品安全问题的整治；进一步督促药品安全生产企业合规生产

目前，追求长期结果的治疗体系制度安排有6项，典型例子如前述的吉林省政府为打击假冒伪劣产品，查处打击生产销售假冒伪劣药品违法犯罪行为，以及云南省政府将违法违规企业信息通过网络公开和黑名单政策等。追求短期结果的治疗体系制度安排数量有4项，典型例子包括中国政府了解到药品医疗器械审评审批中存在的问题日益突出，严肃查处注册申请弄虚作假行为，最终提高审评审批的标准等。

■3.4　药品安全社会共治三级协同策略

本节首先对中国药品安全社会共治预防—免疫—治疗三级协同制度安排特征进行总结与归纳，明确当前中国药品安全社会共治制度安排存在的问题及挑战；其次，根据社会生物学的理论内涵，明确三级协同制度的理想情境，提出药品安全社会共治三级协同策略组合，为政府部门提高监管效能提供政策工具；最后，以药品疫苗供应链为案例，探讨药品安全社会共治三级协同策略组合的具体实施，剖析其作为“政策工具箱”的公用政策价值。

3.4.1 现有预防—免疫—治疗制度安排的特征

根据IADHS理论框架，表 3-11 提炼出现有药品安全社会共治预防—免疫—治疗三级制度安排的特征。在表 3-11 中，左边主要呈现三种体系的制度安排，分别是预防体系、免疫体系和治疗体系的制度安排。可以认为，药品安全社会共治预防—免疫—治疗三级协同策略组合的优势，在于帮助药品监管政策制定者根据不同的行动情境采取不同的公共政策组合，以此应对药品安全治理这类复杂的社会系统失灵机制。正如我们在《食品安全社会共治：困局与突破》中论述的那样，药品安全治理的社会系统失灵问题，不能依靠单一制度安排或单一监管策略来解决，而需要借助信息技术与管理制度的结合、正式治理与非正式治理的结合，以及多层次治理策略的混合治理等，来解决药品安全社会共治中多主体匹配与协同产生的各种复杂矛盾。这种解决方案的思路体现在表 3-11 中，构成公共监管策略的组合策略。因此，我们将行动情境放在表 3-11 中分类的首位。根据不同的行动情境分类，药品安全社会共治的政策制定者可以选择合适的行动主体作为治理主体，采取不同的交互模式，设定合理的潜在结果，由此逐步推动药品安全社会共制的制度构建。

表 3-11 现有药品安全预防—免疫—治疗体系制度安排的结构特征（单位：%）

体系	行动情境		行动主体		交互模式		潜在结果	
	类别	比例	类别	比例	类别	比例	类别	比例
预防体系（29 项）	普遍性情境	59	政府主体	39	命令控制	27	长期结果	27
					参与合作	12	短期结果	12
			企业主体	17	命令控制	7	长期结果	17
					参与合作	10		
			社会主体	3	参与合作	3	长期结果	3
	特殊性情境	41	政府主体	41	命令控制	31	长期结果	41
					参与合作	10		
免疫体系（9 项）	普遍性情境	56	政府主体	34	参与合作	34	长期结果	23
							短期结果	11
			社会主体	22	参与合作	22	长期结果	22
	特殊性情境	44	政府主体	33	命令控制	22	长期结果	22
					参与合作	11	长期结果	11
			企业主体	11	参与合作	11	长期结果	11
治疗体系（10 项）	普遍性情境	40	政府主体	40	命令控制	40	长期结果	20
							短期结果	20
	特殊性情境	60	政府主体	40	命令控制	40	长期结果	20
							短期结果	20
			企业主体	20	命令控制	20	长期结果	20

由表 3-11 可以获得以下四个基本结论。

第一，预防体系制度安排中的 59%属于普遍性情境的制度安排，41%属于特殊性情境的制度安排。可以认为，中国药品安全社会共治预防体系制度安排初步成熟，且针对普遍性情境的制度安排占多数。例如，中央政府针对药品安全生产进入门槛较低的情境，要求各大药品生产企业主动申请监管审查，接受监管部门日常监管，从而鼓励药品安全生产创新，提升药品质量安全。又如，针对中医药行业缺乏顶层设计和统筹规划的现实困境，中央政府利用行政力量健全中医药法律法规体系，长期提高中医药行业现代化水平。针对特殊性情境的制度安排而言，41%的制度安排属于针对组织层面预防体系构建的政策措施，这部分制度安排通过组织层面的制度构建可以推动制度层面制度体系进一步完善。例如，针对医疗领域监管体系严重滞后的问题，中央政府利用行政力量改革药品采购制度，实现流通监管领域新秩序。虽然这种改变只是暂时缓解了药品流通乱象，但对于长期构建医药流通领域制度安排是十分重要的尝试。

第二，在 59%的普遍性情境制度安排中，有 39%的制度安排属于政府主体实施的制度安排，17%属于企业主体制度安排，3%属于社会主体制度安排。在 41%的特殊性情境制度安排中，全部都是政府主体主导的制度安排。核心原因在于，药品安全与食品安全不同，药品安全事件一旦发生将极其严重，监管部门十分重视药品生产、制造、流通等环节的安全。为减少不必要的风险，监管部门一般情况下采取命令控制式手段遏制违法事件发生。一方面，“父爱”式自上而下的预防体系构建固然不可或缺，因为药品生产行业属于高风险行业，但另一方面，自下而上的预防体系构建也同样重要，如让渡更多自主权给药品企业，让它们有更多积极性和主动性关注行业安全生产。

第三，在免疫体系的制度安排中，56%属于普遍性情境制度安排，44%属于特殊性情境制度安排，该比例与预防体系制度安排类似，意味着两种制度安排发展阶段类似。在普遍性情境下，政府主体制度安排占 34%，社会主体的制度安排占 22%，企业主体缺失。企业主体缺失的原因主要有二：一是本书中我们将驻店药师等制度安排归类到预防体系制度安排而非免疫体系制度安排；二是药品企业违规生产行为通常较为隐蔽和专业性较高，企业内部员工和同行企业一般较难发现。同时，在特殊性情境下，政府主体制度安排占 33%，企业主体制度安排占 11%。该数据表明，政府主体在免疫体系制度安排下依然占据主导地位，当出现部分违规行为时，政府主体通过行政力量推动企业主体自动查处违规产品。企业主导的免疫体系构建属于“运动式”的，而非常态式的，因此我们将其归类到特殊性情境下的制度安排。

第四，与免疫体系和预防体系相比，当前中国药品安全社会共治治疗体系的建设相对较为完善，属于普遍性情境的制度安排占 40%，属于特殊性情境的制度安排占 60%。在普遍性情境下，政府主体主要是加强对各大药品生产环节的飞行检查力度，增加违规行为的曝光概率，并且在重要时间节点定期和不定期采取专项整治。同时，监管部门通过行政权力发布药品生产制造流通企业黑名单，建立起药品行业声誉机制，倒逼违规企业不敢违法或不能违法。在特殊性情境下，政府主体实施的制度安排占 40%，企业主体实施的制度安排占 20%，意味着企业主体尝试配合监管部门加强药品安全社会共治治疗体系制度安排建设。

3.4.2 药品安全社会共治三级协同策略组合

基于对既有药品安全社会共治制度特征的分析，以及根据IADHS理论框架的关键构念，可以对药品安全社会共治三级协同的组合策略进行剖析，为政府推动下的药品安全社会共治制度安排提供策略建议。表 3-12 提出了中国药品安全社会共治预防—免疫—治疗三级协同的策略组合，通过药品安全事件发生前、发生中和发生后三个阶段的监管策略组合，提高药品安全社会共治的监管效能。下面，我们根据表 3-12 的框架，逐一讨论其中的策略组合。

表 3-12 中国药品安全社会共治三级协同策略组合

<table>
<tr><th colspan="2">药品安全问题</th><th colspan="4">药品安全策略</th></tr>
<tr><th>问题阶段</th><th>问题情境</th><th>策略主体</th><th>策略交互</th><th>策略结果</th><th>策略属性</th></tr>
<tr><td rowspan="6">药品安全事件发生前</td><td rowspan="3">普遍性情境</td><td>政府主体</td><td>命令控制</td><td rowspan="3">长期结果</td><td rowspan="6">预防体系</td></tr>
<tr><td>企业主体</td><td>参与合作</td></tr>
<tr><td>社会主体</td><td>参与合作</td></tr>
<tr><td rowspan="3">特殊性情境</td><td>政府主体</td><td>命令控制</td><td rowspan="3">短期结果</td></tr>
<tr><td>企业主体</td><td>参与合作</td></tr>
<tr><td>社会主体</td><td>参与合作</td></tr>
<tr><td rowspan="4">药品安全事件发生中</td><td rowspan="2">普遍性情境</td><td>社会主体</td><td>参与合作</td><td rowspan="2">长期结果</td><td rowspan="4">免疫体系</td></tr>
<tr><td>企业主体</td><td>命令控制</td></tr>
<tr><td rowspan="2">特殊性情境</td><td>社会主体</td><td>参与合作</td><td rowspan="2">短期结果</td></tr>
<tr><td>企业主体</td><td>命令控制</td></tr>
<tr><td rowspan="4">药品安全事件发生后</td><td rowspan="3">普遍性情境</td><td>政府主体</td><td>命令控制</td><td rowspan="3">长期结果</td><td rowspan="4">治疗体系</td></tr>
<tr><td>企业主体</td><td>命令控制</td></tr>
<tr><td>社会主体</td><td>参与合作</td></tr>
<tr><td>特殊性情境</td><td>政府主体</td><td>命令控制</td><td>短期结果</td></tr>
</table>

在药品安全事件发生前，建议政策制定者采取药品安全社会共治预防体系制度安排进行应对。如前述，在药品安全事件发生前阶段，可以进行普遍性情境和

特殊性情境两种情境的分析。在普遍性情境下，一般会发生现有制度安排可以应对的情况，如消费者对于药品风险意识不足，企业生产经营过程中缺乏必要安全生产知识等。因此，建议政策制定者让渡更多空间给社会主体和企业主体构建预防体系制度安排，发挥社会力量形成对药品安全违法犯罪行为的威慑。企业主体的责任主要在于贯彻落实好监管部门提出的各项药品安全生产规定，依法生产、流通和销售药品。社会主体的责任主要在于更好地提升自身药品安全使用意识，同时积极参与监管部门治理活动。例如，广东省发起社区药品辨别活动，让更多消费者了解不安全用药的后果和安全药品标识。诚然，政府主体也可以通过行政力量敦促不同社会主体加强药品安全风险防范，但是只能够作为社会力量与市场力量的必要补充，不必要成为预防体系的主导力量。在特殊性情境下，一般会发生现有制度安排没有预料到的情况，通常是指针对组织层面的药品安全风险。例如，2012 年发生了毒胶囊事件后，除了政府监管部门大力打击违法犯罪行为以外，企业主体也要向消费者宣传安全药品的标签标识，为消费者普及安全用药知识。最后，针对普遍性情境的制度安排，建议获取长期结果，针对特殊性情境的制度安排，建议获取短期结果，并通过普遍性情境的制度安排加以巩固。

在药品安全事件发生中，建议政策制定者采取药品安全社会共治免疫体系制度安排进行应对。在药品安全事件发生中阶段，分别探讨普遍性情境和特殊性情境两种情境的策略组合。由于药品行业的特殊性，监管部门倾向于采取命令控制式交互模式，以避免担负责任。因此，建议监管部门“管两头”，即关注预防体系制度安排建设和治疗体系制度安排建设，将免疫体系制度安排建设留给社会主体和企业主体。在普遍性情境下，企业主体加大对违法举报行为的奖励力度，如通过奖励举报从而遏制假药的市场流通。社会主体更多关注如何动员消费者参与药品安全治理，如药品公益组织积极推动社区志愿者参与违法药品举报，减轻基层药品执法人员监管负担等。在特殊性情境下，社会主体和企业主体针对特定的药品安全事件，在政府主体的引导下，帮助消费者更好地认清药品安全现状，避免不理性消费行为发生。

在药品安全事件发生后，建议政策制定者采取药品安全社会共治治疗体系制度安排进行应对。当前，中国药品安全社会共治治疗体系逐步完善。在普遍性情境下，政府主体一方面加强对药品安全法律法规的完善，建立事前风险预警机制，提高药品安全事件应对能力；另一方面，政府主体建立起药品安全事件应急能力，推动企业对违规药品的强制性召回。

综上所述，建议政策制定者根据药品安全事件发生前、发生中和发生后三阶段，分别采取中国药品安全社会共治预防体系、免疫体系与治疗体系。诚然，这里提出的仅为现阶段中国药品安全社会共治三级协同策略组合。在实际政策操作中，药品安全社会共治三级协同策略组合并不是一成不变的，而是随着监管情境的变化而变化的。

3.4.3　以毒疫苗治理为案例的三级协同策略组合

2016 年度中国爆发的山东毒疫苗事件和重庆毒疫苗事件，使药品安全治理尤其是药品安全社会共治再次成为国民关注的热点问题和政府公共管理的难点问题。2016 年 3 月，山东公安局查封大量非法疫苗，涉及 24 省份 17 家企业，涉案金额超 5.7 亿元。2016 年 6 月，重庆又出现了毒疫苗事件，地方医院疫苗被掉包，严重危害儿童生命健康。针对此次危机，国务院总理李克强对非法经营疫苗系列案件作出重要批示，指出“此次疫苗安全事件引发社会高度关注，暴露出监管方面存在诸多漏洞。食药监总局、卫生计生委、公安部要切实加强协同配合，彻查‘问题疫苗’的流向和使用情况，及时回应社会关切，依法严厉打击违法犯罪行为，对相关失职渎职行为严肃问责，绝不姑息。同时，抓紧完善监管制度，落实疫苗生产、流通、接种等各环节监管责任，堵塞漏洞，保障人民群众生命健康”。

本小节以上述毒疫苗事件为案例，剖析药品安全社会共治三级协同策略组合从两方面提升监管部门解决毒疫苗事件的监管效能：一是从药品安全事件发生前、发生中和发生后三个阶段，提出监管策略组合建议；二是从毒疫苗全供应链角度提出策略组合建议。策略组合的具体结果如表 3-13 所示。

表 3-13　药品安全社会共治三级协同策略组合：以毒疫苗事件为例

<table>
<tr><th>阶段</th><th>供应链</th><th>策略目的</th><th>策略主体</th><th>具体行动</th></tr>
<tr><td rowspan="6">毒疫苗事件发生前</td><td rowspan="2">制造端</td><td rowspan="2">构建制造端预防体系</td><td>政府主体</td><td>整合疫苗审批、生产环节，严格控制疫苗生产厂商资质</td></tr>
<tr><td>社会主体</td><td>行业协会登记所有合格资质疫苗企业，对研制能力、生产设备、资金等方面进行全面考核</td></tr>
<tr><td rowspan="2">流通端</td><td rowspan="2">构建流通端预防体系</td><td>政府主体</td><td>对所有流通和采购环节实行严格监控，对流通企业资质实行严格审查</td></tr>
<tr><td>企业主体</td><td>对所有上市药品进行质量和有效性监测，只有通过药品监测才可以流通到消费端</td></tr>
<tr><td rowspan="2">消费端</td><td rowspan="2">构建消费端预防体系</td><td>政府主体</td><td>为中国提供全民免费医疗服务，或者降低疫苗消费价格，让大众不再购买便宜违法产品</td></tr>
<tr><td>社会主体</td><td>设置专业疫苗消费点，让专业人员为消费者提供专业疫苗服务</td></tr>
<tr><td rowspan="4">毒疫苗事件发生中</td><td rowspan="2">制造端</td><td rowspan="2">构建制造端免疫体系</td><td>政府主体</td><td rowspan="2">构建全国疫苗医疗信息数据库，当出现问题时及时发现及时查处</td></tr>
<tr><td>企业主体</td></tr>
<tr><td rowspan="2">流通端</td><td rowspan="2">构建流通端免疫体系</td><td>企业主体</td><td>使用疫苗冷链运输疫苗产品，保证疫苗从生产企业到接种单位过程中的存储和运输</td></tr>
<tr><td>社会主体</td><td>媒体随时监督企业是否按照国家标准运输疫苗产品，发现可疑问题及时上报监管部门</td></tr>
</table>

续表

阶段	供应链	策略目的	策略主体	具体行动
毒疫苗事件发生中	消费端	构建消费端免疫体系	政府主体	发现问题产品及时查处，并向公众发布必要信息
			社会主体	及时与监管部门联系
毒疫苗事件发生后	制造端	构建制造端治疗体系	政府主体	为所有疫苗生产制造企业增加第三方专家监督，增强社会力量参与，杜绝违法犯罪行为
			社会主体	行业组织和媒体通过专业力量迅速曝光所有违法犯罪行为线索，让监管部门精准打击
	流通端	构建流通端治疗体系	政府主体	严格打击所有违法犯罪企业，并且对违法犯罪企业追索高额罚款，对有关人员处以严厉处罚
			企业主体	将所有不良反应监测和所有事故信息上报地方监管部门
	消费端	构建消费端治疗体系	政府主体	设置国家赔偿机制与救济机制，当消费者因为疫苗出现后遗症或住院后，国家统一赔偿补助
			社会主体	为接种疫苗出现副作用的患者，提供保健和咨询服务，并上报国家有关部门

在毒疫苗药品安全事件发生前，药品安全社会共治三级协同策略组合将运用预防体系制度安排进行应对，目的是降低毒疫苗事件发生概率。针对疫苗制造端，可以通过政府主体和社会主体构建制造端预防体系，具体如下：政府主体整合疫苗审批、生产环节，严格控制疫苗生产厂商资质，形成类似于英国和美国的疫苗市场，仅有 10 家左右疫苗生产制造商，严格管控疫苗质量。此外，行业协会登记所有合格资质疫苗企业，对研制能力、生产设备、资金等方面进行全面考核。针对疫苗流通端，可以通过政府主体和企业主体构建流通端预防体系，具体如下：政府主体对所有流通和采购环节实行严格监控，对流通企业资质实行严格审查；同时，企业主体对所有上市药品进行质量和有效性监测，只有通过药品监测才可以流通到消费端。针对疫苗消费端，可以通过政府主体和社会主体构建消费端预防体系，具体如下：政府主体为中国提供全民免费医疗服务，或者降低疫苗消费价格，让大众不再购买便宜违法产品；医院和其他社会主体设置专业疫苗消费点，让专业人员为消费者提供专业疫苗服务。

在毒疫苗药品安全事件发生中，药品安全社会共治三级协同策略组合将运用免疫体系制度安排进行应对，目的是依靠大量分散的社会主体和企业主体形成社会共治格局，提高政府监管部门执法效率。针对疫苗制造端，可以通过政府主体和企业主体构建制造端免疫体系，具体如下：政府主体和企业主体构建全国疫苗医疗信息数据库，当出现问题时及时发现及时查处。针对疫苗流通端，可以通过企业主体和社会主体构建流通端免疫体系，具体如下：企业主体使用疫苗冷链运输疫苗产品，保证疫苗从生产企业到接种单位过程中的存储和运输；社会主体诸如媒体随时监督企业是否按照国家标准运输疫苗产品，发现可疑问题及时上报监管部门。针对疫苗消费端，可以通过政府主体和社会主体构建消费端免疫体系，具体如下：政府主体发现问题产品及时查处，并向公众发布必要信息，同时社会主体也要与监管部门保持联系。

在毒疫苗药品安全事件发生后，药品安全社会共治三级协同策略组合将运用治疗体系制度安排进行应对，目的是将有限的执法资源集中在关键控制点上，采取精确目标锁定、重点打击、随机突击检查等"点穴式"执法监管模式。针对疫苗制造端，可以通过政府主体和社会主体构建制造端治疗体系，具体如下：政府主体为所有疫苗生产制造企业增加第三方专家监督，增强社会力量参与，杜绝违法犯罪行为；行业组织和媒体通过专业力量迅速曝光所有违法犯罪行为线索，让监管部门精准打击。针对疫苗流通端，可以通过政府主体和企业主体构建流通端治疗体系，具体如下：政府主体严格打击所有违法犯罪企业，并且对违法犯罪企业追索高额罚款，对有关人员处以严厉处罚；同时，企业主体将所有不良反应监测和所有事故信息上报地方监管部门。针对疫苗消费端，可以通过政府主体和社会主体构建消费端治疗体系，具体如下：政府设置国家赔偿机制与救济机制，当消费者因为疫苗出现后遗症或住院后，国家统一赔偿补助；社会组织为接种疫苗出现副作用的患者，提供保健和咨询服务，并上报国家有关部门。

总之，既有研究中缺乏针对中国药品安全社会共治制度安排的研究，理论上对于药品安全与食品安全社会共治的制度安排有何区别存在研究盲点。本章从中国药品安全社会共治预防—免疫—治疗三级协同制度安排构建框架出发，分别对药品安全社会共治的预防体系的制度构建、免疫体系的制度构建及治疗体系的制度构建进行了分析和讨论。结果表明，无论在预防体系还是免疫体系下，或者在治疗体系下，药品安全社会共治制度安排的行动主体、行动情境、交互模式和潜在结果，都呈现出与食品安全社会共治不同的制度特征。在此基础上，以毒疫苗事件为案例，剖析中国药品安全社会共治三级协同策略组合的实施建议。

第4章

食品药品安全社会共治自组织制度

如前述，当前中国初步构建了食品药品安全社会共治预防—免疫—治疗三级协同体系，政府、市场与社会主体通过释放制度震慑信号、财政补贴政策和社会价值重构等多种制度组合，形成了食品药品安全社会共治预防子系统；通过基层社会组织的联防联控、有奖举报、舆情黑名单、自愿者小团队等，形成食品药品安全社会共治免疫子系统；通过精确查处、快速反应集中查处、从严惩罚和严格执法等，构成食品药品安全社会共治治疗子系统。中国各级食品药品安全监管机构在不断学习发达国家治理经验的同时，也基于中国情境进行监管机制创新，构建起不断完善的预防子系统和治疗子系统。

然而，与发达国家较为成熟的食品药品安全治理水平相比，中国食品药品安全社会共治免疫子系统仍存在不足。例如，2014年时任深圳市委副书记戴北方在接受媒体采访时表示，目前大量行业协会滥竽充数，难以承担相应的社会责任，企业又往往不得不参加这类协会[①]，难以形成类似人体组成免疫系统的血细胞和蛋白质那样的共治防御能力。

食品药品安全社会共治免疫子系统构建，本质上是一种食品药品安全社会共治自组织制度构建（谢康等，2015b，2016a，2016b）。自组织理论强调以政府为代表的外在威权不主动介入自组织构建过程（Ostrom，1990，1992；李文钊与张黎黎，2008；罗家德与李智超，2012）。然而，在中国现实政治经济环境下，政府介入公共管理领域的方方面面，且政府对食品药品安全负总责意味着外部强制力量介入不可避免。一方面，有学者认为由于政府主动介入会产生高昂的管理成

① 新闻来源：《别了，僵尸协会》，深圳晶报，2014年3月14日。

本、寻租行为以及信息不对称，因此，中国食品药品安全等政府高度介入的公共管理领域难以构建起自组织制度(罗家德与李智超,2012;李文钊与张黎黎,2008)。另一方面，有学者认为促进型政治制度对自组织治理具有积极影响，政府提供实质性地方自治权、投资建立基础机构、提供冲突解决论坛等，能有效降低自组织构建成本（Ostrom，1990，2008）。

目前，理论研究者和政策制定者对于上述两种针锋相对的学术观点尚未达成共识。本章拟在Ostrom提出的自组织理论基础上，通过对深圳市零售商业行业协会与S市药品行业协会的案例研究，针对政府主导下的自组织实现路径、制度特征等理论盲点，提出从单一监管制度到社会共治制度的制度变迁理论框架，阐述政府如何介入自组织治理构建过程与内在演化机制，研究食品药品安全社会共治实现机制中的社会管理组织变革与创新问题，由此探讨如何通过社会组织创新来有效促进社会共治的实现途径。

■4.1　社会自组织制度建构需求与理论

4.1.1　社会自组织制度建构需求

为挑战Olson（1965）、Hardin（1968）提出的观点，即只有政府层级治理与市场私有化可以解决公共池塘资源问题，Ostrom（1990）成功探索出自组织治理制度作为第三种解决思路。在Ostrom（1990）发展的制度分析框架中，强调的是政府主体不参与或尽量避免参与自组织治理。因此，以往大部分研究，包括Ostrom自身，均忽视在政府提供协助的情况下非政府主体如何自组织治理等问题（Cox et al.，2010；Wilson et al.，2013；Sarker，2013；Schreiber and Halliday，2013）。然而，在现实政治经济情境下，公共池塘资源问题一般存在较为复杂的制度背景，涵盖政府治理制度、私有化制度与自组织制度（Sarker et al.，2014），将自组织制度内嵌到层级治理制度中，可以解决更加复杂的公共池塘资源问题（Ostrom，2007；Ostrom et al.，2007；Mansbridge，2014）。

在食品药品安全等社会性规制领域，一元监管体制下政府对食品安全负总责，意味着该领域自组织构建可能会因政治体制基础不同或参与人数多少而不同。现有强调外在威权不主动介入自组织构建的结论，均是在政治体制基础较完善或参与人数少的情境下获得的。然而，在政治体制基础不完善或利益相关方人数众多的社会性规制领域，外在权威主动介入社会自组织构建，有可能取得成功吗？逻辑上，对前一个结论的认同不等于否定后一个问题的成立，反之亦然。我们聚焦于探讨后一个问题，即政府介入下是否可以成功实现自组织治理？换句话说，在政府全面介入的食品药品安全治理领域，社会自组织构建存在制度需求和生存空间吗？

近期研究表明，政府与自组织互动可以有效解决公共池塘资源和公共服务等领域问题。在政府主动参与自组织治理方面，现有文献指出政府主要通过财务、法律、司法、行政、技术和研究等方面主动为自组织提供支持，但是不参与日常管理与治理（Sarker，2013；Sarker et al.，2014）。在自组织内嵌政府治理方面，有文献指出自组织已经成为公共服务转型升级的潜在推动者，其背后动机在于自组织与制度环境形成相互依赖关系（Zhang et al.，2015）。此外，有学者认为，自组织通常依据“风险假设”做出具体行动，当自组织内嵌于高风险治理系统时，自组织倾向于与政府主体构建复杂关联结构，当自组织处于低风险系统时，则构建相对简单的结构（Berardo and Lubell，2016）。倘若自组织与低效率和可收买的政府进行互动，制度激励会推动自组织俘获政府行政机构获取超额利益（Hedberg，2016）。

现有研究虽然已开始探讨政府与自组织互动方面的研究，然而主要聚焦在自组织已成功构建后的运行阶段，对政府参与下的自组织构建尚缺乏深入探讨。更为严重的是，当政府帮助社群使用者构建自组织时，政府会尝试控制管理，以及引入使用者不认可的制度，最终导致自组织失败（Ostrom et al.，1999；Lam and Shivakoti，2002）。但同时，也有学者认为在大多数发展中国家，政府给予非常有限的发展空间，培育自组织和个体自我责任意识面临艰难困局（Zhou，2014）。因此，在与西方理论不同的发展和应用情境下，自组织构建需要重新进行研究（Yu et al.，2016）。

从政策实践来看，食品药品安全社会共治是一个政府介入下的社会自组织构建过程，即从单一监管转变为多方自组织参与的社会共治的制度变迁，因此，食品药品安全社会共治中的自组织构建可作为本书的制度分析对象。2014 年 10 月至 2016 年 4 月，我们对重庆、广州、深圳、佛山、福建、内蒙古等地考察后发现，各地政府食品药品安全社会共治推进情况不容乐观。以调研的S市为例，该市药品安全行业协会与监管部门保持紧密联系，虽有内部监管的制度创新尝试，但难以获得监管部门信任，没有成功构建起自组织来形成社会共治，我们将会在后续章节中专门针对S市失败案例进行探讨，以形成更有针对性的结论。

综上所述，我们从理论和实践上发现，在中国现实政治经济情境下，存在食品药品安全社会共治自组织制度的构建需求，即在政府主动参与的情境下社会自组织如何构建的问题，如表 4-1 所示。

表 4-1 社会自组织制度构建的需求分析

政府参与方式	自组织构建	自组织运行
政府参与	政府以何种形式参与自组织构建？ 政府参与型自组织构建与以往相比异同点	政府参与自组织治理：提供协助，创新治理工具，信息技术运用等； 自组织内嵌政府治理，推动公共服务提升
政府不参与	Ostrom（1990）提出 8 个基本原则，即清晰界定边界、规则一致、集体选择安排、监督、分级制裁、冲突解决机制、组织认可、嵌套式企业	自组织运行主要依靠信任机制、互惠机制、声誉机制； 机制的形成有赖于社会资本

学术界对于政府不参与情境下的自组织构建和自组织运行已经有大量研究，如Ostrom（1990）针对社会自组织构建提出了 8 个基本原则，即清晰界定边界、规则一致、集体选择安排、监督、分级制裁、冲突解决机制、组织认可和嵌套式企业。而罗家德和李智超（2012）在Ostrom（1990）的基础上提出自组织运行依靠信任机制、互惠机制和声誉机制，上述三种机制形成有赖于社会资本。对于政府参与下的自组织运行，有学者提出自组织内嵌于政府治理可以推动公共服务水平提升（Hedberg，2016）。然而，对于政府以何种方式参与和提供帮助，才能够促进自组织成功构建，现有研究缺乏深入探讨。

4.1.2 社会自组织制度建构理论

针对上述提出的社会自组织制度建构需求，我们将回顾现有自组织建构理论，提出社会共治自组织建构的理论框架。

首先，社会共治自组织构建的动力主要来自治理意识和策略的转型（Agrawal and Ostrom，2001；Yu et al.，2016）。对政府而言，治理意识转型体现为理解与尊重不同利益主体的潜在最大化利益，自愿放弃监管机构自身利益，避免与其他主体合法利益发生冲突，从而识别出不同利益主体的权力与职责（Pagdee et al.，2006）。而治理策略转型则包括政府将治理权力转移给地方组织、非营利组织和市场主体等受资源使用影响最大的群体，以及更多非政府主体主动参与公共事务治理（Andersson，2004；谢康等，2015b，2016a）。在治理意识和治理策略转型推动下，政府主体、市场主体和社会主体通过社会资本形成信任机制、互惠机制及声誉机制，推动自组织构建（Knack and Keefer，1997；Ostrom，1996；Anderson et al.，2004；罗家德和李智超，2012）。

其次，在获取社会资本后，不同主体间通过组织学习帮助社群组织理解多主体、多层次的复杂情境下制度变迁机制（Pahl-Wostl，2007）。

再次，在组织学习结束后，社会主体获取充足信息进行制度变迁的下一个环节，即通过规则谈判对集体行动目标进行磋商，讨论如何实现既定目标，以及如何将计划转化为实际行动（Tippett et al.，2005；Pahl-Wostl，2009）。

最后，社会共治自组织构建在本质上是一种渐进性的制度变迁过程，在追求自主治理目标过程中，组织逐渐改变制度结构。其中，干中学是一种有效的解决策略（Armitage et al.，2008；Ricks，2016），尤其对于中国情境下的社会自组织构建，干中学更显得重要。

通过文献回顾，我们发现，现有研究总体上主张或假定政府应不介入或尽量避免介入自组织构建，对政府主动支持下的自组织构建探讨甚少。尽管研究者从不同视角探讨了政府与自组织的互动过程及内在机理，但主要聚焦在自组织已成功构建后的运作阶段，对自组织构建阶段的政府如何提供战略性支持缺乏研究。同时，现有研究主要在政府不介入或尽量避免介入的情境下探讨自组织的构建机制，缺乏对政府主动提供战略性支持情境下自组织构建的深入讨论。尤其是在中国食品安全规制领域，政府一方面面临过度介入导致资源约束的监管困局，另一方面社会自组织由于缺乏必要的培育和生存空间往往难以成功构建。因此，在政府主动让渡规制空间，为社会主体和市场主体提供战略性支持情境下，如何成功构建食品药品安全社会共治的社会自组织，成为当代中国社会亟待解决的公共管理课题。

4.2　社会共治自组织的双案例研究

如前所述，我们从现有研究中发现了在政府全面介入情境下社会共治自组织建构的理论缺口，并根据自组织建构理论总结归纳出政府支持型自组织建构过程。接下来，我们将在自组织理论基础上，通过双案例研究方法提炼出社会共治自组织建构的具体实现路径，为实践中政府监管部门构建中国食品药品安全社会共治免疫子系统提供启示。

研究步骤具体如下：首先，遵循工商管理案例研究的基本步骤和规范，对社会自组织构建双案例涉及的两家行业协会和相关制度情境进行详细介绍，并对实地调研和访谈的案例录音进行整理及编码分析。其次，将案例中发现的有趣的情境问题总结和提炼出来，为后续提出自组织建构方式奠定基础。

4.2.1　案例研究方法

针对现有自组织构建机制研究在政府主动支持情境下需要进行拓展的方

向，我们拟对政府支持型自组织构建机制的构建前提、逻辑和特征进行探索性研究。根据这一目的，我们尝试将工商管理案例研究步骤和规范（Eisenhardt，1989；Yin，2008）引入自组织构建研究。案例研究的目的是发展而非验证理论，因此，案例研究依据典型性原则和理论抽样原则进行抽样（Eisenhardt and Graebner，2007）。

根据本章的研究问题，我们选择的两个典型案例，分别是深圳市零售商业行业协会及其会员企业，以及S市医药保健商会及其会员企业。选择这两个典型案例的基本理由如下：首先，中国食品药品安全监管属于政府高度介入的公共服务领域，政府支持对自组织构建与运行产生重要影响；其次，深圳市零售商业行业协会及S市医药保健商会与食品药品零售终端企业联系紧密，且十分关注行业食品药品安全管理；最后，这两家行业协会分别在深圳市监管部门和S市监管部门支持下，逐步形成了两种截然不同的自组织构建结果，一个构建社会自组织获得成功，另外一个至今尚未构建起有效的社会自组织。因此，深圳市零售商业行业协会及其会员企业，以及S市医药保健商会及其会员企业，与我们探讨的问题具有很好的契合性。

1. 双案例概况

深圳市零售商业行业协会是国内领先的零售终端行业协会，拥有会员企业300多家，涵盖沃尔玛、华润万家、天虹等大型购物中心、百货和超市等。为提升会员企业零售终端食品安全水平，协会与深圳市市场和质量监督管理委员会保持长期紧密合作。同时，深圳市食品安全监管部门也努力尝试与社会组织共同探讨食品安全共治措施，推出诸多创新举措，如成立风险监测处加强与消费者风险交流，首创食品药品“潜规则”研究来降低行业食品药品安全风险等。其中，监管部门支持协会主导的食品安全规范店评比活动是自组织实现自主治理的典型事件之一。

S市医药保健商会是S市最大的药品行业协会，成立于2003年12月，至今已有14年历史。截至2015年12月，S市医药保健商会共有会员企业630多家，基本涵盖S市所有大中型医药制造、流通、零售企业，药店会员占S市药店总量一半以上。S市医药保健商会采取理事会治理形式，下设秘书处，共有4名专职员工，其中秘书长1名，办事员3名。目前，S市医药保健商会已基本实现独立经营，其收入来源主要由三部分组成：第一，会员会费，主要以大中型企业会员会费收入为主，在当前经济形势不景气的前提下，S市医药保健商会的总体会员会费收入并没有受到太大影响，主要得益于协会多年辛苦经营积累的会员凝聚力。第二，咨询服务。S市医药保健商会主要为大量中小型药店提供咨询服务，包括GSP认证的办理、政策法律法规的解读和落实等，这些服务涉及大量专业知识，中小型企业由于人力成本制约难以及时掌握，可以通过购买商会服务弥补。商会的咨询服务同时也为政府监管部门日常监管减轻负担。第三，函授方服务。在做大做强的发展理念指导下，商会积极拓展其他业务发展，并获得了函授方服务。该服务是商会通过多年与高校的良好合作，帮助高校在S市招收生源，以及提供学生学习场地、教务服务、课程协调等一系列高品质服务，为药品行业高校解决实际中面临的问题获得的。

S市医药保健商会与S市市场和质量监督管理委员会长期保持良好的合作关系，主要体现在两个方面。一方面，S市医药保健商会及时将会员企业的动态信息、政策反馈传递到政府监管部门，通过双向沟通合作协商解决实际过程中面临的问题。另一方面，S市市场和质量监督管理委员会会将日常监管工作逐步转移给医药保健商会，主要有三项工作：第一，政策宣导。监管部门由于要面对食品企业、药品企业、其他制造企业，面对监管对象众多，当政策变动时难以及时有效地向药品企业传递最新信息，通过医药保健商会，能够使得信息传递更加有效率。第二，组织参与活动。医药保健商会由于在行业内有公信力，而且大型企业也是会员企业之一，因此当政府组织药品安全监管活动时，可以通过行业协会更好地发动企业，让企业积极参与其中，提升行业药品安全意识。第三，政府外包服务。2014 年以来，S市监管部门尝试与医药保健商会合作，通过政府购买服务等方式，将一些监管职能下放给行业协会，如互联网广告安全监测服务、药品安全宣传月等。通过政府服务外包，能够有效减轻监管人员负担，并且调动社会力量实现社会共治。

2. 数据分析

我们遵循探索式研究方法的编码思路，采用开放式编码对案例数据进行分析（Yin，2008）。首先，研究团队中的 2 名成员对案例文档进行独立编码，以理论研究框架为参考，对具体构念和构念之间的逻辑关系进行识别。随后，当其中一位成员提出一种观点时，其他成员充当支持者或者反驳者，对所提出的观点进行验证补充或进行质疑，直到所有成员意见达成一致。这种基于团队形式的编码减少了个人偏见和主观性导致的结论片面性，保证了所获取信息的完整性（毛基业和张霞，2008）。其次，通过文献指引，将自组织构建过程进行概念化编码，形成治理意识和策略转型、社会资本、组织学习、规则谈判、干中学、自组织二级条目库。编码数据来源以及数据分类如表 4-2 所示。此外，我们遵循案例研究提出的保障信度和效度的研究策略（Yin，2004），分别从构建效度、内在效度、外在效度和信度 4 项案例研究质量的评价标准上，对本章的研究进行控制和检验（肖静华等，2014a）。

表 4-2　编码来源分类与数据分类

数据来源	数据分类	编码		
		政府	协会	企业
一手资料	通过深度访谈获得的资料	A1	B1	C1
	通过非正式访谈获得的资料	A2	B2	C2
	通过现场观察获得的资料	A3	B3	C3
二手资料	通过网络获得的资料	a1	b1	c1
	通过社会媒体报道、官方网站获得的资料	a2	b2	c2
	通过政府、协会与企业内部文件获得的档案、宣传册、PPT 等资料	a3	b3	c3

4.2.2　双案例研究发现

1. 社会共治自组织构建前提

其一，深圳食品安全治理意识和策略转型。在互联网时代，消费者可以在网络上共享与传播各类信息，快速形成群体效应和新闻螺旋效应（Beardsworth，1990；赵欣，2010），不仅对食品企业的生存与发展产生极大影响，而且还影响到监管部门制定治理策略。在此背景下，深圳市零售商业行业协会的会员企业采取积极措施应对消费者的变化，培育与消费者协同演化动态能力（肖静华等，2014a，2014b）。

食品安全治理意识和策略转型不仅是为了应对消费者日益增长的食品安全诉求，更重要的是为了缓解监管部门日常监管中面临的难题。针对此，深圳监管部门致力于推动治理策略从单一监管向社会共治转型：一是转变监管理念，积极寻求社会共治主体，将部分监管空间让渡给企业和社会组织；二是监管部门从“被动事后处罚”向“主动事前预防”转变，加大对企业与消费者的食品安全宣传和引导力度，创新宣传途径；三是对高风险领域进行重点监管，结合大数据等现代信息技术手段，实现对食品安全违法犯罪行为的精准打击。

其二，S市药品安全治理意识和策略转型。针对S市药品监管对象分析，药品市场发达，涵盖药品生产、辅料、零售、批发、连锁等各个环节，是华南地区重要的药品生产制造流通基地。全市涉药企业（单位）共计 2 116 家。其中，零售企业占比最大，共计 1 450 家，占涉药企业（单位）总数的 68.5%。接着是 620 家药品使用单位（医疗机构），占比为 29.3%。另外，共有 5 家药品制剂生产企业，5 家中药饮片生产企业，1 家药用辅料生产企业，14 家药品批发企业，5 家药品零售连锁企业，12 家药包材生产企业，4 家医疗机构制剂室。

我们在对S市市场现状和监管现状访谈调研基础上，得出如下四个特点：

一是与其他区域相比，S市基层执法队伍监管负担更重。自2000年以来，S市由于行政机构改革后成为广东省管辖县区，在职能上同时承担着市级功能和区县级功能。这在职能机构层面增加了繁重的执法负担，亟待通过社会共治等手段为监管队伍分担监管职能。

二是S市高风险医药制造企业数量居全省首位，与其他区域相比承担更大的监管压力。高风险产品的制造工艺精良，对制造环境要求较高，需要监管部门提升监管频次，对监管人员的专业素质也提出更高要求。

三是S市医药流通制造批发企业以大量中小企业为主，加重监管部门和执法人员监管负担。在当前经济形势较差，制造行业利润空间较小的情况下，对大量中小企业的监管成为关键，需要监管部门动用大量人力、物力、财力维持监管水平。但是，中国政府对监管部门的人员编制实行严格控制，短期内无法大量增加人力、物力、财力，因此监管部门普遍面临疲于奔命的“监管困局”，即较少人员需要处理大量日常监管任务。

四是S市中小型药店近千家，且服务对象以流动人口为主，对日常监管频率和监管范围提出更高要求。由于经济发展等历史原因，S市外来人口与本地人口比例达到一比一，外来人口对医药产品的诉求主要以价格低为主，导致大量中小型药店利润空间下降。因此，监管部门需要对近千家药店实行更严格的监管频率和检查标准，从而保障居民安全购买药品的需求。综上所述，S市治理意识和治理策略面临较为明显的转型压力。

2. 获取社会资本

其一，深圳市零售商业行业协会与会员企业获取社会资本。在治理意识和策略转型压力下，深圳市零售商业行业协会与部分核心会员企业达成构建食品安全自组织的共识。自组织构建的基础是社会资本，在本章案例中，自组织构建所需的社会资本主要由两部分组成，一是协会与会员企业之间的社会资本，二是会员企业之间的社会资本。协会通过与企业构建社会资本获取企业信任，有助于推动自组织顺利实施。当自组织构建过程中出现分歧时，协会利用社会资本平衡各方利益并达成共识。然而，在中国现实制度背景下，企业间信任度普遍较低（李燕凌和王珺，2015），协会经过近两年的沟通协调，才逐步在部分会员企业间建立起社会资本，基本形成了自组织所需的相互信任。

针对此，深圳市监管部门为自组织构建直接提供了合法性支持和政策性支持。政府通过政策支持赋予自组织合法性。2010年初深圳市监管部门的上级主管部门认为，只有政府才有权力制定零售终端行业的食品安全标准，深圳市应该与其他城市保持一致。然而，深圳市监管部门坚持社会共治是食品安全监管的治理之道，通过社会共治将基层的无限责任部分让渡给行业协会和会员企业，由此承受了自组织构建的合法性压力，给予协会和会员企业自组织生存和发展空间。

深圳市政府在社会资本获取阶段选择了介入方式，即“外在权威有所为”。在自组织构建初期，协会与企业缺乏必要空间进行食品安全治理创新，需要依靠政府主动提供政策性支持，从而帮助自组织获得存在的合法性。政府介入客观上成为企业主体愿意参与自组织构建活动的“信用”基础，由此降低自组织构建的启动成本。

其二，S市医药保健商会与会员企业获取社会资本。与深圳市零售商业行业协会获取社会资本不同，S市医药保健商会难以与S市监管部门构建自组织所需社会资本。具体而言，S市医药保健商会存在以下三方面问题。

一是在工资福利较低、社会影响较弱的大环境下，医药保健商会难以招募创新型与专业型人才，严重制约协会快速发展。当前，由于经济形势下行趋势明显，各行各业普遍调整薪资水平，并且对应届毕业生提出更高的要求。行业协会由于长期严格遵循非营利组织的经营模式,协会内部专职人员薪酬福利受到严重限制，因此难以招募到合适的人才为协会的快速发展注入新鲜血液。深圳市零售商业行业协会之所以避免了上述问题，主要原因在于深圳市地处改革开放前沿，各行各业存在大量机会，行业协会可以为应届毕业生提供较高的平台挖掘不同企业的真实机遇。

二是在社会对非营利组织经营模式认识不清的前提下，行业协会长期缺乏足够的资金支持，因此无法承担更多药品安全社会共治职责。长期以来，S市各界对行业协会的定位为非营利组织，因此协会不应该过多增加会员企业的负担，如提供的服务应该是免费的。这种观念虽然一方面能够降低会员企业获取服务的门槛，在一定程度上有助于行业管理与行业发展；但是在另一方面，由于行业协会的服务成本长期高于服务收益，因此难以获得资金支持发展壮大，最终导致行业协会规模无法做大。虽然近年来行业协会的服务收费问题已经得到了解决，但是与发达国家和地区相比，行业协会的资金来源渠道依然受到限制。

三是在人才和资金的现实条件制约下，行业协会为会员企业提供的服务专业性有待进一步改进与完善。一方面，在社会大环境下人才对于行业协会的发展认识不足，导致创新型人才和专业型人才不希望进入行业协会发展；另一方面，由于受到社会认知限制，行业协会在服务收费方面一直受到严重限制，资金支持不足导致协会难以发展壮大，制约了共治能力的培育。

一方面，S市医药保健商会由于缺乏相应的创新能力与资源，因此无法获取会员企业的信任，难以与会员企业之间建立社会资本；另一方面，S市政府监管部门采取相对保守策略，为避免监管创新带来的额外风险，因此一直采取亲力亲为的监管策略，不依靠外部主体分担监管职责，导致大量中小型药品企业的监管需求与监管部门极其稀缺的公共执法资源之间形成矛盾。在经济发展不景气的时候，大量中小企业会为了节约成本忽视管理规范，这时候对监管部门就提出了更高的要求。然而，当前中国政府监管部门的一个核心发展理念是编制控制与收缩，这就意味着在人力、物力、财力不可能增加的情况下要提升监管效能，就必须在效率上做文章。但是，监管部门极其稀缺的公共执法资源与大量中小企业之间还是会形成尖锐的矛盾，最终导致基层执法人员疲于奔命的困局。

综上所述，虽然S市医药保健商会接受了外在权威——S市监督管理部门的介入，但由于医药保健商会缺乏必要的知识技能和专业素质，这种介入缺乏效率。

3. 组织学习

其一，深圳市零售商业行业协会与会员企业组织学习。获取社会资本后，协会与企业通过组织学习形成规则谈判能力。这里，组织学习是指规则谈判前的应用性学习，主要目的是学习食品安全管理经验，为后续规则谈判做准备。一是，协会借助与外资企业建立多年的社会资本，动员其向国内同行企业分享先进管理经验，形成标杆作用。二是，协会与会员企业充分考虑国内企业发展现状，挑选同行业民营与国有企业中的领先者向行业传授食品安全管理经验。三是，协会与会员企业多次主动向深圳市食品安全监管部门请教标准制定方面的专业知识，在具体标准设置上征求有关部门的专业意见,但最终决策权依然在协会和会员企业，政府部门只提供技术指导。

可见，深圳市监管部门对于自组织在组织学习阶段采取了间接支持方式，使自组织构建形成了必要的自我培育空间。

其二，S市医药保健商会与会员企业组织学习。社会共治自组织构建过程中的组织学习环节，主要依靠社会主体和市场主体的学习能力。一方面，S市位于珠江三角洲发达省份，在人才供给和流动上不存在任何问题，与深圳市零售商业行业协会同样有着丰富的人才基础。但是，由于S市缺乏有竞争力的薪酬机制和人才培养机制，难以吸引高端人才前来发展。在此背景下，医药保健商会在组织学习上严重滞后于同行其他行业协会，甚至比S市监管部门专业性还要更加薄弱。另一方面，S市虽然有着雄厚的医药产业基础，但是主要以流通企业为主，制造企业和高端研发机构较少，因此缺乏类似深圳市零售商业行业协会的相互学习氛围。

综上所述，S市医药保健商会主要采取向监管部门学习的方式改进自身运营模式，这种组织学习模式可以减少S市医药保健商会发生错误的概率，但是却不利于药品安全社会共治监管模式创新。在S市案例中，由于监管部门与协会之间缺乏信任，因此监管部门全方位介入S市监管体制创新过程，最终失败。

4. 规则谈判

其一，深圳市零售商业行业协会与会员企业规则谈判。在规则谈判阶段，作为外在威权的政府不干预协会与企业的规则谈判过程，协会与企业主要遵循体系化原则、可操作性原则和公开性原则进行谈判。规则谈判是食品安全治理创新的重要源泉，通过规则谈判可以充分发挥企业和协会的主观能动性及专业性，弥补监管部门监管资源及专业化的不足，但规则谈判也是一个耗费大量人力、物力及时间的过程。在规则谈判过程中，协会需要与企业进行多轮博弈达成共识，效率远不如层级治理或市场治理。

深圳市零售商业行业协会与会员企业在规则谈判过程中，可以自由发挥在食品安全领域的专业知识，而不需要考虑政府监管部门的具体指示和要求。在谈判过程中，假如有一方意见不统一，则谈判到有结果为止，否则将继续讨论。在规则谈判环节中，深圳市政府不介入或仅提供间接支持是维系自组织生存与发展的关键。这种组织创新与现有中国基层社会多元协同治理中的自组织构建不同，后者强调政府对规则谈判的不介入或让出治理空间（张树旺等，2016），本章案例则表明，面对涉及利益相关者众多的食品安全公共服务领域，政府不仅需要在规则谈判阶段不介入，而且对组织学习阶段也需要不介入，由此才有可能为食品安全治理社会自组织构建提供足够的自生能力提升空间。

其二，S市医药保健商会与会员企业规则谈判。在缺乏必要专业知识的基础上，S市医药保健商会无法与会员企业和政府监管部门进行谈判。一是，S市医药保健商会无法与会员企业进行谈判。会员企业参加医药保健商会的目的主要是为提升企业自身利益，加强对政府监管部门政策的影响。然而，S市医药保健商会无法为会员企业提供这些福利，导致会员企业对协会缺乏忠诚度和响应度。二是，S市医药保健商会无法与政府监管部门进行谈判。对政府监管部门而言，S市医药保健商会主要是一个上传下达的角色。一方面，由于S市医药保健商会缺乏相应的人才和资金，无法提供监管措施创新等方案帮助S市监管部门减少监管负担；另一方面，监管部门为了避免监管创新带来的监管风险，因此采取相对保守的监管策略。因此，在S市医药保健商会与S市监管部门规则谈判过程中，S市医药保健商会处于完全被动的状态，成为S市监管部门的“二政府”角色。正如S市医药保健商会秘书长跟我们讲道的：“政府部门根本不是跟我们商量的……基本上都是采取行政命令直接下达，我们也只好执行。”

5. 干中学

其一，深圳市零售商业行业协会与会员企业干中学。在规则谈判达成基本共识后，协会与企业通过干中学形成自组织适应性能力，推动自主组织和自主治理的顺利实施。这里，干中学是指协会与企业通过重复执行规则谈判制定的规章制度，获取自主治理方面的新技能并发展出顺利运行自组织的新流程，是一种区别于组织学习的探索性学习，主要目的是解决自组织运行中出现的新问题（Ricks，

2016）。在自组织初步构建出制度规则，并尝试进行试运行阶段，政府需要从财政、宣传、合法性三个方面给予自组织直接支持，巩固自组织的治理创新成果。

深圳市零售商业行业协会制定的自组织制度并不是一蹴而就的。在 2012 年第一版食品安全规范店评比制度安排中，存在许多问题，如采取哪些指标体系来评比，什么程度下才是合格和优秀的等。这些问题出现后并没有得到马上解决，而是在每一年评比开始前，由零售商业行业协会组织会员企业一起商讨解决，每次解决一个问题。5 年下来，食品安全规范店评比制度安排已经从深圳市零售行业标准上升到国家层面标准，为其他地区食品企业自主组织与自主治理提供借鉴作用。

深圳市监管部门在干中学阶段介入自组织构建过程，理由在于干中学是形成自组织能力的一个关键阶段，如果自组织缺乏类似企业那样的自生能力（李飞跃和林毅夫，2011），自组织构建可能功亏一篑，因为自组织虽具备一定的自主组织和自主治理能力，但往往缺乏与消费者和外部制度环境的良性互动，自组织存在着随时中止的危险，需要政府介入形成“扶上马送一程”的管理效果。

其二，S市医药保健商会与会员企业干中学。干中学能够顺利实施的基本前提是多主体间信任机制、互惠机制与声誉机制。干中学意味着存在失败的风险，因此只有存在信任机制才可以在失败中不断进行尝试。此外，干中学的目的是在尝试过程中发现更有利于不同主体利益诉求的制度安排，因此需要有互惠机制为基础。最后，干中学需要不同主体间清晰知道双方优势与不足，以及存在哪些风险，因此声誉机制也是干中学发生的必要条件。

然而，S市医药保健商会与会员企业、监管部门之间缺乏相应的社会资本形成互惠机制、信任机制与声誉机制，因此无法产生良性组织学习以及规则谈判模式。在此背景下，S市医药保健商会与监管部门之间形成单一的“命令—控制”式交互方式，监管部门通过行政命令下达指令，如告知S市医药保健商会在规定日期内培训会员企业等。S市医药保健商会缺乏有效的沟通渠道告知监管部门相应问题，无法形成自主组织与自主治理。

■4.3　食品药品安全社会共治的组织变革

在社会政治基础相对薄弱和利益相关者人数众多的情境下，在食品安全等社会性规制领域，政府介入社会自组织构建不可避免。然而，现有自组织构建研究侧重探讨外在威权不介入或尽量避免介入情境下的自组织构建，对需要外在威权主动介入情境下如何成功构建自组织缺乏深入探讨。同时，现有自组织与政府互动研究尽管强调政府对自组织的影响，以及自组织对政府治理的促进作用，但主要聚焦于自组织已成功构建后的运作阶段，对政府介入自组织构建阶段缺乏深入探讨。

针对此，本章以深圳市零售商业行业协会和S市医药保健商会为案例进行研究，借助自组织理论的制度分析理论，提出外在权威介入情境下的社会共治自组织构建理论，将自组织构建研究从外在权威不介入或尽量避免介入，扩展为外在权威介入下的自组织构建。同时，将基于自组织成功构建后的运作阶段为主的研究，扩展到政府介入自组织构建阶段的研究，为社会自组织构建研究提出了一个新的理论方向。结果表明，中国情境下食品药品安全社会共治中，政府监管部门推动多主体参与协同的社会共治自组织，可以有效帮助政府形成更高效率的社会公共安全监管效能，如果政府与社会自组织构建不成功，无论对于政府监管投入还是对于社会主体参与，都会形成较高的社会成本。

此外，本章的讨论还有两点重要启示：第一，中国情境下的食品药品安全治理除因信息非对称产生的行业性道德风险外，还存在着两类困境，一是地方政府的政策性负担形成的规制俘获与最低质量标准的困惑，二是加大监管力度对生产经营者食品安全违规行为的影响具有两面性而产生的监管有限性问题。尽管两类研究分别给出了解决各自困境的思路或措施，但对解决思路或措施缺乏深入系统的讨论。我们提出的社会共治自组织构建方式，为解决上述困境提供了一个被实践验证的解决思路，对于中国其他地区提升食品药品安全社会共治的治理水平具有借鉴价值。第二，案例研究发现并提出了社会共治自组织构建过程，分析了政府介入下的公共服务领域自组织构建的过程和特征。结果表明，政府需要把握好与自组织互动过程中的度，做到“有所为”和“有所不为”，案例中具体体现为政府直接支持与间接支持两种支持形式。在组织学习与规则谈判阶段，政府则必须要控制住“看得见的手”，通过政府行政手段上的“减法”换取食品安全治理创新的“乘法”，一方面给予自组织治理创新的空间，避免自组织演变为他组织，另一方面培育协会与企业的自组织构建能力。

第5章

中国食品药品安全社会共治成熟度

如何准确评价中国各地区食品药品安全社会共治成熟度，依托量化结果和行动检验证据，提出符合中国经济社会转型要求的针对性、可操作性对策建议，直接或间接影响着中国食品药品安全治理体制由单一监管体制向社会共治体制转型的方向、模式、路径和方式进程，构成本章研究的重点。同时，现有研究大多从理论上验证食品药品安全社会共治的理论价值和实践意义，少部分研究提出相对可行的政策建议，鲜有研究在对现实监管现状评价基础上提出相应的社会共治实施策略。针对上述两种状况，本章主要回答中国食品药品安全社会共治预防—免疫—治疗三级协同体系建设得怎么样的问题，即解决如何准确评价食品药品安全社会共治制度安排的建设完善度。具体研究动机是，通过评价指标体系“常态化”评价和数据实时搜集与共享，对中国食品药品安全社会共治预防体系、免疫体系与治疗体系进行完善与优化，由此提高社会共治对策建议的针对性和可操作性。

食品药品安全管理评价是国际公认的最有效的安全管理办法之一，是对食品药品进行科学管理的体现（杜树新和韩绍甫，2006）。目前，中国食品药品安全评价实践正处于快速发展阶段。2009 年始建国家药品不良反应监测系统，逐步覆盖国家、省、地市、县 4 级监测机构和药械生产企业、药械经营企业、医疗机构用户超过 10 万家，涵盖药品不良反应/事件监测、医疗器械不良事件监测、药物滥用监测 3 个平台，以及关联评估、专家评审、监测报警和查询统计 4 个应用系统。2011 年国家食品药品监督管理总局在全国试行药品安全责任体系评价，并制定了省级药品安全责任体系评价参考指标，对各地药品安全责任体系建设从监管资源保障、药品监管、安全绩效三方面状况进行评价。2011 年 10 月成立国家食品安全风险评估中心，逐步建立起了食用农产品质量安全标准、食品卫生标准和食品质量标准，基本解决现行标准交叉、重复和矛盾的问题，形成较为完善的食品安全国家评价体系。

可以认为，现有评价指标体系研究侧重对食品药品安全风险水平进行评价研究，应用多种方法构建了多种指数模型和评价指数，但缺乏对不同的食品药品安全治理体制管理效能的评价研究。尽管也有对公共管理效能的评价，但这类研究与食品药品安全社会共治管理效能的评价思想和方向大相径庭，难以借鉴应用。

本章拟从如何评价社会共治制度安排完善度这一实践问题出发，通过构建食品药品安全社会共治成熟度评价模型形成对食品药品安全社会共治制度安排绩效评价的理论贡献。在此基础上，我们进行全国各省份食品药品安全社会共治建设成熟度评价研究，通过全国各省份和中心城市层面的实证研究，考察和分析中国各地区推进社会共治的建设情况,通过实证数据提高本书政策建议的情境化水平，为中国食品药品安全监管模式的转型创新提供具体的、操作性强的政策依据。

■5.1 食品药品安全社会共治成熟度评价

5.1.1 食品药品安全社会共治成熟度理论内涵

在构建中国食品药品安全社会共治成熟度评价指标体系前，需要梳理评价指标体系的理论内涵。只有准确理解食品药品安全社会共治成熟度的理论内涵，才能够设计出合适的评价指标体系，这样才能帮助我们对中国食品药品安全社会共治成熟度进行现状评价和提出恰当的政策建议。我们认为，构成食品药品安全社会共治成熟度评价的理论内涵包含以下三方面理论，即食品药品安全治理、社会共治及预防—免疫—治疗三级协同。

首先，食品药品安全治理构成成熟度评价指标体系的核心内涵之一。评价指标体系构建目的是帮助食品药品监管部门提升食品药品安全治理水平，因此，深刻理解食品药品安全治理的理论脉络与发展机理有助于我们构建出合适的评价指标体系。中国食品药品安全治理存在着极其复杂的因素，这种复杂性可以概括为“量大面广的消费总量、小散乱低的产业基础、尚不规范的产销秩序、相对缺失的诚信环境、滞后的企业主体责任意识和薄弱的监管能力”（张勇，2013）。针对这些复杂性，2008 年后社会共治成为中国食品药品安全治理的流行理念之一，认为食品药品社会共治不是一个单纯的治理问题，也不是一个单纯的监管体制改进问题，而是一个与社会治理、廉政和环保社会共治一起，共同构成中国社会经济改革的重大问题。2013 年，中国政府将食品药品安全监管职责统筹在国家食品药品监督管理总局后，将分段监管体制调整为单一监管体制，但如何保障这种机构调整不仅在行政管理效率上更有效，而且在保障水平和监管效率上更有效的问题并未得到深入探讨。构建食品药品安全社会共治成熟度评价指标体系，可以从宏观层面监控单一监管体制向社会共治体制转型涉及的方方面面，实时为监管部门提供相应的转型策略与政策建议，提升食品药品安全治理水平。

其次，社会共治也是食品药品安全社会共治成熟度评价的核心内涵之一。在政治学理论上，社会共治是指政府与社会、公共与私人之间并没有明确的分界，通过一定的制度安排将政府嵌入社会或者让公民参与公共服务，最终实现社会共治（Evans，1995）。Eijlander（2005）认为，社会共治是针对某一特定问题的一种多方位的管理手段，包括立法执法主体管理、自我管理以及其他利益攸关方参与管理。

最后，由于社会共治属于理论层面，缺乏有效抓手帮助监管部门真正实现落地，因此，谢康等（2017a）提出食品药品安全社会共治预防—免疫—治疗三级协同模式，由此期望将社会共治理论与中国社会共治的具体实践相结合。在此基础上，我们依据食品药品安全预防—免疫—治疗三级协同中不同阶段不同体系的构建成效，形成对中国食品药品安全社会共治成熟度的评价。

综上，中国食品药品安全社会共治成熟度评价的理论内涵，包括食品药品安全治理、社会共治理论及预防—免疫—治疗三级协同管理理论。其中，食品药品安全治理理论帮助我们框定成熟度评价的评价范围和评价对象，社会共治理论帮助我们选择合适的评价指标体系，预防—免疫—治疗三级协同理论则将社会共治理论与监管部门日常监管行为相结合，构成食品药品安全社会共治设计与实施的基本理论框架（表 5-1）。

表 5-1　中国食品药品安全社会共治成熟度评价的理论内涵

理论内涵	食品药品安全治理	社会共治理论	预防—免疫—治疗三级协同
主要作用	框定成熟度评价范围和对象	选择合适的评价指标体系	将理论与实践相结合
核心内容	量大面广的消费总量、小散乱低的产业基础、尚不规范的产销秩序、相对缺失的诚信环境、滞后的企业主体责任意识和薄弱的监管能力	政府与社会、公共与私人之间并没有明确的分界，通过一定的制度安排将政府嵌入社会或者让公民参与公共服务	借助社会生物学的理论思想，提出食品药品安全社会共治的事前、事中、事后三阶段制度框架

5.1.2　食品药品安全社会共治成熟度评价的作用

评价中国省际食品药品安全社会共治成熟度的难点，是如何准确评价中国各省份或相关主体的食品药品安全社会共治成熟度。只有做到这一点，才可以依托量化结果和行动检验证据，提出符合中国经济社会转型要求的针对性、可操作性的对策建议。只有这样，才能为中国食品药品安全治理体制由单一监管体制向社会共治体制的转型方向、模式、路径和方式等提供可行的策略建议。

针对此，围绕食品药品安全社会共治这一发展目标，结合谢康等（2017a，2017b）提出的预防—免疫—治疗三级协同理论，本章拟在构建食品药品安全社会共治成熟度评价体系基础上，对中国大陆 31 个省（自治区、直辖市）社会共治成熟度进行评价和分析。通过评价结果可以掌握各省（自治区、直辖市）食品药品安全社会共治现状，明确食品药品安全治理差距，协调社会主体参与食品药品安全社会共治行动等。

1）掌握中国省际食品药品安全社会共治现状

中国经济社会发展存在较大的地域性差异。这种地域性差异不仅影响着食品药品行业的发展进程，而且对各地区食品药品安全监管也产生重要影响。相对而言，东部沿海发达省份和地区处于改革开放前沿，国民生活水平处于全国前列，食品药品行业发展相对比较规范，监管部门日常监管措施逐步与发达国家趋同，因此食品药品安全社会共治成熟度相对较高。与此同时，中西部地区由于经济发展相对滞后于东部沿海地区，监管部门在人力、物力、财力等方面与发达城市存在一定差距，对食品药品安全监管构成困难与挑战。通过构建中国食品药品安全社会共治成熟度评价指标体系，对中国大陆 31 个省（自治区、直辖市）分别进行评价，对不同地区食品药品安全社会共治建设提出相应的改进建议，对预防体系、免疫体系与治疗体系完善和提升提出解决思路。

2）明确各省市食品药品安全现状差距

通过对中国 31 个省（自治区、直辖市，不含港澳台地区）食品药品安全社会共治成熟度进行评价，寻找出在食品药品安全社会共治方面绩效较高的省市，提炼该地区监管部门最佳实践，为全国食品药品安全社会共治体制转型建立标杆作用。在评价指标体系数据收集阶段，发现多个省份之间存在成倍量级的差异，如在药品企业GSP认证度这个指标中，最大值的省市几乎是最小值省市的 10 倍，一定程度上反映出中国各地区社会经济发展不均衡。发展差距意味着改进空间，通过中国食品药品安全社会共治成熟度评价的省际数据比较，能够明确不同区域之间的优势与不足，为监管部门改进提供相应政策建议。

3）加强预防体系、免疫体系与治疗体系三级协同效应

在明确现状、寻找差距基础上，通过评价指标体系评价结果，可以用于加强食品药品安全社会共治预防—免疫—治疗三级协同效应。在构建一级指标过程中，遵循谢康等（2017a，2017b）提出的预防—免疫—治疗三级协同模式，在该模式基础上设计出相应的二级指标与三级指标，并通过数据搜集评出预防体系成熟度、免疫体系成熟度与治疗体系成熟度。然而，我们在实际调研过程中发现，当前预

防—免疫—治疗三级体系存在相互分离状况，需要通过评价结果对如何协同提出针对性的政策建议。

4）社会共治制度转型提升中国食品药品安全治理水平

中国食品药品安全治理体制转型是当前中央政府和地方政府亟待解决的重大问题。当前，人民生活水平的逐步提升，对食品药品安全提出了更高的要求。然而，人民日益增长的食品药品安全需求，与监管部门有限的监管资源之间形成了较为明显的矛盾，需要通过食品药品安全社会共治制度转型加以解决。社会共治意味着食品药品安全治理不能仅依靠政府，也不能仅依靠监管部门单打独斗，应当调动社会方方面面的积极性，社会多主体有序参与社会共治，才能够形成社会共治的治理合力，提高全社会食品药品安全治理的成效。但是，制度转型意味着巨大的转型风险，稍有不慎便会产生重大的社会问题。本章期望通过中国食品药品安全社会共治成熟度评价指标体系及其评价，为中国食品药品安全制度转型提供转型建议，为监管部门监管实践提供策略依据和决策咨询指导。

5.1.3　成熟度评价的构建基础与原则

在确定中国食品药品安全社会共治成熟度评价指标体系的理论内涵和主要作用后，需要确定食品药品安全社会共治成熟度评价的构建基础与构建原则，为 5.2 节评价指标体系构建过程提供指导作用。

社会评价理论构成中国食品药品安全社会共治成熟度评价的构建基础。社会评价理论由于发展历史较短，目前学术界对于该理论仍存在较大分歧。多数学者认为，社会评价理论核心是辩证法的对立统一思想，即强调归纳方法与演绎方法的结合、分析方法与综合方法的结合、局部描述与整体描述的结合等。本章的评价指标体系的构建，将运用社会评价理论的核心思想，对评价指标体系进行系统的设计。社会评价理论强调归纳与演绎的结合，主要包括三个环节：一是观察和实验，属于感性认识阶段；二是运用归纳法对获得的知识素材进行归纳总结，以归纳出一般结论；三是通过演绎法对归纳结论进行演绎。

遵循上述理论，食品药品安全社会共治成熟度评价指标体系的构建步骤如下：第一步，从前人的工作经验中进行总结提炼，提取出目前被主流接受的指标；第二步，寻找文献和官网文件等多种数据来源，对指标的可得性进行评估；第三步，根据已采纳的预防—免疫—治疗三级协同模式的概念，初步拟定二级指标、三级指标和观测说明；第四步，在此基础上通过指标数据的查询和迭代进一步提炼和完善，形成评价指标体系。

在执行上述步骤构建食品药品安全社会共治成熟度评价指标的过程中，需要遵循评价指标体系的构建原则。我们认为，食品药品安全社会共治成熟度指标体系，是由多个相互独立而又相互作用的评价指标，依据一定的关联性和区分性按照层级结构组成的有机整体。指标的选择对分析评价的结果有着举足轻重的作用，指标不宜过多，否则会出现过多的冗余指标，指标之间相互干扰。同样，指标不宜太少，否则可能导致指标体系缺乏足够的代表性，产生片面性。为此，我们拟遵循代表性原则、独立性原则、可行性原则及简洁性原则四个原则来构建成熟度评价指标体系。

1）成熟度评价指标的代表性

在大数据时代下，我们可以从互联网、企业内部网络、政府监管部门、媒体等不同权威渠道获得食品药品安全治理领域的指标与数据。然而，评价指标体系指标选取并不是越多越好，指标过多过细过于烦琐，可能会模糊评价者注意力，将监管部门监管重心转移到不重要的领域。因此，我们遵循代表性原则，根据中国食品药品安全社会共治预防—免疫—治疗三级协同模式的核心理念，选取可以很好地反映研究对象预防特性、免疫特性或者治疗特性的指标。指标体系不需要大而全，只需实现客观公正的评价效果即可。

2）成熟度评价指标的独立性

中国食品药品安全社会共治成熟度评价指标除了具有代表性以外，我们还希望两两指标之间做到相互独立，避免互相重叠。例如，针对企业免疫体系构建方面的制度安排衡量上，倘若企业抽检合格率与企业年检合格率均表示企业自我免疫的功能，则两个指标取最具代表性的一个。为了能尽量充分反映被评价对象的特点，指标体系构建时要求每个指标之间互斥，这样才能用相对小的投入获得相对好的评价结果。

3）成熟度评价指标的可行性

本章除了希望在食品药品安全评价指标体系领域形成理论创新外，更重要的是可以为监管部门的监管行动提供可靠的政策性工具，使中国省际区域的食品药品安全评价能够规范化和程序化，提升食品药品安全治理的地区性水平。对于监管部门而言，评价指标体系数据收集是有成本约束的，我们尽可能选取有稳定数据来源的指标，如各省（自治区、直辖市）的年度报告、统计年鉴，各省（自治区、直辖市）食品药品监督管理局网站的固定模块内容等，确保指标体系数据获得时真实可靠而且快速便捷。

4）成熟度评价指标的简洁性

如前述，如果成熟度评价指标体系过于庞大，不仅给评价者带来评价工作的负担，而且也会降低指标体系的实用性和可操作性。为减少评价所需的时间和成本，同时维持成熟度评价指标体系的准确性，有必要精炼成熟度指标体系的结构和指标内涵。这样，对成熟度评价指标的筛选，需要考虑简洁性原则的要求，宜简不宜繁。

■5.2　食品药品安全社会共治成熟度评价构建过程

食品药品安全社会共治成熟度评价的核心是构建一个有效的评价指标体系，评价指标体系构建过程的合理性和严谨性十分重要。本书对食品药品安全社会共治成熟度评价体系的构建过程如下：首先，我们对中国食品药品安全社会共治制度安排现状进行基本分析和判断，包括对政府主体、市场主体与社会主体的食品药品安全治理政策进行研读，剖析制度安排的行动主体、行动情境、交互模式与潜在结果等核心变量的特征，熟悉评价对象的核心需求，梳理中国食品药品安全社会共治的关键成功因素。其次，我们与中山大学管理学院、中山大学公共事务与政治学院、广东工业大学经济管理学院、广州市食品药品监督管理局等不同领域的专家、监管人员、学者组成评价指标体系构建小组，对各地现有食品药品安全评价指标体系进行分析，运用社会评价理论、社会共治理论等多学科构建理论，提炼出评价指标体系中的一、二、三级指标，确立评价指标体系的基本内容。再次，我们基于层次分析法设计出指标权重调研问卷，并在广州市食品药品监督管理局、深圳市市场和质量监督管理委员会、中山大学管理学院、温氏集团、广州酒家、鼎湖山泉等企事业单位发放有效问卷 52 份，结合中国食品药品安全社会共治发展现状，确立各级指标权重。最后，我们从中央和地方政府公开信息目录、中国统计年鉴与地方统计年鉴、官方网站公布信息等不同渠道，搜集指标体系所需信息，应用评分方法获得中国 31 个省（自治区、直辖市，不含港澳台地区）食品药品安全社会共治成熟度评价得分，在对结果进行统计分析基础上，提出中国省际食品药品安全社会共治发展的政策建议。

我们明确中国食品药品安全社会共治评价指标体系的评价对象为中国食品药品安全社会共治的制度安排现状，而不是中国食品药品安全治理现状。诚然，由于指标体系构建所需，其中会涉及部分治理结果方面的指标，如食品企业合格比例等，但采用这些指标的目的是从一个侧面反映食品药品安全社会共治制度安排的现状，不是为了反映治理的结果。我们希望通过对制度安排现状进行评估，提出改进现有制度安排的对策性建议。

在本书第 2、3 章食品药品安全社会共治制度的定性分析中，基于谢康等（2017a）提出的预防—免疫—治疗三级协同体系，将政府监管部门制定的政策、食品药品企业制定的安全管理规定及社会主体参与食品药品安全治理的制度安排，归纳为三种体系的制度安排，即预防体系、免疫体系和治疗体系的制度安排。

同时，根据Ostrom提出的针对单一制度安排的分析与发展框架，结合混合型食品药品安全治理制度安排的基本特征，提出IADHS框架，对不同主体的制度内容进行分析，从行动主体、行动情境、交互模式与潜在结果中提炼出现有制度安排存在的问题，并提出改进建议。这里，我们主要运用资料分析法和案例研究方法，对中国食品药品安全社会共治发展现状深入了解。

基于对评价对象的研究，我们基本确定了中国食品药品安全社会共治成熟度评价指标体系的大体框架，即围绕预防—免疫—治疗三级协同模式进行指标体系设计与优化，具体理由有二：第一，当前中国食品药品安全社会共治制度仍处于构建的初级阶段，政府主体、社会主体、市场主体构建的制度安排已经形成雏形，但各制度安排间仍然缺乏协同效应，需要通过一条理论主线将各制度安排联系在一起。预防—免疫—治疗三级协同体系按照社会生物学理论，对食品药品安全事件发生前、发生过程中和发生后三阶段进行模拟和分类，使得监管部门和其他社会主体可以根据现实情境选择恰当的制度安排措施。第二，社会共治理论主要强调的是政府主体通过制度安排与其他社会主体进行合作共治，然而，现有研究对社会共治如何实施，以及其他主体如何参与社会治理并没有给予清晰的结论。预防—免疫—治疗能够将理论构建与监管实践联系起来，对中国食品药品监督管理机构社会共治实践起到理论指导与决策咨询作用。

综上所述，我们明确中国食品药品安全社会共治评价指标体系的评价对象为中国 31 个省（自治区、直辖市，不含港澳台地区）食品药品安全制度安排，评价基本框架为预防—免疫—治疗三级协同体系。接下来，我们将对指标体系的具体设计环节进行讨论。

5.2.1 评价指标设计

1. 相关评价指标体系分析

我们选取以下三项指标体系作为构建食品药品安全社会共治成熟度评价指标体系的具体分析对象，分别是肉类食品安全信用评价指标体系、食品安全综合评价指标体系，以及中国药品监管能力评价指标体系。

首先，我们分析刘华楠和徐锋（2006）构建的肉类食品安全信用评价指标体系（表 5-2）。该评价指标体系主要是评价肉制品行业企业的食品安全信用，针对一个行业的企业进行评价，一级指标构建主要围绕肉制品供应链进行设计，包括源头环节控制指标、加工环节控制指标、流通环节控制指标以及消费环节控制指标等。该指标体系给我们的启示是，一级指标构建可以充分考虑整体逻辑进行设计，尽量做到覆盖评价对象的方方面面，尽量追求指标体系全面完整。

表 5-2　肉类食品安全信用评价指标体系

目标	一级指标	二级指标
肉类食品安全信用评价	源头环节控制指标	货源追溯
		进货验收
		屠宰监控
	加工环节控制指标	环境卫生
		技术与设施
		产品质检
	流通环节控制指标	仓储条件
		运输条件
	消费环节控制指标	销售质量控制能力
		产品召回控制能力

其次，我们分析刘於勋（2007）构建的食品安全综合评价指标体系（表 5-3）。该评价指标体系的一级指标包括食品数量安全指数、食品质量安全指数及食品可持续安全指数。该一级指标的设计主要依据食品安全的关键核心因素，我们借鉴该思路构建中国食品安全社会共治成熟度评价指标体系的一级指标。

表 5-3　食品安全综合评价指标体系

目标	一级指标	二级指标
食品安全综合评价	食品数量安全指数	人均热能日摄入量
		粮食储备率
		低收入阶层食品安全保障水平
		粮食自给率
	食品质量安全指数	优质蛋白质所占总蛋白质比重
		脂肪热能比
		动物性食品提供热能比
		兽药残留抽检合格率
	食品可持续安全指数	森林覆盖率
		人均水资源量

杨松等（2012）构建的中国药品监管能力评价指标体系（表 5-4）也构成我们构建指标体系的依据之一。中国药品监管能力评价指标体系的评价对象与我们的评价对象最为接近，但我们的评价对象范围更广，涵盖的关键因素更多。表 5-4 的评价指标体系的一级指标为资源能力、职能履行和绩效水平，即监管前、监管过程中和监管后三阶段全覆盖。同时，资源能力一级指标包括人力资源、物力资

源、财力资源和政治资源等四个二级指标；职能履行一级指标包括执行政策法规、质量监管、注册管理、企业审批等四个二级指标；绩效水平指标包括质量状况、执法水平、声誉状况、产业发展等四个二级指标。

表 5-4　中国药品监管能力评价指标体系

<table>
<tr><th>目标</th><th>一级指标</th><th>二级指标</th></tr>
<tr><td rowspan="12">药品监管能力评价</td><td rowspan="4">资源能力</td><td>人力资源</td></tr>
<tr><td>物力资源</td></tr>
<tr><td>财力资源</td></tr>
<tr><td>政治资源</td></tr>
<tr><td rowspan="4">职能履行</td><td>执行政策法规</td></tr>
<tr><td>质量监管</td></tr>
<tr><td>注册管理</td></tr>
<tr><td>企业审批</td></tr>
<tr><td rowspan="4">绩效水平</td><td>质量状况</td></tr>
<tr><td>执法水平</td></tr>
<tr><td>声誉状况</td></tr>
<tr><td>产业发展</td></tr>
</table>

2. 评价指标体系设计与结果

依据上述三个相关评价指标体系，进一步构建中国食品药品安全社会共治成熟度评价指标体系。在初步设计出指标体系中的一、二、三级指标后，我们与各领域专家学者进行多次交流和研讨，征求不同领域学者的意见和建议（表 5-5），对评价指标体系进行完善。

表 5-5　中国食品药品安全社会共治成熟度评价指标体系的部分咨询专家

序号	专家领域	专家姓名	所属单位	职称
1	高等院校	王志刚	中国人民大学	教授
2	高等院校	安玉发	中国农业大学	教授
3	高等院校	刘亚平	中山大学	教授
4	高等院校	肖静华	中山大学	副教授
5	高等院校	陈原	广东工业大学	教授
6	监管部门	钟广静	广州市食品药品监督管理局	副局长
7	食品企业	陈矛	广州王老吉大健康有限公司	董事长

续表

序号	专家领域	专家姓名	所属单位	职称
8	监管部门	孙宗光	广州市食品药品监督管理局	办公室主任
9	食品企业	吴深坚	广东鼎湖山泉有限公司	董事兼总经理
10	监管部门	胡光	越秀区食品药品监督管理局	餐饮服务科科长
11	监管部门	景云	海珠区食品药品监督管理局	执法大队长
12	监管部门	杜丰	番禺区食品药品监督管理局	宣传科科长
13	监管部门	曹辉	天河区食品药品监督管理局	法制科科长

在专家征询中，运用德尔菲法向专家征询意见。在综合各种意见基础上，本书根据食品药品安全社会共治预防—免疫—治疗三级协同模式，构建预防体系、免疫体系和治疗体系 3 个一级指标，以及 8 个二级指标和 22 个三级指标，形成如表 5-6 所示的基于三级协同模式的成熟度指标体系。

表 5-6　中国食品药品安全社会共治成熟度评价指标体系

目标	一级指标	二级指标	三级指标
食品药品安全成熟度	预防	政府能力	中央投入
			地方投入
			风险交流
			人员配备
		行业现状	食品生产企业规范比重
			药品生产企业规范比重
		社会素质	社会教育投入程度
			社会受教育程度
			社会民众生活水平
	免疫	政府监管	日常监控投入
			安全追溯体系
			民意渠道
			反馈激励
		企业自律	食品企业抽检合格率
			药品企业 GSP 认证度
			行业协会数
		社会监督	民众关注
			媒体曝光度
	治疗	政府整治	行政处罚总数
			行政处罚力度
			专项行动
		企业应对	产品召回

在预防一级指标中，制度安排构建主体包括政府监管部门、市场主体及社会组织，可以从主体划分选择二级指标。在预防体系构建过程中，政府通过能力建设释放出社会共治震慑信号，使得食品药品安全违法犯罪行为相应减少，故而设计“政府能力”二级指标。同时，食品药品行业基础建设对于预防体系至关重要，当良心企业与合格企业占比数量较高时，行业容易形成遵纪守法的行业风气，避免发生群体性道德风险，因而设计“行业现状”二级指标。最后，我们在实地调研中发现，在一个地区民众社会素质普遍较高，生活水平普遍较好的情况下，食品药品安全支付意愿普遍较高，因而对合法合规企业的正向激励较高，容易避免违法犯罪行为的发生。这样，预防一级指标包括“政府能力”、“行业现状”和“社会素质”三个二级指标。

在“政府能力”二级指标中，我们选用“中央投入”、“地方投入”、“风险交流”与“人员配备”四个三级指标来体现，三级指标的具体定义如表 5-7 所示。我们认为，中央政府和地方政府投入的资金越多，证明该地区食品药品安全监管能力越强，可以直接反映政府能力。此外，人员配备越多，说明该地区食品药品安全监管队伍实力越充足。

表 5-7　政府能力指标的三级指标具体定义

三级指标	具体定义
中央投入	中央给予地方食品药品监督管理局的财政拨款
地方投入	地方食品药品监督管理局的年度决算总投入
风险交流	地方政府与民众在食品药品风险方面的交流意愿与交流行为
人员配备	地方食品药品监督管理局编制人员总数量

在“行业现状”二级指标中，我们选用“食品生产企业规范比重”和“药品生产企业规范比重”两个三级指标来加以反映，三级指标的具体定义如表 5-8 所示。我们认为，食品药品生产企业规范比重越高，意味着行业食品药品安全现状越优秀，食品药品安全违法犯罪行为越不容易发生，预防体系构建得越好。

表 5-8　行业现状指标的三级指标具体定义

三级指标	具体定义
食品生产企业规范比重	通过 QS 认证的食品生产企业数占该地方经济总量（地区生产总值）的比重
药品生产企业规范比重	通过 GMP 认证的药品生产企业数占该地方经济总量（地区生产总值）的比重

在“社会素质”二级指标中，我们选用“社会教育投入程度”、“社会受教育程度”和“社会民众生活水平”等三级指标来反映，三级指标的具体定义如表 5-9 所示。我们认为，地方教育局资金投入越高，社会受教育程度越高，意味着社会

公众购买假冒伪劣等低质量产品的概率就越低，越能有效识别出高品质产品和低品质产品，因此预防效果越好。社会受教育程度与社会教育投入程度同理。此外，一个地方的人均地区生产总值水平越高，该地区的国民通常越不容易购买到假冒伪劣产品。

表 5-9　社会素质指标的三级指标具体定义

三级指标	具体定义
社会教育投入程度	地方教育局教育资金投入
社会受教育程度	地方高等教育在校生数占比
社会民众生活水平	地方人均地区生产总值水平

在免疫一级指标中，与预防一级指标类似，依据主体划分免疫一级指标。首先，政府监管部门日常监管行为可以形成像白细胞一样的人体免疫功能，将食品安全事件扼杀在萌芽之中，因此设计“政府监管”二级指标。同时，食品药品企业本身可以在日常监管中配合监管部门工作，通过企业自我检测和自我审查，加强食品药品安全水平，因此设计“企业自律”二级指标。最后，为了避免企业和政府监管部门形成政企合谋局面，社会公众的有效监督成为必要保障，民众主要通过两方面对食品药品企业加以监督，一方面是通过自身监管和举报，对企业形成威慑；另一方面则通过专业媒体进行监督，因此设计“社会监督”二级指标。这样，免疫一级指标包括“政府监管”、“企业自律”和“社会监督”三个二级指标。

在“政府监管”二级指标中，我们选用“日常监控投入”、“安全追溯体系”、“民意渠道”和“反馈激励”四个三级指标来反映，三级指标具体定义如表 5-10 所示。可以认为，首先，地方质量技术监督局的资金投入是一个客观反映监管部门日常监管频率的指标，可以反映政府监管努力程度。其次，安全追溯体系的建设和推行也可以反映政府监管部门帮助企业主体形成免疫功能的重要途径。最后，监管部门开设的民意反馈渠道越多和反馈激励金额越大，说明监管部门对食品药品安全违规行为的应答速度越快，效率越高。

表 5-10　政府监管指标的三级指标具体定义

三级指标	具体定义
日常监控投入	地方质量技术监督局资金投入
安全追溯体系	地方对食品药品生产安全追溯体系的建设和推行
民意渠道	地方食品药品监督管理局官网所开设的民意反馈渠道数
反馈激励	地方食品药品监督管理局设立并公开说明的举报奖励最高金额

在“企业自律”二级指标中，我们选用“食品企业抽检合格率”、“药品企业GSP认证度”和“行业协会数”三个三级指标来反映，具体定义如表 5-11 所示。我们认为，地方食品药品监督管理局公布的食品抽检合格率越高，说明企业自我管理的水平越高。此外，药品企业达到GSP认证的比例越高，说明药品企业在日常生产经营中越规范，自律程度越高。最后，行业协会的总数越多，表明该地区行业协会的监管与监督能力越强。

表 5-11　企业自律指标的三级指标具体定义

三级指标	具体定义
食品企业抽检合格率	地方食品药品监督管理局公布的食品抽检合格率
药品企业 GSP 认证度	地方经济总量（地区生产总值）的倒数为系数，乘 GSP 认证药品企业数，来衡量药品企业 GSP 的认证度
行业协会数	食品药品行业协会总数

在“社会监督”指标中，我们选用“民众关注”和“媒体曝光度”两个三级指标来反映，具体定义如表 5-12 所示。可以认为，一个地区民众对食品药品安全网络搜索频率越高，表明该地区对食品药品安全越关注，社会监督能力越强。此外，我们发现一个地区主流媒体报道食品药品安全相关事件频率越高，该地区媒体专业能力越强。

表 5-12　社会监督指标的三级指标具体定义

三级指标	具体定义
民众关注	地方食品药品安全网络搜索热度
媒体曝光度	典型主流媒体对食品安全、药品安全领域的关注度、曝光度

在治疗一级指标中，食品药品安全治疗体系建设需要依靠更多专业能力，因而只有政府监管部门和企业参与。首先，政府监管部门对违法犯罪行为的打击力度和处罚力度成为衡量治疗体系假设的重要指标，由此设计“政府整治”二级指标。同时，在发生食品药品安全事件时，企业如何处理违规产品，也是治疗体系重要组成部分之一，由此设计“企业应对”二级指标。这样，治疗一级指标包含“政府整治”和“企业应对”两个二级指标。

在“政府整治”二级指标中，我们选用“行政处罚总数”、“行政处罚力度”和“专项行动”三个三级指标来反映，具体定义如表 5-13 所示。我们认为，政府行政处罚总数越多，行政处罚力度越强，专项整治活动总次数越多，意味着该地区食品药品监管部门对违法犯罪行为的治疗能力越强。

表 5-13　政府整治指标的三级指标具体定义

三级指标	具体定义
行政处罚总数	地方食品药品监督管理局对违规食品药品企业做出行政处罚的总次数
行政处罚力度	地方食品药品监督管理局对违规食品药品企业处罚力度
专项行动	地方食品药品监督管理局进行的针对性专项治理活动次数

在“企业应对”二级指标中，我们选用“产品召回”一个三级指标来反映，具体定义如表 5-14 所示。可以认为，一个地区产品召回总次数越多，表明该地区企业应对食品药品安全风险意识越强，企业治疗违法犯罪行为的能力越高。

表 5-14　企业应对指标的三级指标具体定义

三级指标	具体定义
产品召回	地方食品药品监督管理局要求召回不合格产品的总次数

3. 指标体系的局限性讨论

本书建构的中国食品药品安全社会共治成熟度评价指标体系，并不是一个尽善尽美的全面客观反映中国食品药品安全社会共治发展现状的指标体系，而仅仅是从几个侧重面反映中国食品药品安全社会共治成熟状况的指标体系。该指标体系主要存在以下三方面局限。

第一，地方食品药品安全事件爆发概率直接影响指标体系反映出的食品药品安全社会共治制度安排构建完善程度。在本书成熟度评价指标体系中，使用中央投入、地方投入、人员配备、日常监控投入、安全追溯体系、民意渠道、反馈激励等三级指标反映政府主体、市场主体和社会主体在社会共治制度安排领域的构建完善度。然而，这些指标也可能会直接受到地方食品药品安全事件数量的影响，当地方食品药品安全事件爆发数量较多的时候，地方政府和企业更倾向于通过发布正式制度来获取地方消费者的信心。因此，该指标并不一定反映出食品药品安全社会共治完善度，可能有“多因一果”的重要偏差。

第二，地方食品药品安全监管部门信息披露意愿和行为直接影响指标体系反映出的食品药品安全社会共治制度安排构建完善程度。在数据可得性原则指导下，我们倾向于采纳可从官方渠道获取统一口径数据的三级指标，如专项行动、行政处罚力度、行政处罚总数、日常监控投入等。这些指标可以更客观地比较中国 31 个省（自治区、直辖市，不含港澳台地区）在食品药品安全社会共治制度安排建设上的完善度。然而，这些指标受到地方监管部门信息披露意愿和行为的影响，如西藏地区监管部门缺乏信息化建设投入，在监管部门官方网站上无法获取多项指标数据，直接影响到食品药品安全社会共治成熟度评价结果。

第三，地方食品药品安全监管机构改革直接影响指标体系反映出的食品药品安全社会共治制度安排构建完善程度。2014年初，中央政府为加大对食品药品违规行为的打击力度，在全国各地区实行食品药品安全监管体制改革，将工商部门、质监部门、卫生部门、农业部门等职能部门的食品安全监管职责移交到食品药品监督管理部门。地方监管部门通常采取两种监管体制改革办法：一种是保持食品药品安全监管部门垂直管理，从中央到县级地方监管部门均保留食品药品监督管理局；另一种是将食品药品监督管理部门与其他职能部门合并，如天津将食品药品监督管理局与工商行政管理局、质量技术监督局等合并成市场和质量监督管理委员会。这在食品药品安全社会共治评价指标体系数据搜集上造成了一定误差，我们难以将工商行政管理局、质量技术监督局的数据与食品药品监督管理局数据区分开来，导致该地区部分指标呈现“虚高”现象。为此，我们使用平均法尽量减少误差，如市场和质量监督管理委员会在中央投入上共计6 000万元，则保守估计食品药品监督管理局可获得1/3，因此该指标数据为2 000万元。

虽然中国食品药品安全社会共治评价指标体系存在上述三个局限，但在当前客观条件制约下，本书的评价体系总体上依然可以较好地反映中国食品药品安全社会共治的成熟程度。

5.2.2　权重设计与数据采集

1. 指标权重设计

主要采取以下步骤确定本书成熟度评价指标体系的权重：第一，设计权重调研问卷（附录2）。第二，运用层次分析法软件计算出调研问卷权重值。我们在广州市食品药品监督管理局、深圳市市场和质量监督管理委员会、中山大学管理学院、温氏集团、广州酒家、鼎湖山泉等企事业单位发放有效问卷52份。采用专业的评价指标权重计算软件，通过指标两两比较计算出各指标权重值。第三，对调研问卷的权重结果进行统计分析。将权重结果划分区间，各区间的结果个数越多，参考借鉴意义越大。运用加权平均法，将各个权重区间根据区间权重求平均，最终得出各个指标的权重区间。第四，我们根据上述结果，考察各权重区间是否严谨，最终确定各指标的具体权重值（表5-15）。

表5-15　中国食品药品安全社会共治成熟度评价指标权重分布（单位：%）

目标	一级指标		二级指标		三级指标	
食品药品安全成熟度	名称	权重	名称	权重	名称	权重
	预防	40	政府能力	15	中央投入	4

续表

目标	一级指标		二级指标		三级指标	
	名称	权重	名称	权重	名称	权重
食品药品安全成熟度	预防	40	政府能力	15	地方投入	6
					风险交流	3
					人员配备	2
			行业现状	13	食品生产企业规范比重	7
					药品生产企业规范比重	6
			社会素质	12	社会教育投入程度	3
					社会受教育程度	5
					社会民众生活水平	4
	免疫	32	政府监管	11	日常监控投入	5
					安全追溯体系	2
					民意渠道	3
					反馈激励	1
			企业自律	9	食品企业抽检合格率	4
					药品企业 GSP 认证度	3
					行业协会数	2
			社会监督	12	民众关注	4
					媒体曝光度	8
	治疗	28	政府整治	21	行政处罚总数	8
					行政处罚力度	6
					专项行动	7
			企业应对	7	产品召回	7

2. 数据搜集

根据三级指标搜集两类数据：一是官方数据。这类数据主要由政府监管部门和企事业单位统计整理数据组成，优势在于比较权威，不需要做出修改和调整，不足在于难以根据评价指标体系特点进行数据搜集。二是统计数据。这类数据主要由权威渠道统计整理出相关指标数据，优势在于能够贴近评价指标所需数据，劣势在于容易出现误差，而且工作量比较大。在此基础上，对 22 个三级指标进行数据搜集，搜集部分例子见表 5-16。

表 5-16　中国食品药品安全社会共治成熟度评价指标数据搜集

序号	指标名称	数据来源	数据类型	具体例子（以山东为例）
1	中央投入	地方食品药品监督管理局官网	官方公布	51 440 万元

续表

序号	指标名称	数据来源	数据类型	具体例子（以山东为例）
2	地方投入	地方食品药品监督管理局官网	官方公布	59 968 万元
3	风险交流	地方食品药品监督管理局官网	搜集统计	4 个
4	人员配备	地方食品药品监督管理局官网	官方公布	130 人
5	食品生产企业规范比重	国家食品药品监督管理总局官网	官方公布	8 024
6	药品生产企业规范比重	药智数据	搜集统计	1 826
7	社会教育投入程度	教育局网站	官方公布	1 287 224 万元
8	社会受教育程度	统计年鉴	官方公布	190.87
9	社会民众生活水平	统计年鉴	官方公布	64 358.13 元/人
10	日常监控投入	地方质量技术监督局官网	官方公布	32 276.83 万元
11	安全追溯体系	百度搜索引擎	搜集统计	2 个
12	民意渠道	地方食品药品监督管理局官网	官方公布	5 个
13	反馈激励	地方食品药品监督管理局官网	官方公布	30 万元
14	食品企业抽检合格率	地方食品药品监督管理局官网	官方公布	96.5%
15	药品企业 GSP 认证度	地方食品药品监督管理局官网	官方公布	129.82
16	行业协会数	百度搜索引擎	搜集统计	11 个
17	民众关注	百度搜索引擎	官方公布	368
18	媒体曝光度	人民网	搜集统计	9 059
19	行政处罚总数	地方食品药品监督管理局官网	官方公布	6
20	行政处罚力度	地方食品药品监督管理局官网	官方公布	3
21	专项行动	地方食品药品监督管理局官网	官方公布	21 次
22	产品召回	地方食品药品监督管理局官网	官方公布	14 次

此后，对原始数据进行处理，为每个指标赋予相应分数。中国各地区间经济发展存在较大地域差异，且受限于统计口径和统计技术，数据差异远大于地域间真实差异。为减少这种数据层面带来的结果误差，采取五等分的数据区间处理方法，将同一指标的所有数据划分为五等分，继而为每一省份赋予该指标分数。具体评分方

式如下：第一，对于同一指标而言，将省份中的最大值减去最小值作为极差；第二，以极差的 1/5 作为档位值；第三，计算出每个省份的实际数据与最大值相差的档位数；第四，将每个指标最大值作为基准，即将该值作为指标满分 10 分，各省份依据实际数据与该指标最大值相距的档位数进行相应扣分，扣分后的结果乘以权重再乘 10（满分为 10 分），得到该省份在该数据指标的最终得分；第五，在得到某一个省份所有数据指标的得分后，进行合计，最后得到该省份的总分。

举例说明：针对三级指标“中央投入”而言，该指标的最大值为北京市，137 408.46 万元，最小值为西藏自治区，2 216.28 万元。首先，最大值与最小值之差为极差，即

$$137\ 408.46-2\ 216.28=135\ 192.18$$

其次，我们以极差的 1/5 作为档位值，即 27 038.44；再次，为得到山东省在中央投入这一指标上的得分，先得到山东省的实际数据，为 51 439.53 万元，然后用最大值减去山东省实际数据（137 408.46–51 439.53=85 968.93），将此数除以档位值得到相距档位数（85 968.93/27 038.44=3.18）；最后，用满分 10 分减去相距档位数（10–3.18=6.82，6.82）乘以权重 4%再乘以 10，得 2.73。

余下，对于山东省所有数据指标都进行相似处理，得到各个指标得分，然后进行合计，得到山东省的总分为 76.50。类似地获得中国大陆各省（自治区、直辖市）三级指标的评分值（附表 10）。

5.2.3　评价结果分析

根据本书附表 10 的中国食品药品安全社会共治成熟度评价结果，可对中国各省（自治区、直辖市，不含港澳台地区）食品药品安全社会共治预防、免疫与治疗体系成熟度进行讨论和分析。

1. 预防—免疫—治疗总体情况

表 5-17 是对中国省际预防—免疫—治疗制度安排总体构建成熟度的排序结果，以及预防体系、免疫体系和治疗体系三个一级指标的评分结果。

表 5-17　中国省际食品药品安全社会共治成熟度总体得分情况

排名	地区	总分（满分 100）	一级指标		
			预防体系（满分 40）	免疫体系（满分 32）	治疗体系（满分 28）
1	广东	**77.63**	32.15	26.59	18.89
2	北京	76.76	32.39	24.51	19.86
3	山东	76.50	31.94	27.65	16.91

续表

排名	地区	总分（满分 100）	一级指标		
			预防体系（满分 40）	免疫体系（满分 32）	治疗体系（满分 28）
4	福建	76.16	27.25	25.41	**23.50**
5	河北	75.71	27.29	27.36	21.07
6	江苏	74.80	**33.13**	24.59	17.08
7	上海	74.75	31.85	24.99	17.91
8	湖北	74.20	26.44	**28.00**	19.77
9	天津	73.85	32.01	21.79	20.05
10	浙江	70.99	29.64	24.02	17.34
11	重庆	70.98	28.75	23.10	19.13
12	江西	69.03	25.87	23.47	19.69
13	湖南	68.41	28.01	20.73	19.66
14	吉林	68.39	27.56	19.27	21.57
15	甘肃	68.33	23.14	23.83	21.37
16	陕西	67.57	25.77	24.66	17.14
17	河南	67.20	28.74	21.91	16.56
18	安徽	67.00	26.54	25.09	15.38
19	四川	66.89	28.95	21.83	16.11
20	山西	66.59	25.97	23.47	17.14
21	辽宁	66.35	26.29	20.97	19.10
22	黑龙江	65.56	26.52	21.95	17.09
23	云南	64.49	26.24	21.64	16.61
24	广西	64.22	25.81	20.37	18.04
25	内蒙古	64.21	23.67	21.75	18.79
26	海南	63.07	25.97	20.10	17.00
27	新疆	63.05	25.38	22.99	14.68
28	贵州	61.99	24.69	19.25	18.06
29	青海	60.28	22.83	21.20	16.24
30	宁夏	60.16	23.48	20.63	16.05
31	西藏	57.09	21.81	18.20	17.07
全国平均		68.46	27.29	22.95	18.22

注：加粗得分为该指标最高得分。数据不含港澳台地区

由表 5-17 可知，中国省际（数据不含港澳台地区）食品药品安全社会共治成熟度平均总得分为 68.46。其中，预防体系制度安排得 27.29 分，免疫体系制度安排得 22.95 分，治疗体系制度安排得 18.22 分，具体如表 5-18 所示。

表 5-18　预防—免疫—治疗三级体系得分情况

项目	预防体系制度安排	免疫体系制度安排	治疗体系制度安排
实际得分	27.29	22.95	18.22
得分率/%	68.23	71.72	65.07

由表 5-18 可以认为，在社会共治预防—免疫—治疗三级协同模式中，免疫体系制度安排构建最为完善（得分率 71.72%）。中央政府和地方政府近年来意识到单纯依靠政府监管力量难以满足国民对食品药品安全日益增长的需求，因而构建多方渠道，引导社会主体和市场主体参与食品药品安全治理。例如，如前述，中央政府每年投入大量资金建设食品药品安全追溯体系，并设立高额奖励金，引导民众投诉举报食品药品安全违法犯罪行为。同时，食品药品企业意识到消费者对食品药品安全日益敏感，投入大量资金加强产品抽检环节和药品GSP认证，加强对自身违规产品的免疫功能等。

预防体系制度安排建设情况排名第二（得分率 68.23%）。可以认为，中国经济社会发展存在较大地域性差异，中部地区和西部地区食品药品安全监管依然较大程度依赖政府监管部门，监管部门的人力、物力、财力取决于地区财政收入，因此，预防体系和免疫体系存在的区域发展不平衡现象更为严重。

接下来，我们以区域为分析单元，解剖中国省际食品药品安全社会共治制度安排的构建情况，区域包括华东地区、华北地区、华中地区、华南地区、西南地区、西北地区和东北地区七大区域（表 5-19）。

表 5-19　中国省际七大区域划分列表

区域	华东	华北	华中	华南	西南	西北	东北
省（自治区、直辖市）	上海、江苏、浙江、安徽、江西、福建、山东	北京、河北、天津、山西、内蒙古	湖北、湖南、河南	广东、广西、海南	重庆、四川、云南、贵州、西藏	甘肃、陕西、新疆、青海、宁夏	吉林、辽宁、黑龙江
数量	7	5	3	3	5	5	3

注：数据不含港澳台地区

首先，对食品药品安全社会共治制度安排成熟度排名前十的省市进行分析，它们分别是广东、北京、山东、福建、河北、江苏、上海、湖北、天津和浙江（图 5-1）。在社会共治成熟度排名前十的省市中，华东地区数量最多（5 个），分别是山东、福建、江苏、上海和浙江（占 50%）；其次是华北地区（3 个），即北京、河北和天津；华南地区和华中地区各有一个省份进入成熟度前十，即广东和湖北。

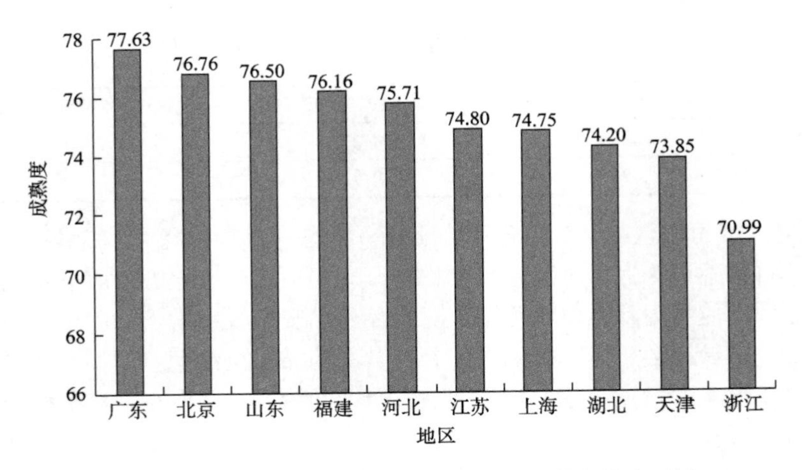

图 5-1　中国食品药品安全社会共治成熟度排名前十区域

数据不含港澳台地区

其次，对食品药品安全社会共治制度成熟度排名后十位的省区进行分析，分别是黑龙江、云南、广西、内蒙古、海南、新疆、贵州、青海、宁夏和西藏（图 5-2）。其中，西北地区排名后十位的省区最多，有 3 个，即新疆、青海和宁夏。同时，西南地区也有 3 个省区，分别是云南、贵州和西藏。华南地区有 2 个省区，即广西和海南。东北地区和华北地区分别有 1 个省区，分别是黑龙江和内蒙古。

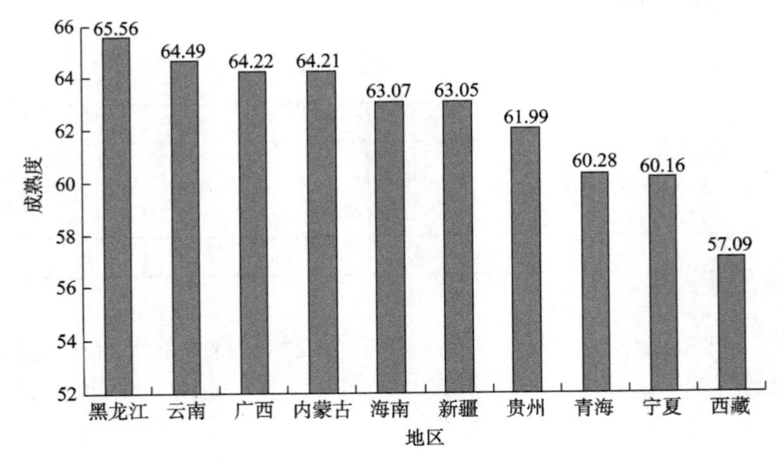

图 5-2　中国食品药品安全社会共治成熟度排名后十位区域

数据不含港澳台地区

最后，将中国食品药品安全社会共治制度安排成熟度排名以 1~5、6~10、11~15、16~20、21~25、26~31 为区间进行排序（表 5-20）。由表 5-20 可知，中国食品药品安全社会共治制度安排成熟度也呈现聚类效应。其中，华东、华北和华中地区的社会共治制度安排构建较为完善，特别是以北京为核心的京津冀地区和以上海为核心的长江三角洲，均初步构建起预防—免疫—治疗三级协同模式。此外，华中地区主要以湖北为社会共治制度建设的核心，华南地区则以广东为代表。

表 5-20　中国食品药品安全社会共治制度安排成熟度排名分布情况

区间	华东	华北	华中	华南	西南	西北	东北
排名 1~5	山东、福建	北京、河北	—	广东	—	—	—
排名 6~10	江苏、上海、浙江	天津	湖北	—	—	—	—
排名 11~15	江西	—	湖南	—	重庆	甘肃	吉林
排名 16~20	安徽	山西	河南	—	四川	陕西	—
排名 21~25	—	内蒙古	—	广西	云南	—	辽宁、黑龙江
排名 26~31	—	—	—	海南	贵州、西藏	新疆、青海、宁夏	—

注：数据不含港澳台地区

但是，西北地区、西南地区和东北地区食品药品安全社会共治制度安排发展情况不容乐观，西南地区有 3 个省区位于排名后十位，西北地区新疆、青海和宁夏位于后五位。从中看出，东部地区凭借改革开放的先发优势，在社会共治制度构建成熟度上已远远超过中西部地区。此外，东北地区和华南地区制度成熟度则表现得不够均衡，地区内部差异大。因此，中国食品药品安全社会共治的制度安排，不仅需要政府监管部门大力推动，更要依靠社会主体和市场主体参与进行制度创新，形成预防体系和免疫体系。同时，社会共治制度安排构建过程中存在大量制度风险，需要监管部门为市场主体与社会主体的制度创新承担风险。可以认为，西北地区和西南地区制度构建相对落后，不仅制约了当地食品药品安全社会共治的建设，而且制约了当地社会经济的综合发展。

2. 预防体系制度安排构建情况

表 5-21 反映了预防体系制度安排的构建情况。由表 5-21 可以看出，全国预防体系制度安排构建情况平均总得分为 27.29。其中，“政府能力”二级指标得 10.23 分，“行业现状”二级指标为 8.80 分，“社会素质”二级指标为 8.24 分（表 5-22）。

表 5-21　预防体系制度安排构建情况分析

排名	地区	一级指标	二级指标		
		预防（满分 40）	政府能力（满分 15）	行业现状（满分 13）	社会素质（满分 12）
1	江苏	**33.13**	10.76	**12.98**	9.38
2	北京	32.39	12.55	8.35	**11.49**
3	广东	32.15	12.60	10.98	8.57
4	天津	32.01	**13.40**	7.50	11.12
5	山东	31.94	11.08	12.16	8.69
6	上海	31.85	13.01	8.62	10.22
7	浙江	29.64	10.49	10.59	8.56
8	四川	28.95	9.98	11.12	7.86
9	重庆	28.75	12.44	7.74	7.82
10	河南	28.74	9.94	10.54	8.26
11	湖南	28.01	9.72	9.76	8.53
12	吉林	27.56	10.00	8.94	8.62
13	河北	27.29	10.07	9.00	8.21
14	福建	27.25	10.02	9.15	8.09
15	安徽	26.54	9.34	9.90	7.30
16	黑龙江	26.52	9.57	8.87	8.08
17	湖北	26.44	9.01	9.51	7.92
18	辽宁	26.29	9.44	8.10	8.75
19	云南	26.24	10.09	8.67	7.47
20	山西	25.97	9.12	8.28	8.57
21	海南	25.97	11.06	7.10	7.81
22	江西	25.87	9.68	8.27	7.92
23	广西	25.81	10.90	7.85	7.07
24	陕西	25.77	10.07	7.51	8.19
25	新疆	25.38	10.29	7.81	7.28
26	贵州	24.69	9.28	8.22	7.18
27	内蒙古	23.67	9.14	7.58	6.96
28	宁夏	23.48	9.05	6.89	7.46
29	甘肃	23.14	8.32	7.36	7.46
30	青海	22.83	9.00	6.94	6.90
31	西藏	21.81	7.74	6.50	7.58
全国平均		27.29	10.23	8.80	8.24

注：加粗得分为该指标最高得分。数据不含港澳台地区

表 5-22　预防指标的二级指标得分情况

二级指标	“政府能力”二级指标	“行业现状”二级指标	“社会素质”二级指标
实际得分	10.23	8.80	8.24
得分率/%	68.20	67.69	68.67

由表 5-22 可以认为，相对于市场主体而言，政府主体和社会主体构建的预防体系制度安排更为完善。其中，“社会素质”二级指标得分率最高，“政府能力”二级指标得分紧跟其后，得分率最低的为“行业现状”二级指标。主要原因在于：首先，本书评价体系主要以社会教育投入程度、社会受教育程度和社会民众生活水平三个指标来衡量社会主体构建的预防体系，认为当人们生活水平和受教育程度较高时，可以有效减少食品药品安全事件的发生。随着近年来中央政府和地方政府对人民群众生活水平和教育水平的不断重视，社会主体构建的预防体系也逐步完善，因此得分率居预防体系制度安排首位。其次，随着新食品安全法的出台及中央政府强调“四个最严”惩罚食品药品安全违规行为，政府构建的预防体系也在不断完善，如地方监管部门构建起垂直统一的基层监管部门，加大对违法犯罪行为的处罚力度。同时，基层监管人员检测检验设施处于国际领先地位，采取与欧盟和美国同等标准的监测设施，使违规产品迅速暴露在监管网络面前。最后，市场主体构建起的预防体系得分率最低，主要是因为食品药品企业规范比重有待进一步提升。

进一步分析中国 31 个省（自治区、直辖市，不含港澳台地区）预防体系制度安排构建情况，可以发现，预防体系制度安排成熟度排名前十的省市分别是江苏、北京、广东、天津、山东、上海、浙江、四川、重庆和河南（图 5-3）。其中，华东地区位于前十的数量最多（4 个），其次是华北地区和西南地区（分别有 2 个）。此外，华中地区和华南地区各有 1 个省份进入前十。

预防体系制度安排成熟度位于后十位的地区分别是江西、广西、陕西、新疆、贵州、内蒙古、宁夏、甘肃、青海和西藏（图 5-4）。其中，西北地区有 5 个省区，西南地区有 2 个省区，华东、华北和华南地区各有 1 个省区。

将预防体系制度安排成熟度排名按 5 个地区为区间进行排名（表 5-23）。可见，预防体系制度安排得分与总分得分情况分布类似。华东和华北地区表现处于前列，华东地区全部处于前 25 位，86%的省市处于前 15 位，57%的省市处于前 10 位。华北地区除内蒙古外均处于前 20 位。华中和西南地区情况类似，处于中下游水平，只有重庆、四川和河南位于前 10 位。西北和东北地区在预防体系制度安排构建领域不容乐观，特别是西北地区，对预防体系制度安排建设重视程度不足，均处于后 10 位的水平。

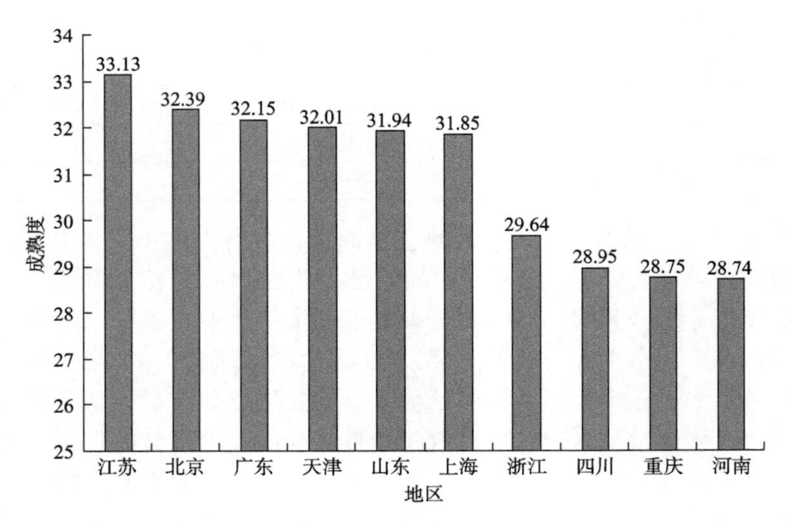

图 5-3　预防体系制度安排成熟度排名前十区域

数据不含港澳台地区

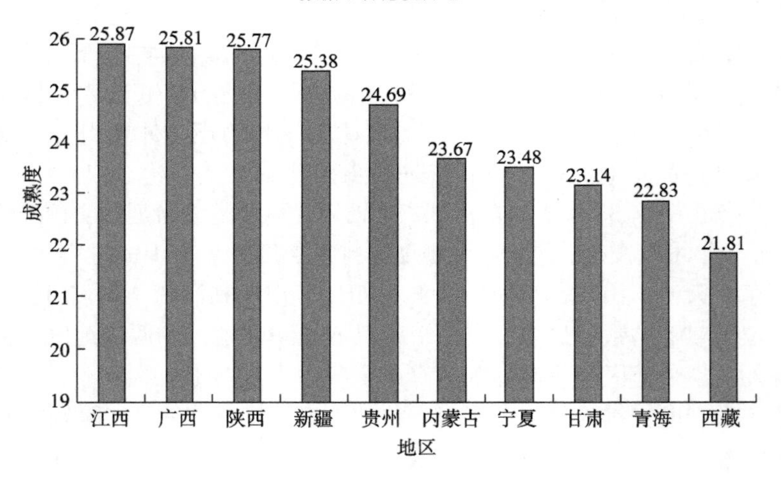

图 5-4　预防体系制度安排成熟度排名后十区域

数据不含港澳台地区

表 5-23　预防体系制度安排成熟度排名的总体分布

区间	华东	华北	华中	华南	西南	西北	东北
排名 1~5	江苏、山东	北京、天津	—	广东	—	—	—
排名 6~10	上海、浙江	—	河南	—	四川、重庆	—	—
排名 11~15	福建、安徽	河北	湖南	—	—	—	吉林

续表

区间	华东	华北	华中	华南	西南	西北	东北
排名16~20	—	山西	湖北	—	云南	—	黑龙江、辽宁
排名21~25	江西	—	—	海南、广西	—	陕西、新疆	—
排名26~31	—	内蒙古	—	—	贵州、西藏	宁夏、甘肃、青海	—

注：数据不含港澳台地区

3. 免疫体系制度安排构建情况

表5-24对免疫体系制度安排的总体构建情况进行了评价。由表5-24可以看出，全国免疫体系制度安排构建情况平均总得分22.95分。其中，“政府监管”二级指标为8.00分，“企业自律”二级指标为6.73分，“社会监督”二级指标为8.18分（表5-25）。

表5-24　免疫体系制度安排的构建情况

排名	地区	一级指标	二级指标		
		免疫（满分32）	政府监管（满分11）	企业自律（满分9）	社会监督（满分12）
1	湖北	**28.00**	10.32	7.10	10.58
2	山东	27.65	8.35	7.71	**11.59**
3	河北	27.36	**10.80**	7.54	9.03
4	广东	26.59	9.65	7.33	9.61
5	福建	25.41	8.98	7.03	9.39
6	安徽	25.09	7.86	6.67	10.55
7	上海	24.99	9.25	7.02	8.72
8	陕西	24.66	7.39	7.31	9.95
9	江苏	24.59	10.38	7.07	7.15
10	北京	24.51	9.10	6.72	8.69
11	浙江	24.02	7.16	6.74	10.11
12	甘肃	23.83	7.17	6.83	9.83
13	山西	23.47	8.45	6.82	8.20
14	江西	23.47	7.52	7.03	8.91
15	重庆	23.10	8.09	8.46	6.55
16	新疆	22.99	7.78	6.07	7.98
17	黑龙江	21.95	7.65	6.61	7.69
18	河南	21.91	7.45	**7.73**	6.73
19	四川	21.83	7.78	6.07	7.98
20	天津	21.79	8.88	6.36	6.54

续表

排名	地区	一级指标	二级指标		
		免疫（满分 32）	政府监管（满分 11）	企业自律（满分 9）	社会监督（满分 12）
21	内蒙古	21.75	8.35	6.28	7.12
22	云南	21.64	7.18	6.62	7.84
23	青海	21.20	7.25	6.69	7.26
24	辽宁	20.97	7.00	6.34	7.63
25	湖南	20.73	7.03	5.77	7.93
26	宁夏	20.63	7.46	6.39	6.77
27	广西	20.37	7.40	6.53	6.44
28	海南	20.10	6.92	6.98	6.20
29	吉林	19.27	7.24	5.31	6.71
30	贵州	19.25	6.16	5.19	7.91
31	西藏	18.20	5.92	6.21	6.06
全国平均		22.95	8.00	6.73	8.18

注：加粗得分为该指标最高得分。数据不含港澳台地区

表 5-25　免疫指标的二级指标得分情况

二级指标	“政府监管”二级指标	“企业自律”二级指标	“社会监督”二级指标
实际得分	8.00	6.73	8.18
得分率/%	72.73	74.78	68.17

由表 5-25 可以认为，免疫体系制度安排构建中市场主体最为积极，“企业自律”二级指标得分率最高（74.78%）。首先，在地方政府监督管理下，食品企业日常抽检频率逐步提高，药品企业GSP认证度比例也逐步上升。同时，本书评价体系将行业协会的绝对数列在“企业自律”二级指标下的三级指标，从行业协会现存数量反映该地区行业协会发挥企业自律的作用。诚然，当前中国存在不少僵尸协会，难以发挥企业自主组织与自主治理的职责，但我们相信，随着社会组织创新变革，部分僵尸协会逐步被淘汰，或进行自主创新形成社会参与的活力。其次，“政府监管”二级指标得分率 72.73%，排名第二。中央政府和地方政府一方面加大对违法犯罪行为的监管和处罚力度，对食品药品企业形成震慑作用；另一方面也逐步意识到团结社会力量加入食品药品安全治理队伍的重要性。例如，监管部门设立 12530 市民投诉举报热线，使普通国民可以实时将违法犯罪行为相关线索传递给监管部门。最后，“社会监督”二级指标得分率最低，这与我们对中国情境下监管格局的结论是一致的，也说明中国食品药品安全社会共治建设的道路依然漫长，因为只有社会监督发挥真正作用，社会共治的质量才有可能得到提高。

下面对中国31个省（自治区、直辖市，不含港澳台地区）免疫体系制度安排构建情况作简要分析。成熟度排名前十的省市分别是湖北、山东、河北、广东、福建、安徽、上海、陕西、江苏和北京（图5-5）。其中，华东地区有5个省市位列前十，华北有2个省市，华南、华中和西北均只有1个省份进入前十。

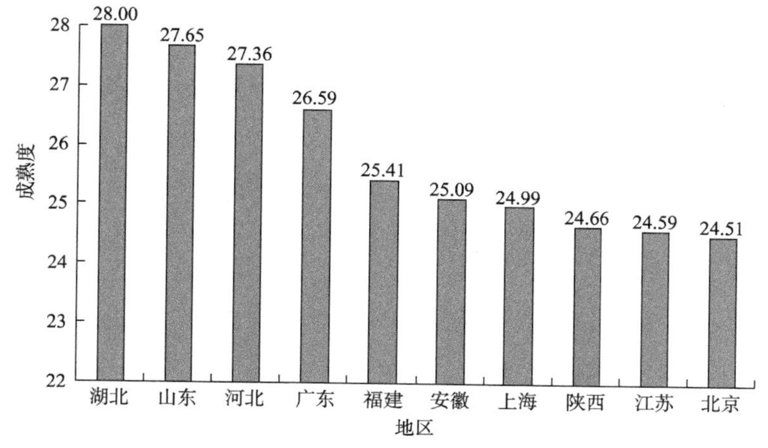

图5-5　免疫体系制度安排成熟度排名前十区域

数据不含港澳台地区

图5-6列出了免疫体系制度安排成熟度后十位的分别是云南、青海、辽宁、湖南、宁夏、广西、海南、吉林、贵州和西藏。其中，西南地区有3个省区，华南、西北和东北地区各有2个省区，华中地区湖南位于后十位中。

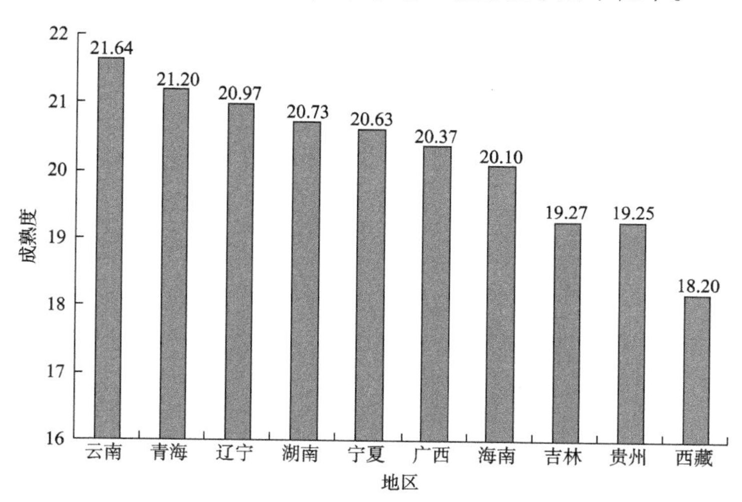

图5-6　免疫体系制度安排成熟度排名后十区域

数据不含港澳台地区

表 5-26 为免疫体系制度安排成熟度排名按 5 个地区为区间进行的排名，华东地区在免疫体系构建上依然表现优秀，山东、福建、安徽、上海和江苏进入前十，华东地区经济发达，社会主体和市场主体更积极地参与到食品药品安全社会共治免疫体系构建中。同时，华北地区的河北和北京也进入全国前十，但内蒙古由于社会经济基础较薄弱，食品药品安全社会共治参与度不足。华中和华南地区则两极分化较严重，湖北、广东进入前十，而河南、湖南、广西和海南则排名较后。西南、西北和东北地区受制于经济发展等区域性因素影响，免疫体系建设处于较落后水平。

表 5-26　免疫体系制度安排成熟度排名的总体分布

区间	华东	华北	华中	华南	西南	西北	东北
排名 1~5	山东、福建	河北	湖北	广东	—	—	—
排名 6~10	安徽、上海、江苏	北京	—	—	—	陕西	—
排名 11~15	浙江、江西	山西	—	—	重庆	甘肃	—
排名 16~20	—	天津	河南	—	四川	新疆	黑龙江
排名 21~25	—	内蒙古	湖南	—	云南	青海	辽宁
排名 26~31	—	—	—	广西、海南	贵州、西藏	宁夏	吉林

注：数据不含港澳台地区

4. 治疗体系制度安排构建情况

表 5-27 列出了食品药品安全社会共治中治疗体系制度安排的构建情况，全国治疗体系制度安排构建情况平均总得分为 18.22。其中，“政府整治”二级指标为 13.81 分，“企业应对”二级指标为 4.41 分（表 5-28）。

表 5-27　治疗体系制度安排的构建情况

排名	地区	一级指标	二级指标	
		治疗（满分 28）	政府整治（满分 21）	企业应对（满分 7）
1	福建	**23.50**	**16.97**	6.53
2	吉林	21.57	16.55	5.02
3	甘肃	21.37	16.47	4.90
4	河北	21.07	15.93	5.13
5	天津	20.05	16.55	3.50
6	北京	19.86	14.08	5.78
7	湖北	19.77	14.87	4.90
8	江西	19.69	16.02	3.68
9	湖南	19.66	15.23	4.43

续表

排名	地区	一级指标	二级指标	
		治疗（满分 28）	政府整治（满分 21）	企业应对（满分 7）
10	重庆	19.13	15.34	3.79
11	辽宁	19.10	12.10	**7.00**
12	广东	18.89	14.86	4.03
13	内蒙古	18.79	13.36	5.43
14	贵州	18.06	14.44	3.62
15	广西	18.04	13.96	4.08
16	上海	17.91	14.41	3.50
17	浙江	17.34	13.84	3.50
18	山西	17.14	13.29	3.85
18	陕西	17.14	13.00	4.14
20	黑龙江	17.09	12.19	4.90
21	江苏	17.08	12.41	4.67
22	西藏	17.07	13.57	3.50
23	海南	17.00	11.99	5.02
24	山东	16.91	12.60	4.32
25	云南	16.81	13.11	3.50
26	河南	16.56	12.59	3.97
27	青海	16.24	12.10	4.14
28	四川	16.11	11.33	4.78
29	宁夏	16.05	12.14	3.91
30	安徽	15.38	11.82	3.56
31	新疆	14.68	10.95	3.73
全国平均		18.22	13.81	4.41

注：加粗得分为该指标最高得分。数据不含港澳台地区

表 5-28　治疗指标的二级指标得分情况

二级指标	“政府整治”二级指标	“企业应对”二级指标
实际得分	13.81	4.41
得分率/%	65.76	63.00

由表 5-28 可以发现，政府主体和市场主体在治疗体系制度安排构建成熟度上相似。各地政府监管部门在行政处罚总数和行政处罚力度上存在较大差异，部分地区的政府监管部门由于存在“政策性俘获”等现实问题，对地方食品药品企业采取较为放任的态度，监管力度不足。同时，企业与消费者之间存在信息不对称，

名义上通过媒体向社会公众发布产品召回信息，但实际上产品召回行动仍占少数，或通过造假等方式将假冒伪劣产品重新投入使用，上海福喜事件就是典型例子。

中国 31 个省（自治区、直辖市，不含港澳台地区）治疗体系制度安排的构建情况如下：成熟度排名前十的省市分别是福建、吉林、甘肃、河北、天津、北京、湖北、江西、湖南和重庆（图 5-7）。其中，华北地区分别是河北、天津和北京位于前十，华东地区是福建和江西，华中地区是湖北和湖南，西北、东西和西南地区各有 1 个省市进入前十，分别是甘肃、吉林和重庆。

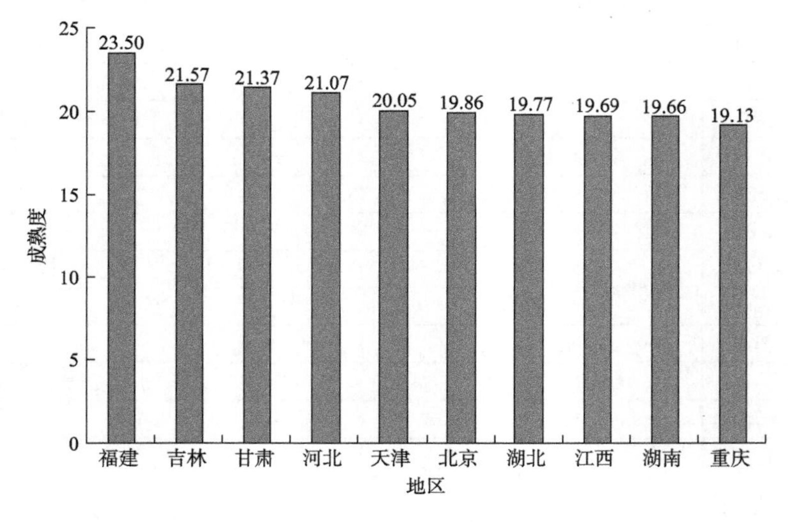

图 5-7　治疗体系制度安排成熟度排名前十区域

数据不含港澳台地区

新疆、安徽、宁夏、四川、青海、河南、云南、山东、海南和西藏等十个省区治疗体系制度安排成熟度排名后十位（图 5-8）。其中，西北地区是新疆、宁夏、青海，西南地区是四川、云南和西藏，华东地区是安徽和山东，华中和华南地区分别是河南和海南。

表 5-29 是将治疗体系制度安排成熟度排名按照 5 个地区为区间进行的排名。与预防体系和免疫体系制度安排不同的是，华东地区在治疗体系制度安排构建情况上处于中游水平，只有福建和江西处于前十，上海、浙江、江苏、山东和安徽五省市均处于全国后十五名。华北地区则表现优异，河北、天津和北京处于全国前十位，内蒙古和山西也处于前二十。华中和华南地区表现与华东地区类似，湖北、湖南、广东和广西成熟度较高，河南和海南成熟度一般。西南和西北地区主要依靠重庆和甘肃在区域内发挥带头作用，东北地区除吉林成熟度较高外，辽宁和黑龙江两省份在治疗体系制度安排成熟度上均不足。

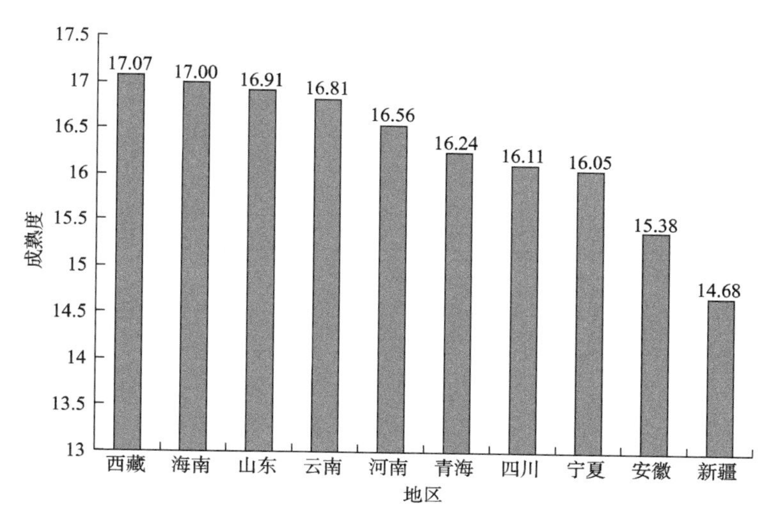

图 5-8　治疗体系制度安排成熟度排名后十区域

数据不含港澳台地区

表 5-29　治疗体系制度安排成熟度排名的总体分布

区间	华东	华北	华中	华南	西南	西北	东北
排名 1~5	福建	河北、天津	—	—	—	甘肃	吉林
排名 6~10	江西	北京	湖北、湖南	—	重庆	—	—
排名 11~15	—	内蒙古	—	广东、广西	贵州	—	辽宁
排名 16~20	上海、浙江	山西	—	—	—	陕西	黑龙江
排名 21~25	江苏、山东	—	—	海南	西藏、云南	—	—
排名 26~31	安徽	—	河南	—	四川	青海、宁夏、新疆	—

注：数据不含港澳台地区

5. 对评价结果的总结

这里，我们将总分排名、预防体系、免疫体系和治疗体系各自得分排名前十的地区整理如表 5-30 所示。在表 5-30 基础上，将排名前十地区作进一步统计分析，得表 5-31。可以发现，在总分和三大体系四项指标上排名均位列前十的地区只有北京，三项指标排名前十的地区有山东、福建、江苏、上海、河北、天津、湖北和广东，两项指标排名前十的地区为浙江和重庆，安徽、江西、河南、湖南、四川、陕西、甘肃和吉林只有其中一项指标位列前十。

表 5-30　中国省际分项指标排名前十的统计结果

地区	华东	华北	华中	华南	西南	西北	东北
总分	山东、福建、江苏、上海、浙江	北京、河北、天津	湖北	广东	—	—	—
预防	江苏、山东、上海、浙江	北京、天津	河南	广东	四川、重庆	—	—
免疫	山东、福建、安徽、上海、江苏	河北、北京	湖北	广东	—	陕西	—
治疗	福建、江西	河北、天津、北京	湖北、湖南	—	重庆	甘肃	吉林

注：数据不含港澳台地区

表 5-31　中国省际总体指标排名前十的统计结果

项目	4 项指标位于前 10	3 项指标位于前 10	2 项指标位于前 10	1 项指标位于前 10
地区	北京	山东、福建、江苏、上海、河北、天津、湖北、广东	浙江、重庆	安徽、江西、河南、湖南、四川、陕西、甘肃、吉林

注：数据不含港澳台地区

我们认为，在本书的评价指标体系中，有三项及以上指标排名前十的地区，属于食品药品安全社会共治制度安排构建较为完善的地区，为中国食品药品安全社会共治制度安排相对成熟的地区，即表 5-31 中位于左边两列的地区。其中，北京为中国食品药品安全社会共治制度建设最为成熟的地区，这与其作为中国首都的政治和社会地区有重要关系，无论是政府主体，还是企业或社会主体的投入和参与都是最大或最成熟的。同时，以北京为中心的环渤海区域（天津、河北和山东）、以上海为中心的东南沿海区域（江苏和福建），以及华南地区的广东、华中地区的湖北构成中国食品药品安全社会共治制度建设的四大成熟极点。如果将这些成熟区域连接起来，我们会发现，除辽宁、广西和海南外，从北到南的中国沿海均属于成熟区域，说明食品药品安全社会共治制度安排成熟度与经济发展程度密切相关，但也与地方政府监管意识和能力有联系。

同理。将总分排名和三大体系排名后十的地区整理如表 5-32 所示，并在表 5-32 的基础上将排名后十的地区作进一步统计分析，得表 5-33。可以发现，四项指标均排名后十的地区有西藏、青海和宁夏，三项指标排名后十的地区有广西、海南、云南、贵州和新疆，两项指标排名后十的地区只有内蒙古，一项指标排名后十的地区有江西、山东、安徽、湖南、河南、四川、陕西、甘肃、黑龙江、吉林和辽宁。我们认为，在本书的评价指标体系中，三项或三项以上指标排名后十位的地区，在中国食品药品安全社会共治制度安排建设上，属于相对不成熟的地区，需要得到地方政府及监管部门的重视。

表 5-32　中国省际分项指标排名后十的统计结果

地区	华东	华北	华中	华南	西南	西北	东北
总分	—	内蒙古	—	广西、海南	云南、贵州、西藏	新疆、青海、宁夏	黑龙江
预防	江西	内蒙古	—	广西	贵州、西藏	陕西、新疆、宁夏、甘肃、青海	—
免疫	—	—	湖南	广西 海南	云南、贵州、西藏	青海、宁夏	辽宁、吉林
治疗	山东、安徽	—	河南	海南	西藏、云南、四川	青海、宁夏、新疆	—

注：数据不含港澳台地区

表 5-33　中国省际总体指标排名后十的统计结果

项目	4 项指标位于后 10	3 项指标位于后 10	2 项指标位于后 10	1 项指标位于后 10
地区	西藏、青海、宁夏	广西、海南、云南、贵州、新疆	内蒙古	江西、山东、安徽、湖南、河南、四川、陕西、甘肃、黑龙江、吉林、辽宁

注：数据不含港澳台地区

总之，本章明确了中国食品药品安全社会共治成熟度评价的理论内涵、核心作用与构建原则，阐述了中国食品药品安全社会共治成熟度评价指标体系构建过程，包括评价对象研究、评价指标设计、指标权重设计、指标数据搜集与评分、评价结果统计分析，并对中国 31 个省（自治区、直辖市，不含港澳台地区）社会共治成熟度进行了评估和分析，为我们提出对策性建议奠定基础。

第6章

食品药品安全社会共治的公共政策

食品药品安全问题是一种典型的社会系统失灵现象，本质上包含市场失灵因素、政府失灵因素、社会共治失灵因素，以及三种因素相互作用形成的复杂系统因素（谢康和肖静华，2017）。单纯依靠市场或政府治理、单纯依靠社会共治、单纯依靠正式或非正式治理都不能解决社会系统失灵问题，需要政府主体、市场主体、社会主体三者动态混合治理、信息技术与制度混合治理以及多种政策混合治理。为此，本章提出三项针对社会系统失灵的公共政策建议，分别是预防—免疫—治疗三级协同政策建议、食品药品安全社会共治组织变革政策建议、中国食品药品安全社会共治区域发展建议。

■6.1　社会系统失灵与公共政策

6.1.1　社会系统失灵的主要特征

在我们出版的《食品安全社会共治：困局与突破》中，对社会系统失灵的三个核心问题进行了初步讨论，在谢康和肖静华（2017）发表的相关论文中又进一步阐述了社会系统失灵三个核心问题的内涵，提出单纯依靠市场或政府治理不能解决社会系统失灵、单纯依靠社会共治不能解决社会系统失灵，以及单纯依靠正式或非正式治理不能解决社会系统失灵三个社会系统失灵核心问题。认为上述三个核心问题成为社会系统失灵情境下公共政策分析的基础。

既有公共政策的讨论大多隐含一个重要的假设，即公共政策对于解决公共管理问题是有效的，至少部分或现阶段是有效的，较少针对公共政策本身存在失灵时的公共政策的讨论。诚然，每项公共政策的讨论和执行都赋予其对行业或产业、区域或环境的帕累托改进的预期，因此，公共政策的制定及实施都会隐含自身合法性规则，以强化公共政策的有效性。但是，从社会系统失灵的视角分析，如果公共政策自身就是在存在失灵的情境下形成的，也同样存在着合法性，而且与前一种公共政策相比向复杂的现实情境更逼近了一步，因为现实中的公共政策就是在各种可能的失灵风险中动态形成抵消性规则来发挥政策作用的。

社会系统失灵情境下的公共政策有三个主要特征。

首先，社会系统失灵情境下的公共政策的出发点可能代表了纯市场或纯政府的利益，但这种政策实施结果通常不是社会福利最大化，而是阶段利益或部门利益最大化。这是社会系统失灵情境下公共政策的第一个特征，如过严或过高的食品药品安全监管标准意味着需要投入更多的监管资源来监督，从而凸显出部门利益的权重在增加，或者相关部门从食品药品安全治理政策中获取更多的资源投入等。

其次，社会系统失灵情境下的公共政策通常表现为相互矛盾、相互制约乃至相互冲突的多目标协同。这是社会系统失灵情境下公共政策的第二个特征，如中国雾霾的治理既需要考虑宏观经济的稳定增长，又要考虑国民收入和居民出行便利性，同时需要考虑各地治理中的实际差异等多种因素，然而，这些多因素在内在逻辑上往往是相互冲突或矛盾的。

最后，社会系统失灵情境下的公共政策通常表现为具有更高敏感度的“蝴蝶效应”或“二次反应”特征，原本是针对某个行业或部门的促进性公共政策却导致其他行业或部门的反向政策效果，如针对食品药品安全治理的公共政策却导致环境治理或腐败治理的政策效果打了折扣或失灵，或者原本是环境治理或腐败治理的问题，却导致了食品药品安全治理的问题。或者说，原本是针对社会系统失灵出台的食品药品安全治理政策，由于食品药品安全问题往往与环境治理、腐败治理等社会公共管理问题交织在一起，最终形成了一个“按下葫芦起了瓢”的综合性社会系统治理难题。更复杂的情境是：食品药品安全治理失灵、雾霾治理失灵、腐败治理失灵三者之间形成二次叠加的社会系统失灵的治理失灵。

社会系统失灵情境下公共政策的三个特征表明，基于有效性假设的公共政策与基于社会系统失灵的公共政策之间存在着区别，前者隐含了公共政策无须治理或至少无须过多治理，因此可以通过跨部门协调会等组织方式来实现跨部门的协同管理，后者则显示公共政策存在着紧迫的系统性治理需要，单纯地通过跨部门协调会等组织方式难以有效解决社会系统失灵问题，而需要通过更多的系统性治理规则及行动来解决。

社会系统失灵的三个核心问题和社会系统失灵情境下公共政策的三个特征，构成讨论社会系统失灵治理及其抵消性规则的重要基础。如前述，社会系统失灵不是单一失灵因素导致的，而是多因素及其交织导致的，逻辑上必然要求解决这种失灵的公共政策，不能是单一公共政策，也不是多个公共政策的简单叠加或跨部门协调就能解决的，而需要将正式治理与非正式治理进行混同治理、建构预防—免疫—治疗三级协同的公共政策体系，这成为解决社会系统失灵的一种集成式抵消性规则。

6.1.2 社会系统失灵的抵消性规则

首先，构建以震慑与价值重构互补性为核心的社会系统失灵的治理体系，形成正式与非正式治理的混同治理，是解决社会系统失灵问题的基本模式。例如，在食品药品安全治理中，根据社会系统失灵的第三个核心问题，无限加大监管力度，会受到监管资源的约束，或受到"监管困局"的约束，而监管者在某个阶段内有限加大监管力度使生产经营者感受到震慑效果，或采取明确的且可执行的惩罚或行为追溯等措施，同样可以发挥加强监管的效果。然而，从长期来看，监管者不可能一直维持很高的监管力度，而需要通过对社会价值观的重构来弥补难以持续维持高监管力度的不足，由此形成食品药品安全监管正式与非正式治理的混合治理的制度安排。震慑与价值重构互补性分析表明，社会震慑信号的短暂性与社会价值重构的长期性的结构互补，是构建食品药品安全社会共治实现帕累托改进的关键一环。

根据社会系统失灵的三个核心问题，食品药品安全风险不可避免，即在某个阶段中，概率上食品药品安全事件是一定会发生的，无论监管力度多大，市场配置资源机制多高效，社会共治协同水平多高，只要存在信息非对称、不完全竞争和外部性，食品药品安全事件在概率上一定会发生，只是发生的概率较低而已。因此，为降低或控制消费者对食品药品安全出现事件概率的预期，提升消费者对食品药品安全事件发生概率的理性对应水平，风险交流成为食品药品安全治理的一种有效手段，也构成抑制发生食品药品安全"监管困局"现象的抵消性规则。

在非正式治理中，通过风险交流传递风险信息，进而控制风险预期行为是解决社会系统失灵的一种抵消性规则，如通过对雾霾毒害性的风险交流达到社会行为自我约束的恐怖均衡，通过从具体的细微规则入手，如对垃圾、吐痰等个人行为给予明确的社会服务令或声誉机制的惩罚等重塑行为规则，来逐步形成社会行为的自我约束习惯，逐步解决群体层面的社会系统失灵问题。在食品药品安全经济学中，食品药品安全风险交流具有两重经济价值，一是风险交流的社会保险机制功能，二是风险交流的社会风险投资功能。前者表现为政府风险规避的倾向，政府通过向“自然”购买公共保险，“保单”价格相当于政府或社会对风险交流的投入力度，“保险”收益体现在出现食品药品安全事件后公众对政府的容忍度；后者表现为政府对社会预期的风险投资倾向，政府通过投资公众的知识或认知能力来构建社会的产业基础，同时也为政府食品药品安全治理提供理性判断的社会基础，如培育社会主体的认知结构来降低信号扭曲的概率等。诚然，这类投资具有高度不确定性，但一旦“投资”成功对政府维持未来社会的稳定具有极高价值。

解决社会系统失灵的正式与非正式治理的动态混合治理，强调不同治理手段或模式的匹配与协同，构成解决社会系统失灵的抵消性规则的重要内容。例如，通过食品供应链信息系统与供应链协同制度安排之间的混合治理，或可追溯体系、组织形式与双边契约设计三者的混合治理，实现食品供应链对个体机会主义倾向的制约，从而提高食品供应链质量的稳定性；又如，通过对行业协会参与食品药品安全社会共治的混合治理来提升食品质量，限制行业机会主义行为等，均属于从不同侧面实现动态混合治理的规制措施。

其次，社会系统失灵的三个核心问题和三个特征表明，不存在解决社会系统失灵的单一制度安排或单一解决方法。例如，现有食品药品安全社会共治乃至公共管理社会共治的解决之道，大多难以解决食品药品安全治理社会系统失灵的难题。根据解决社会系统失灵的方式只能是社会系统的思维及方法的原则，可以认为，食品药品安全社会共治的制度安排，必须既能够应对理性假设的违规决策行为，又能够应对有限理性的违规决策行为，既可以应对有规律的群体性违规行为，又可以应对无规律的随机违规行为，或者是可以同时应对短期和长期违规行为的制度安排。具体地，解决社会系统失灵不能单纯构建惩罚或约束机制，还需要构建与此相关的前置机制，如前所述，既包括类似人体系统中的免疫体系，如大量的、分散随机形成的社会自组织，发挥类似人体组成免疫系统的血细胞和蛋白质那样的防御能力，又包括类似保障人体健康的预防体系，如长期坚持宣传和贯彻形成的社会共识、伦理道德与价值观，形成针对违规行为的类似基因遗传那样的社会监督“基因”，由此形成解决社会系统失灵问题的预防—免疫—治疗三级协同模式。

有必要指出的是，上述讨论的集成式抵消性规则，已经超越了现有研究中单一社会共治概念的范畴，而是一种包含市场治理、政府治理在内的复合型社会共治模式，即强调有效的社会共治模式必然包含市场机制、政府机制及社会多主体参与的激励机制，是一种复杂情境下多主体匹配与协同的社会合作机制。在这种复杂的抵消性规则中，政府构建与社会主体互动形成的社会自组织来应对社会系统失灵问题，是一种可行的社会选择行为或社会解决方案。

6.2 基于预防—免疫—治疗三级协同的公共政策

6.2.1 针对社会系统失灵的三级协同制度

如前所述，食品安全社会共治预防—免疫—治疗三级协同管理模式就是针对社会系统失灵的一种抵消性规则，一是构建解决社会系统失灵问题的预防体系，目标是“治未病”，即以预防为主，主要通过发送社会震慑信号与社会公众价值观重构的联动来实现。这种预防体系虽然长期来看是有效的，然而短期内却有可能会出现局部或阶段性失灵，类似于治疗慢性病有效的方案，在对待急症重病时往往失灵一样。二是构建解决社会系统失灵问题的免疫系统，主要是通过社会自组织行为及社会价值观重构等形成多主体参与的协同模式，解决社会系统失灵中的随机性和隐蔽性问题，改变目前集权式监管中“小病大医，重症缺药”等稀缺资源配置不合理的局面，提高社会系统失灵治理中执法资源的配置效率。例如，食品药品安全社会共治的免疫系统既可以满足监督的短期要求，也可以满足长期要求。诚然，与人体免疫系统类似，社会系统失灵治理体系中的免疫系统，针对“小病”有效，针对“大病”则会失灵。三是在预防体系和免疫系统协同基础上，构建社会系统失灵治理的治疗体系，将有限的执法资源集中在关键控制点上实现精准治理，采取精确目标锁定、重点打击、随机突击检查等“点穴式”执法监管模式，提高执法监管的社会震慑信号价值。

可见，社会系统失灵治理的预防—免疫—治疗三级协同模式需要三者协同运作，才有可能形成高效的综合性治理效应，依靠组织召开各种跨部门协调会通常难以实现三者协同。现实中，实现这种高效的综合性治理效应，将是一个渐进的、漫长的社会进步与公共管理提升过程。可以说，社会系统失灵成因一方面归结为信息非对称导致的市场失灵以及监管资源约束和规制俘获产生的政府失灵，另一方面则归结为政府、企业与消费者信号扭曲所导致的社会共治失灵。因此，解决社会系统失灵的公共政策既要考虑政府主体、市场主体与社会主体之间的行为模式，同时也要考虑到不同发展阶段利益博弈问题，只有抓住社会系统失灵问题的核心机制，才可能提出有效的制度设计及公共政策建议。

首先，针对食品药品安全社会共治中预防体系的公共政策，主要包括三个方面：一是食品药品安全风险评估与预警体系。目前，世界不少国家和地区均建立起不同覆盖面和水平的食品药品安全风险评估与预警体系，如2011年10月中国政府在国家卫生和计划生育委员会下成立国家食品安全风险评估中心，构建国家食品安全风险监测体系等。二是食品药品安全风险交流。社会多主体参与的食品药品安全风险交流，其经济价值不在于宣传普及食品药品安全知识，而是通过食品药品安全知识的普及与宣传，尤其是通过行业协会、新闻媒体、社区活动等方式，在政府监管部门与消费者之间构建更加对称的信息处理能力和对食品药品安全的认知能力，降低监管部门与消费者认知能力的信号扭曲程度，从而降低食品药品安全监管中的“监管困局”发生概率。三是将食品药品安全风险评估和预警体系，与风险交流之间形成多主体参与的互动，通过互动行为提高风险交流作为社会公共保险的经济价值。

其次，针对食品药品安全社会共治中免疫体系的公共政策，主要围绕信息技术与管理制度相结合的混合治理的公共政策，因为在互联网环境下，食品药品安全治理尤其是社会共治离不开互联网或信息技术条件的支持，具体主要包括五个层面的公共政策内容：一是基于质量链视角的产品链、信息链和制度链三者的混合治理，构成产业端或企业端的食品药品安全社会共治混合治理子体系，该体系表明无论是政府的产业政策还是企业的竞争政策，单纯使用质量提升计划均难以有效提高食品药品生产质量水平，将产品质量与信息披露制度和社会管理政策结合起来才会形成有效治理；二是产业端或企业端的可追溯体系制度、双边契约责任传递制度及以纵向联合为代表的组织制度三者之间的混合治理子体系，该体系表明单纯依靠可追溯体系难以对食品药品安全实现有效治理，需要将食品药品质量可追溯体系与交易契约和组织结构结合起来，才有可能真正实现“从田间到餐桌”的安全治理；三是在加大监管力度的震慑与行为价值观的重构之间进行混合治理，一方面通过增加投入加大监管力度，形成对违规行为的有效震慑，另一方面持续进行食品药品安全行为准则和价值观的培育和宣导，从全社会各个角度培育行为规范，逐步实现监督体系中的正式制度与社会行为的非正式制度之间的互补或协同，如经济惩罚与声誉惩罚相结合等；四是大力推动政府支持型社会自组织的构建，通过构建和培育大量基层的政府支持型自组织，搭建食品药品安全社会共治的基本细胞单元，形成社会性社会共治的免疫体系；五是食品药品安全社会共治成熟度的评估与交流，通过成熟度评估与交流，构建区域范围内的食品药品安全社会共治的风险交流体系，这是一种更大范围的社会性公共保险机制。

具体而言，现有自组织研究主要针对政府不介入或尽量避免介入的自组织构建情境，针对政府介入情境下的自组织构建鲜有关注。在食品药品安全等社会性规制领域，政府介入社会自组织构建不可避免，因此，针对食品药品安全社会共治领域提出相应的自组织构建机制十分必要。我们以深圳市零售商业行业协会和

S市医药保健商会为案例进行双案例研究，提出了外在权威介入情境下的政府支持型自组织构建机制。

政府支持型自组织构建机制表明,政府需要把握好与自组织互动过程中的度，做到“有所为”和“有所不为”，双案例中具体体现为政府直接支持与间接支持两种支持形式，贯穿在自组织构建的四个阶段——社会资本、组织学习、规则谈判与干中学。在组织学习与规则谈判阶段，政府则必须要控制住“看得见的手”，通过政府行政手段上的“减法”换取食品安全治理创新的“乘法”，一方面给予自组织治理创新的空间，避免自组织演变为他组织，另一方面培育协会与企业的自组织构建能力。而社会自组织构建者，需要恰当对待外在权威的支持，在自组织者构建能力、规则谈判能力的培育上，要依靠而不能依赖外在权威的介入，否则将有可能削弱自组织构建的积极性（Vedeld，2000）。

中国情境下食品药品安全社会共治的自组织构建，需要与食品药品安全社会共治的预防—免疫—治疗三级协同体系结合起来，形成在三级协同体系下的三类社会自组织，一是食品药品安全社会共治预防体系下的社会自组织，二是免疫体系下的社会自组织，三是治疗体系下的社会自组织。在中国情境下，这三类社会自组织的建构都需要得到政府的有效支持，即建构政府支持型自组织是推动中国食品药品安全社会共治制度建构的重要发展方向。然而，这个领域的研究目前依然处于薄弱状况。

最后，针对食品药品安全社会共治中治理体系的公共政策，主要包括两个方面：一是通过持续改进推动中国食品药品安全治理模式的创新与转型升级，一方面通过更加严格和完善的立法和执法来构建社会惩罚体系，加大违规行为的机会成本，另一方面，通过社会多主体参与构建社会自组织，形成社会元胞自动机的网络反应机制，提高违规行为的发现概率。同时，食品药品安全监管部门采取多种形式混合使用的专项整治工作，采取飞行检查和常规检查结合的全覆盖风控行为，同时提高精准执法的力度和范围，逐步构建立法、执法与监督教育相结合的社会治理体系。二是辩证性地落实与执行党和国家领导人提出的“四个最严”指导思想，一方面加大监管力度，另一方面考虑到“监管困局”现象采取有效的监管力度，而不是一味加大监管力度。在中国不同地区或同一地区的不同产业市场中，同样的监管力度可能有不同的监管效能，因此，食品药品安全社会共治中的公共政策，需要各地区根据自身情境和条件来解读和执行，而非照本宣科地执行。

总之，构建以预防—免疫—治疗为核心的三级协同策略体系，是解决食品药品安全社会系统失灵的基本模式。通过中国食品药品安全社会共治预防—免疫—治疗三级协作模式可以较好地保障食品药品安全事件发生前、发生中和发生后三个阶段的监管有效性，形成社会各主体积极、主动和有序参与。在食品药品安全事件发生前，通过制度设计构建一种类似生物学和医学的预防体系，强调食品药品安全事件发生前的预防措施，制度设计目标是“治未病”；在食品药品安全事件发生中，食品药品安全社会共治免疫体系依靠大量分散的、随机形成的社会自组织，发挥着类似人体组成免疫系统的血细胞和蛋白质那样的防御能力，从而较好地解决食品安全事件的随机性和隐蔽性问题，提高执法资源的配置效率；在食品药品安全事件发生后，治疗体系将有限的执法资源集中在关键控制点上，采取精确目标锁定、重点打击、随机突击检查等“点穴式”执法监管模式，提高执法监管的社会震慑信号价值。

针对食品安全而言，我们以婴幼儿奶粉为例详细阐述了预防—免疫—治疗三级协同策略的具体实施过程。预防—免疫—治疗三级协同策略不仅充分考虑了食品安全事件发生前、发生中和发生后的过程性因素，更重要的是将供应链上下游不同主体间的特点也融入公共政策设计中。例如，在婴幼儿奶粉食品安全事件发生前，针对婴幼儿奶粉采购制造端，可以通过政府实行奶粉注册制等构建采购制造端预防体系，提升消费者对食品安全的信心，降低食品安全事件发生概率；在婴幼儿奶粉食品安全事件发生中，针对婴幼儿奶粉消费零售端，可以通过终端零售企业严格管控奶粉质量构建消费零售端免疫体系；在婴幼儿奶粉食品安全事件发生后，针对婴幼儿奶粉物流分销端，可以通过政府构建物流分销端治疗体系，对违法犯罪行为形成精准打击。

同理，针对药品安全我们也可以运用预防—免疫—治疗有效应对社会系统失灵问题。以毒疫苗事件为例，在毒疫苗药品安全事件发生前，针对疫苗制造端，可以通过政府主体整合疫苗审批、生产环节，严格控制疫苗生产厂商资质，构建制造端预防体系；在毒疫苗药品安全事件发生中，针对疫苗流通端，可以通过企业主体使用疫苗冷链运输疫苗产品，保证疫苗从生产企业到接种单位过程中的存储和运输，从而构建流通端免疫体系；在毒疫苗药品安全事件发生后，针对疫苗消费端，可以通过社会组织为接种疫苗出现副作用的患者，提供保健和咨询服务，并上报国家有关部门，从而构建消费端的治疗体系。

6.2.2　基于三级协同的区域公共政策

将国家层面的预防—免疫—治疗体系三级协同制度，与食品药品安全社会共治成熟度评价与风险交流结合起来，可以形成食品药品安全社会共治的区域公共政策分析（图 6-1）。

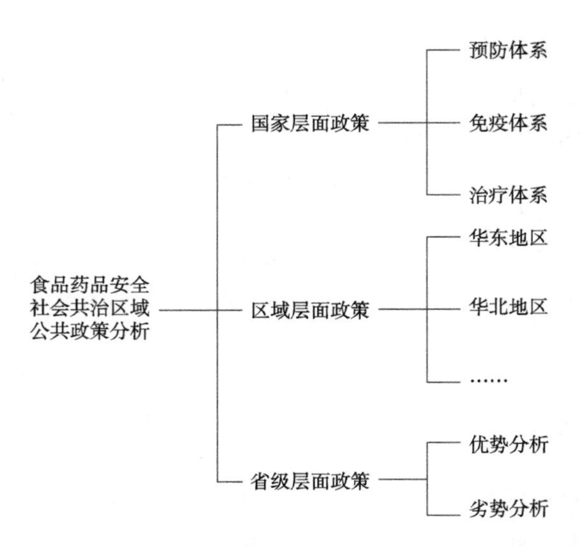

图 6-1　中国食品药品安全社会共治的区域公共政策分析

或者可以说，区域层面食品药品安全社会共治成熟度的评估和分析，也构成预防—免疫—治疗三级协同体系中的一个组成部分，因此，区域成熟度评估与分析也构成三级协同的公共政策内涵之一。为此，我们将中国 31 个省（自治区、直辖市，不含港澳台地区）按照 7 个区域进行聚类分析，分别是华东、华北、华南、华中、西南、西北和东北地区。我们认为，相邻省（自治区、直辖市）之间存在经济、社会和文化等方面的相似性，按照各省（自治区、直辖市）间相同点与不同点给出区域层面发展建议，可以为中央政府出台区域政策提供借鉴作用。在同一区域内，不同省（自治区、直辖市）之间存在食品药品安全社会共治成熟度差异，我们将重点分析绩效表现优秀的省（自治区、直辖市），以及有较大上升空间的省（自治区、直辖市），挖掘其背后发展逻辑和关键成功因素，为其他后进省（自治区、直辖市）提出省级层面发展建议，也为地方监管部门食品药品安全社会共治制度建设提供借鉴意义。在区域层面分析和省级层面分析基础上，结合预防—免疫—治疗三级协同模式发展特点，我们最终提出国家层面食品药品安全社会共治总体发展建议。

如前述，中国各地区在食品药品安全社会共治制度安排构建完善度上存在较大差异（图 6-2）。其中，华东、华北和华中地区在中国食品药品安全社会共治成熟度评价中得分超过全国平均水平，华南地区与全国平均水平大体持平，东北、西北和西南地区总体落后于全国平均水平。

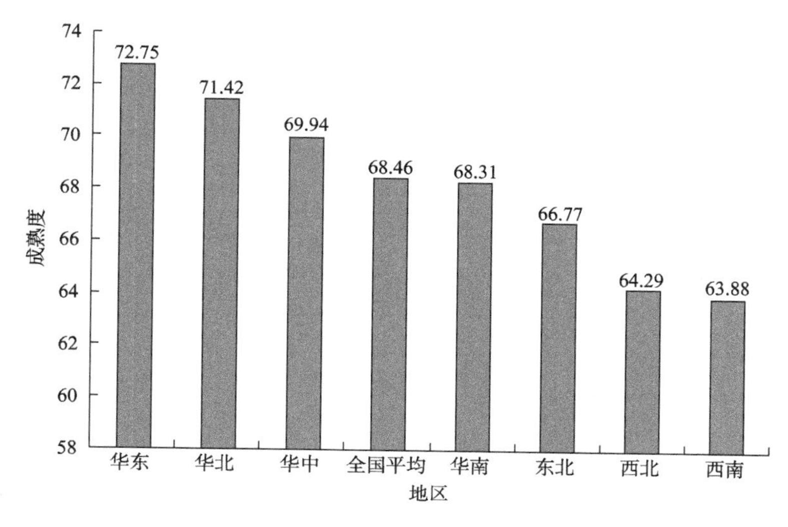

图 6-2　中国各地区食品药品安全社会共治成熟度的分布

数据不含港澳台地区

根据图 6-2，我们将中国食品药品安全社会共治的区域公共政策，按三个组别进行分析和讨论，一是成熟度较高区域，即华东和华北地区，二是成熟度大体处于全国平均值水平上下的华中和华南地区，三是成熟度较低的地区，包括东北、西北和西南地区。针对此，下面将根据中国各地区（不含港澳台地区）发展情况给出相应的区域发展建议，最后提出中国食品药品安全社会共治成熟度的发展建议。

6.3　基于成熟度的区域公共政策

6.3.1　食品药品安全社会共治较成熟区域政策

1. 华东地区食品药品安全社会共治政策

华东地区在全国食品药品安全社会共治成熟度评价结果中排名第一，我们首先分析华东地区食品药品安全社会共治基本情况。华东地区包括山东、福建、江苏、上海、浙江、江西和安徽，其食品药品安全社会共治成熟度结构参见表 6-1。

表 6-1　华东地区食品药品安全社会共治的成熟度结构

序号	地区	总分		预防		免疫		治疗	
		得分	排名	得分	排名	得分	排名	得分	排名
1	山东	76.50	3	31.94	5	27.65	2	16.91	24
2	福建	76.16	4	27.25	14	25.41	5	23.50	1
3	江苏	74.80	6	33.13	1	24.59	9	17.08	21
4	上海	74.75	7	31.85	6	24.99	7	17.91	16
5	浙江	70.99	10	29.64	7	24.02	11	17.34	17
6	江西	69.03	12	25.87	22	23.47	14	19.69	8
全国平均		68.46		27.29		22.95		18.22	
7	安徽	67.00	18	26.54	15	25.09	6	15.38	30

注：数据不含港澳台地区

在总分排名方面，华东地区有 6 个省市高于全国平均水平，只有安徽稍稍低于全国平均水平，高于平均水平的省市占比达到 86%，低于平均水平的占比为 14%。此外，总分排名全国前 10 的区域有 5 个，分别是山东（排名第 3）、福建（排名第 4）、江苏（排名第 6）、上海（排名第 7）、浙江（排名第 10）。而在华东地区排名倒数两名的江西和安徽，在全国排名也属于中上水平，分别排名第 12 和第 18。由此可见，华东地区呈现出社会共治总体水平较高的良好格局，以上海、江苏和浙江为核心，连接着山东和福建两个社会共治重点发展省份，带动江西和安徽向全国优秀区域快速发展。

在预防指标方面，华东地区高于全国平均水平的省市有 4 个，分别是山东、江苏、上海、浙江。此外，这些区域同时也是全国排名前 10 区域；低于全国平均水平的省份有 3 个，分别是福建（排名第 14）、安徽（排名第 15）和江西（排名第 22），与总分排名相比，华东地区的预防体系指标排名结果属于全国中等水平，只有江苏、山东、上海和浙江表现较好，其他省份特别是江西处于全国平均水平。

在免疫指标方面，华东地区所有省市均高于全国平均水平。其中，排名全国前 10 的区域有 5 个，分别是山东（排名第 2）、福建（排名第 5）、安徽（排名第 6）、上海（排名第 7）、江苏（排名第 9），而排名全国前 15 的占比 100%。这意味着华东地区在免疫体系构建上处于全国领先水平，值得其他各省（自治区、直辖市）借鉴学习。

在治疗指标方面，华东地区高于全国平均水平的省份有 2 个，分别是福建（排名第 1）和江西（排名第 8），低于全国平均水平的省市有 5 个，分别是上海（排名第 16）、浙江（排名第 17）、江苏（排名第 21）、山东（排名第 24）和安徽（排名第 30）。从中可以看出，华东地区在治疗体系构建上有较大上升空间。

总体而言，华东地区在中国食品药品安全社会共治成熟度评价中表现优秀，总分排名全国七大区域首位。其中，免疫体系构建情况最为完善，100%的省市高于全国平均水平；预防体系构建水平处于全国平均位置，有57%高于全国平均水平；治疗体系构建情况有较大上升空间，仅有29%的省市高于全国平均水平。华东地区在食品药品安全社会共治制度安排建设上具有较强优势，主要原因有以下三方面：

第一，市场主体与社会主体的积极参与形成相对完善的免疫体系。其一，华东地区是中国经济重点发展区域，在医药产业链和食品产业链上具有创新实力较强的区域产业集群。例如，2016年11月浙江省食品工业协会为加强长三角区域食品品牌建设，提出了一系列长三角地区名优食品名单，共计100多家企业上榜；而医药制造业更是华东地区的龙头产业之一，国家统计局数据显示，2014年华东地区医药制造企业达1 308家，占全国的比重为19.2%；实现主营业务收入4 781.0亿元，占全国的比重为20.5%；实现利润总额632.8亿元，占全国的比重为22.9%。经济发展水平决定着市场主体在食品药品安全社会共治中的参与程度，而华东地区产业集群效应为免疫体系构建奠定基础。其二，华东地区是国家高等教育重镇，是国内外文化交流的核心区域，因此吸引了全国优秀人才前来发展，推动社会主体参与食品药品安全治理。

第二，地方监管部门间协同发展效应带动邻近省市形成具有震慑作用的预防体系。华东地区各个省市临近长三角经济发达区域，经济发展程度较高，而经济的较高水平也促使政府有更充足的经费投入食品药品领域，这使得食品药品监督机构有更充足的人力、物力开展常态化的工作以及定期的抽检监督。例如，上海市为贯彻落实中央提出的“四个最严”食品药品安全要求，努力建设市民满意的食品药品安全城市，进一步强化食品药品安全监管与司法体系衔接的工作，加大对食品药品安全领域违法犯罪行为的打击。同时，江苏、浙江、福建等地也陆续产生协同效应，互相带动互相支持。

第三，华东地区经济发展程度高，推动区域信息共享，有助于社会共治制度安排体系快速发展。自从党的十八大以来，党中央和国务院高度重视并继续推进政务公开工作，其中公开事宜中就重点指出了食品药品安全和安全生产等项目，截至目前在食品药品领域，华东省市在简化行政审批和裁剪冗余机构方面进展较为迅速，也得到了百姓的一致好评。此外，社会主体和市场主体也推动信息共享工作进一步发展。例如，2014年7月上海广播电视台电视新闻中心通过官方微博，报道麦当劳、肯德基等洋快餐供应商上海福喜公司使用过期劣质肉，在监管部门和其他社会主体帮助下，信息迅速扩展到全国各地，使得福喜公司强制性召回所有问题产品，避免恶性事件进一步发生。

下面进行标杆省份的分析。我们挑选山东、福建和江苏作为标杆省份进行分析。其中，将重点分析江苏省的预防体系建设（排名全国第 1），山东省的免疫体系建设（排名全国第 2），以及福建省的治疗体系建设（排名全国第 1），希望借此为全国其他省市食品药品安全社会共治发展提供借鉴意义。

在预防体系建设方面，江苏省排名全国第 1，得分为 33.13，得分率为 82.83%。其中，政府能力得分为 10.76，得分率为 71.73%；行业现状得分为 12.98，得分率为 99.85%；社会素质得分为 9.38，得分率为 78.17%。可以认为，江苏省预防体系构建主要依靠市场主体，表现为市场主体在预防体系构建方面基本接近满分，而社会主体和政府主体得分率接近。国家统计局 2016 年公布数据显示，截至 2015 年底，江苏食品工业全年完成工业现价总产值 7 379.38 亿元，位居全国第 4 位；实现利润总额 607.69 亿元，食品行业利润总额列全国第 3 位，全行业销售利润率排名第 1 位。在制药领域方面，据国家统计局公布的数据，2015 年江苏省医药产业产值突破 4 000 亿元，同比增长 14.84%，占全国的比重接近 1/7，居全国第 2 位，其中化学药剂、医疗器械规模已成长为国内首位。这些数据充分表明江苏省已经成为中国“食品强省”和“药品强省”，在监管部门推动下，一批食品药品企业积极构建工业安全创新体系，为维护江苏省食品药品品牌发挥显著作用。

在免疫体系建设方面，山东省居于全国第 2，得分为 27.65，仅次于湖北，得分率为 86.41%。其中，政府监管得分为 8.35，得分率为 75.91%；企业自律得分为 7.71，得分率为 85.67%；社会监督得分为 11.59，得分率 96.58%。可以认为，山东省内社会主体构建的免疫体系最为完善，其次是市场主体免疫体系，最后是政府主体免疫体系，这与预防—免疫—治疗三级协同模式的核心理念基本保持一致。首先，山东省在行业协会等社会组织构建方面具有较强的活力。例如，2016 年相继成立了山东省保健品行业协会、山东省团餐行业协会、山东省住宿与餐饮行业协会等，为企业自主组织与自主治理奠定行业基础。其次，山东省对于媒体发挥社会共治作用十分重视。例如，山东省广播电视台播放“食安山东”节目，助推山东省食品安全品牌建设；山东省广播电视台携手媳妇食品集团打造“生活帮”品牌，让消费者更加清晰如何选取合适的酱油。最后，山东省监管部门积极调动消费者参与食品安全治理的积极性。例如，山东省借助“一报一刊”深入推进社会共治，对消费者开展科普知识教育，加强与群众的互动交流。

在治疗体系建设方面，福建省排名全国第 1，得分为 23.50，得分率为 83.93%。其中，政府整治得分为 16.97，得分率为 80.81%；企业应对得分为 6.53，得分率为 93.29%。可以认为，福建省治疗体系建设的优势在于市场主体积极参与食品安全治理。例如，2016 年 9 月，福建省食品药品监督管理局在全国范围内召回两款三明治蛋糕，其生产企业杰斯西蛋糕店积极配合监管部门强制召回所有产品，并承担一切法律责任和医疗赔偿。

综上所述，预防体系、免疫体系和治疗体系表现优异的省份均有一个共同特点，即在政府主体表现情况与其他省份保持一致的基础上，市场主体与社会主体积极参与食品药品安全治理，使得该省份总分超过其他省份。

综上，表6-2提炼出针对华东地区食品药品安全社会共治区域发展的政策建议。华东地区是中国七大区域中食品药品安全社会共治制度安排构建最为完善的区域，在总分上排名全国第一，且86%的省市超过全国平均水平。在预防体系方面，华东地区表现处于全国中等水平，57%的省市高于全国平均水平，主要原因在于华东地区各省市间监管部门协同发展，形成较好的协同效应，对食品药品安全违规行为形成震慑。我们建议其他区域省市可以学习和借鉴江苏省发展经验，大力推动食品行业和药品行业发展，形成具有创新性和凝聚力的产业集群，通过集群效应带动行业企业食品药品安全管理水平提升。

表6-2　华东地区食品药品安全社会共治发展建议

<table>
<tr><th colspan="2" rowspan="2">总体分析</th><th colspan="4">局部分析</th></tr>
<tr><th>体系</th><th>现状</th><th>原因</th><th>建议</th></tr>
<tr><td rowspan="3">华东地区</td><td rowspan="3">全国排名第1位，86%的省市在总分上超全国平均水平</td><td>预防</td><td>57%的省市超全国平均水平</td><td>区域间监管部门协同发展带动邻近省市形成震慑效应</td><td>学习江苏省，大力推动食品行业与药品行业发展，形成治理能力</td></tr>
<tr><td>免疫</td><td>100%的省市超全国平均水平</td><td>市场主体和社会主体积极参与形成完善的免疫体系</td><td>学习山东省，发展行业协会与媒体监督作用，调动消费者积极性</td></tr>
<tr><td>治疗</td><td>29%的省市超全国平均水平</td><td>企业配合政府监管部门专项整治程度较低</td><td>学习福建省，市场主体积极配合监管部门治疗体系发挥作用</td></tr>
</table>

在免疫体系方面，华东地区表现处于全国先进水平，100%的省市高于全国平均水平，主要原因在于华东地区的社会主体和市场主体积极参与食品药品安全免疫体系构建。例如，山东省大力推动行业协会发展，在2016年短短一年时间便相继成立了多家食品药品领域行业协会，带动其他企业参与自主组织与自主治理。另外，山东省广播电视台还连同其他社会主体加大对消费者的科普宣传，使得消费者更加理性消费和具有风险防范意识。

在治疗体系方面，华东地区表现处于全国落后水平，一方面是由于华东地区各省市较为注重免疫体系和预防体系建设，对于治疗体系相对不太重视；另一方面则是由于治疗体系构建过程中，企业主体与政府主体的配合不足，治疗体系总体得分不尽如人意。因此，我们建议华东地区向福建省学习先进经验，学习福建省内的企业主体是如何配合监管部门政策措施实施产品强制召回以及产品全方位监测的。

2. 华北地区食品药品安全社会共治政策

华北地区在全国食品药品安全社会共治成熟度评价结果中排名第二，华北地区包括北京、河北、天津、山西和内蒙古，其食品药品安全社会共治成熟度结构参见表 6-3。

表 6-3　华北地区食品药品安全社会共治成熟度结构

序号	地区	总分		预防		免疫		治疗	
		得分	排名	得分	排名	得分	排名	得分	排名
1	北京	76.76	2	32.39	2	24.51	10	19.86	6
2	河北	75.71	5	27.29	13	27.36	3	21.07	4
3	天津	73.85	9	32.01	4	21.79	20	20.05	5
全国平均		68.46		27.29		22.95		18.22	
4	山西	66.59	20	25.97	20	23.47	13	17.14	18
5	内蒙古	64.21	25	23.67	27	21.75	21	18.79	13

注：数据不含港澳台地区

在总分排名方面，华北地区有 3 个省市高于全国平均水平，分别是北京（排名第 2）、河北（排名第 5）和天津（排名第 9），2 个省区低于全国平均水平，分别是山西（排名第 20）和内蒙古（排名第 25）。此外，北京、河北和天津在全国排名前 10，其他两个省区稍微落后，处于全国中下游水平。经过多年快速发展，如今的京津冀已初步实现食品药品安全治理协同效应，不仅初步实现了食品药品日常监管信息共享，而且可以迅速对跨区域食品药品违法犯罪行为进行精准打击。可以预计，未来京津冀地区将会以北京为核心建立统一、权威、高效的食品药品监管体系，实现食品药品地方法规标准体系基本完备，使得食品药品社会共治水平进一步提升。

在预防指标方面，华北地区高于（等于）全国平均水平的省市有 3 个，分别是北京（排名第 2）、天津（排名第 4）和河北（排名第 13），低于全国平均水平的省区有 2 个，分别是山西（排名第 20）和内蒙古（排名第 27）。与总分指标项类似，预防体系构建中依然以京津冀为核心，山西和内蒙古处于全国中下游水平，特别是内蒙古的社会共治情形不容乐观。在免疫指标方面，华北地区高于全国平均水平的省市有 3 个，分别是河北（排名第 3）、北京（排名第 10）和山西（排名第 13），低于全国平均水平的区市有 2 个，分别是天津（排名第 20）和内蒙古（排名第 21）。值得注意的是，京津冀在免疫体系构建中，天津的表现跌出了全国前 10，并且与内蒙古表现类似，主要原因在于天津进行了监管机构改革，使得监管部门在食品药品安全治理领域过多介入，社会主体与市场主体参与力度不足。在治疗指标方面，华北地区高于全国平均水平的省区市有4个，分别是河北（排名第4）、天津（排名第5）、北京（排名第6）和内蒙古（排名第13），低于全国平均水平的省份只有山西（排名第18）。与预防体系、免疫体系相比，华北地区在治疗体系方面构建处于全国领先水平。

总体而言，华北地区在中国食品药品安全社会共治成熟度评价中各项指标均表现良好，其中，预防体系和免疫体系均有60%的省市超过全国平均水平，治疗体系表现最好，有80%的省区市超过全国平均水平，这意味着京津冀带动着山西和内蒙古两省区的食品药品安全社会共治发展,使得华北地区整体实力较为平均。华北地区在食品药品安全社会共治制度安排建设上实力较为平均，主要原因有以下三方面：

第一，京津冀及周边地区市场一体化进程推动了食品药品行业信誉机制的逐步完善。2012~2017年，为进一步缓解首都功能疏解问题，华北地区各级政府部门均致力推进华北市场一体化进程，建立经济协同发展体制机制，突破市场利益分割和资源分割，形成一体化发展格局。在此背景下，华北地区国有企业、民营企业和外资企业充分考虑华北市场的变化和发展潜力，精耕细作建立国际化食品药品安全监管体系。例如，华北地区优秀奶制品企业三元奶粉在竞争激烈的婴幼儿配方奶粉市场，始终坚持质量先行，严格约束自己的市场行为，因此2016年获国家质量金奖。

第二，在雾霾等恶劣环境保护问题激发下，华北地区政府监管部门监管能力呈现快速提升趋势。在2016年冬季，华北地区遭遇了多场重度雾霾，对人民群众的生活健康造成了极大威胁。大量研究和观测均表明，华北地区特别是京津冀大气污染主要是本地积累加上外地传输所导致的，其中京津冀三地自身排放量大是核心原因，对$PM_{2.5}$的贡献约为70%。为有效应对雾霾等环境污染问题，华北地区各级政府监管部门均加强了区域协同监管能力，使得食品药品安全监管也上了一个新台阶。

第三，华北地区教育资源的集聚效应使得当地消费者具有较高的理性消费意识和行为倾向，为食品药品安全社会共治奠定社会基础。华北地区特别是京津冀地区的人民受教育程度较高，仅北京和天津两地就涵盖了中国10所著名的985工程院校。一方面，教育资源的集聚效应使得地方公众的教育水平较高，对食品药品安全治理的重要性和必要性均有较深刻的认识；另一方面，华北地区人民群众向来具有热心公共事务的良好传统，因此更乐意配合政府监管部门参与食品药品安全治理。

标杆省份分析如下：挑选北京市、河北省和天津市作为标杆省市进行分析，重点分析北京市的预防体系建设（全国排名第2），河北省的免疫体系建设（全国排名第 3），天津市的治疗体系建设（全国排名第 5），希望借此为华北地区其他省区市食品药品安全社会共治发展提供借鉴意义。

在预防体系建设方面，北京市排名全国第 2，得分为 32.39，得分率为 80.98%。其中，政府能力得分为 12.55，得分率为 83.67%；行业现状得分为 8.35，得分率为 64.23%；社会素质得分为 11.49，得分率为 95.75。可以认为，北京市社会主体构建的预防体系最为完善，政府主体构建的预防体系排名第 2，市场主体构建的预防体系排名第 3。北京市作为中国首都，地方群众具有较高的政治参与热情，因此在日常生活中经常参与食品药品治理活动。例如，北京市消费者通过各种渠道向政府和社会提出合理化建议，在大环境没有改善前先着力于改善小环境。

在免疫体系建设方面，河北省全国排名第 3，得分为 27.36，得分率为 85.50%。其中，政府监管得分为 10.80，得分率为 98.18%；企业自律得分为 7.54，得分率为 83.78%；社会监督得分为 9.03，得分率为 75.25%。可以认为，河北省政府构建的免疫体系最为完善，其次是市场主体免疫体系，最后是社会主体免疫体系。首先，河北省重视食品药品安全追溯体系的构建，重点加强对婴幼儿配方乳粉、保健品、酒类和预包装食品的追溯体系建设，尤其使得所有药品均可以通过可追溯体系查询。其次，河北省建立了食品药品投诉举报中心、互联网违法和不良信息举报中心、河北省消费维权网、河北省食品药品监督管理局投诉举报中心等监管部门应答机构，使得消费者可以第一时间将食品药品安全违法行为信息传递到监管部门。

在治疗体系建设方面，天津市全国排名第 5，得分为 20.05，得分率为 71.61%。其中，政府整治得分为 16.55，得分率为 78.81%；企业应对得分为 3.50，得分率为 50%（不及格）。可以认为，天津市在政府构建的治疗体系方面较为完善，而企业应对方面有较大上升空间。

综上，表 6-4 给出华北地区食品药品安全社会共治区域发展的政策建议。华北地区是中国七大区域中食品药品安全社会共治制度安排构建表现较好的区域之一，在总分上排名全国第二，60%的省市超过全国平均水平。在预防体系方面，华北地区表现处于全国中上水平，有 60%的省市高于全国平均，主要原因在于华北地区近几年一直推进市场一体化建设，食品药品企业实现了良好的产业集群效应。在行业整体良好声誉的作用下，食品药品安全违法犯罪行为进一步降低。除了依靠市场主体构建的预防体系外，我们也可以学习和借鉴北京市社会主体构建的预防体系，积极鼓励更多消费者参与到食品药品安全治理活动中。

表 6-4　华北地区食品药品安全社会共治发展建议

总体分析		局部分析			
		体系	现状	原因	建议
华北地区	全国排名第2位，60%的省市在总分上超全国平均水平	预防	60%的省市超全国平均水平	华北地区市场一体化进程进一步加强	学习北京市，依靠社会主体构建食品药品安全社会共治预防体系
		免疫	60%的省市超全国平均水平	社会公众受教育程度较高，与监管部门实现协同治理	学习河北省，建立食品药品安全可追溯体系，加强投诉举报力度
		治疗	80%的省区市超全国平均水平	京津冀受雾霾等环保问题影响，监管部门实现区域协同	学习天津市，加强监管部门专项整治力度和打击精准性

在免疫体系方面，华北地区表现处于全国中上水平，有60%的省市高于全国平均水平，主要原因在于华北地区社会公众受教育程度较高，理性消费行为概率较大，因此更倾向于投诉举报食品药品安全违法犯罪行为。我们可以学习和借鉴河北省在免疫体系构建上的具体实践，如推动食品药品安全可追溯体系的建设，使得婴幼儿奶粉、保健品等食品药品实现全供应链可追溯。

在治疗体系方面，华北地区表现最为优秀，有80%的省区市高于全国平均水平。主要原因在于近几年雾霾问题较为严峻，且雾霾的成因由多区域协同问题产生，因此需要多地监管部门协同监管才可以提升监管效能，单纯依靠北京、河北等地监管机构是无法有效解决雾霾问题的。在此背景下，食品药品安全监管能力也获得了显著提升，特别是当跨区域大型食品药品安全违规事件发生时，北京、天津、河北、内蒙古、山西等地监管部门可以实现信息实时共享，使得犯罪人员无处可藏。

6.3.2　食品药品安全社会共治成熟度居中区域政策

1. 华中地区食品药品安全社会共治政策

华中地区在全国食品药品安全社会共治成熟度评价结果中排名第三，包括湖北、湖南和河南，其食品药品安全社会共治成熟度结构如表6-5所示。

表 6-5　华中地区食品药品安全社会共治成熟度结构

序号	地区	总分		预防		免疫		治疗	
		得分	排名	得分	排名	得分	排名	得分	排名
1	湖北	74.20	8	26.44	17	28.00	1	19.77	7

续表

序号	地区	总分		预防		免疫		治疗	
		得分	排名	得分	排名	得分	排名	得分	排名
全国平均		68.46		27.29		22.95		18.22	
2	湖南	68.41	13	28.01	11	20.73	25	19.66	9
3	河南	67.20	17	28.74	10	21.91	18	16.56	26

注：数据不含港澳台地区

在总分排名方面，华中地区只有湖北（全国排名第 8）高于全国平均水平，低于全国平均水平的省份分别是湖南（全国排名第 13）和河南（全国排名第 17）。可见，在食品药品安全社会共治成熟度上，湖北位于华中地区的排头兵位置，而湖北、湖南和河南三个省份在食品药品安全社会共治制度安排成熟度评价中表现相对接近，接下来将重点分析预防体系、免疫体系和治疗体系构建情况。

在预防指标方面，华中地区高于全国平均水平的省份有 2 个，分别是河南（全国排名第 10）和湖南（全国排名第 11），低于全国平均水平的省份只有湖北（全国排名第 17）。从得分中可以看出，湖北、湖南和河南三省在预防体系建设上表现十分相似。在免疫指标方面，华中地区高于全国平均水平的省份只有湖北，且在全国排名第 1，后续分析中将重点剖析湖北的最佳实践；低于全国平均水平的省份分别是河南（全国排名第 18）和湖南（全国排名第 25）。在治疗指标方面，湖北和湖南得分情况高于全国平均水平，分别排名第 7 位和第 9 位。河南的表现不尽如人意，排名全国第 26 位，低于全国平均水平。湖北和湖南地理位置相近，监管模式存在相似之处。

总体而言，华中地区食品药品安全社会共治成熟度评价结果表现属于中等水平，总分方面只有 1/3 的省份超过全国平均水平，预防体系建设和治疗体系建设表现较好，有 2/3 的省份超过全国平均水平，免疫体系建设不理想，只有 1/3 的省份超过全国平均水平。华中地区在食品药品安全社会共治制度安排建设上有较大发展空间，特别是免疫体系建设方面，主要原因有以下两方面：

第一，华中地区近几年爆发的几次重大食品安全事件使监管部门将更多精力投入治疗体系构建中，免疫体系构建缺乏足够重视。近年来，华中地区陆续爆发了“武汉巨能保健品事件”、“长沙烧烤中毒事件”、“河南食全食美事件”及“河南郑州假盐事件”等恶劣食品安全事故，导致政府监管部门加大对食品药品违法犯罪行为的监管。在此背景下，市场主体与社会主体的监管空间被进一步压缩，监管部门与市场主体之间的信任程度显著下降，导致华中地区免疫体系建设情况不容乐观。

第二，华中地区是全国著名的农业种植区，主要以家庭式耕种为主，使监管部门的日常监管有较高难度。湖北、湖南和河南均作为农业大省，农业产业化程度相对较低，深加工产品不足，远低于发达省份或地区。华中地区主要农产品包括粮食、生猪、水产品等农产品，市场溢价较少，导致家庭收入一般较低，对食品安全的重视程度不足，给华中地区监管部门监管带来巨大挑战。在资源严重约束影响下，监管部门只能将更多精力投入治疗体系建设方面，预防体系建设和免疫体系建设相对重视程度不足。

下面对重点省份进行讨论。华中地区在全国食品药品安全社会共治成熟度上属于中游水平，面临追赶全国食品药品安全社会共治较成熟地区的任务。在追赶过程中，有两种策略可以采纳：一是“增优势”策略，即考虑在资源稀缺的条件下，将重点资源投放在重点省份，通过该区域的快速进步带动邻近省份快速发展；二是“补短板”策略，将重点资源投放在发展程度最为落后、表现最差的省份，通过平衡发展使得区域整体水平提升。这里，我们无意评价两种策略的好坏，但该阶段建议政府采取“增优势”策略，通过弘扬正能量和建立试验田的方式，建立区域层面的标杆省份，推动华中地区整体发展。

在预防体系建设方面，考虑到现实条件的制约，建议以湖南省作为华中地区的试验点。湖南省预防体系指标得分为 28.01，得分率为 70.03%。其中，政府能力得分为 9.72，得分率为 64.80%；行业现状得分为 9.76，得分率为 75.08%；社会素质得分为 8.53，得分率为 71.08%。可以认为，湖南市场主体构建的预防体系表现最为出色，建议监管部门推动建立行业规范化管理，使食品企业和药品企业规范比重逐年上升。

在免疫体系建设方面，以湖北为标杆进行分析。湖北免疫体系得分全国排名第 1，得分为 28.00，得分率为 87.50%。其中，政府监管得分为 10.32，得分率为 93.82%；企业自律得分为 7.10，得分率为 78.89%；社会监督得分为 10.58，得分率为 88.17%。可以认为，湖北省政府主体和社会主体构建的免疫体系最为完善。首先，湖北长期致力于打造湖北生态屏障，加强食品药品安全监管，通过相关规范的完善和政策主体绩效考核，强化食品药品安全责任落实，推动监管部门免疫体系构建。其次，湖北省地方群众对食品药品安全具有较高期待，对食品药品追溯体系建设具有日常监督作用，这也在一定程度上为湖北免疫体系建设加分。

在治疗体系建设方面，同样选取湖北作为标杆分析对象。湖北治疗体系全国排名第 7，得分为 19.77，得分率为 70.61%。其中，政府整治得分为 14.87，得分率为 70.81%；企业应对得分为 4.90，得分率为 70.00%。从上述数据发现，企业主体构建的治疗体系得分与政府主体构建的治疗体系得分基本一致。

综上，表 6-6 为华中地区食品药品安全社会共治区域发展提供的政策建议。华中地区在中国七大区域中食品药品安全社会共治制度安排构建排名第 3，但只有 1/3 的省份超过全国平均水平，意味着呈现“一强多弱”的社会共治格局。在预防体系方面，华中地区表现处于全国中等偏上水平，2/3 的省份高于全国平均，主要原因在于华中地区监管部门积极响应党中央和国务院号召，以“四个最严”食品药品安全监管手段打击违法犯罪行为。建议以湖南省为试点，推动食品药品行业规范化建设，通过湖南省创先争优行为带动华中地区快速发展。

表 6-6　华中地区食品药品安全社会共治发展建议

<table>
<tr><th colspan="2" rowspan="2">总体分析</th><th colspan="4">局部分析</th></tr>
<tr><th>体系</th><th>现状</th><th>原因</th><th>建议</th></tr>
<tr><td rowspan="3">华中地区</td><td rowspan="3">全国排名第3位，1/3的省份在总分上超全国平均水平</td><td>预防</td><td>2/3的省份超全国平均水平</td><td>积极响应“四个最严”监管体系改革</td><td>以湖南省为试点，监管部门推动食品药品行业规范化建设</td></tr>
<tr><td>免疫</td><td>1/3的省份超全国平均水平</td><td>一系列食品药品安全事件导致其他主体监管空间降低</td><td>向湖北省学习，建立健全食品药品安全可追溯体系</td></tr>
<tr><td>治疗</td><td>2/3的省份超全国平均水平</td><td>农业比重较大，给监管部门日常监管带来重大挑战</td><td>向湖北省学习，政府主体与市场主体协同构建治疗体系</td></tr>
</table>

在免疫体系方面，华中地区表现处于全国中下游水平，1/3 的省份高于全国平均，主要原因在于华中地区近几年发生了多起食品药品安全事件，导致监管部门加大对违法犯罪行为的打击力度。在这一过程中，社会主体与市场主体参与食品药品安全治理的空间相应降低，最终导致华中地区免疫体系整体得分下降。因此，建议向湖北学习先进的免疫体系建设经验，并且带动河南和湖南社会主体动员起来。

在治疗体系方面，华中地区农业生产比重较大，给监管部门日常监管带来了难度。建议向湖北学习治疗体系建设，政府主体与企业主体之间相互配合协同，当发生食品药品安全违法犯罪行为时，企业应积极配合监管部门召回违规产品，并向社会主体通报基本信息。

2. 华南地区食品药品安全社会共治政策

广东、广西和海南构成的华南地区在全国食品药品安全社会共治成熟度评价结果中排名第四，与全国平均水平大体相同。在总分排名、预防指标、免疫指标和治疗指标方面，华南地区只有广东高于全国平均水平，广西和海南低于全国平均水平（表 6-7）。

表 6-7　华南地区食品药品安全社会共治成熟度结构

<table>
<tr><th rowspan="2">序号</th><th rowspan="2">地区</th><th colspan="2">总分</th><th colspan="2">预防</th><th colspan="2">免疫</th><th colspan="2">治疗</th></tr>
<tr><th>得分</th><th>排名</th><th>得分</th><th>排名</th><th>得分</th><th>排名</th><th>得分</th><th>排名</th></tr>
<tr><td>1</td><td>广东</td><td>77.63</td><td>1</td><td>32.15</td><td>3</td><td>26.59</td><td>4</td><td>18.89</td><td>12</td></tr>
<tr><td colspan="2">全国平均</td><td colspan="2">68.46</td><td colspan="2">27.29</td><td colspan="2">22.95</td><td colspan="2">18.22</td></tr>
<tr><td>2</td><td>广西</td><td>64.22</td><td>24</td><td>25.81</td><td>23</td><td>20.37</td><td>27</td><td>18.04</td><td>15</td></tr>
<tr><td>3</td><td>海南</td><td>63.07</td><td>26</td><td>25.97</td><td>21</td><td>20.10</td><td>28</td><td>17.00</td><td>23</td></tr>
</table>

注：数据不含港澳台地区

在预防指标方面，广东排名第3位，海南排名第21位，广西排名第23位，这意味着广东在预防制度安排构建上已经处于全国前列，海南和广西则处于全国中下游水平。广东经济环境发展相对于其他两个省区而言较好，在经济基础上食品药品企业更加愿意遵守食品药品安全生产规则。

在免疫指标方面，广东排名第4位，广西和海南分别排名第27、28位。与预防体系制度安排类似，广东注重调动社会力量和市场力量加入食品药品安全治理活动，免疫指标得分较高。广西和海南在这方面相对重视程度不足，得分不高。其中，广西在政府部门构建的免疫体系得分最高，在社会主体构建的免疫体系方面得分最低。海南则主要依靠企业主体和政府主体构建的免疫体系，社会主体在免疫体系构建方面较为落后。

在治疗指标方面，广东排名第12位，广西排名第15位，海南排名第23位。广东和广西在治疗体系制度安排构建上较为类似，海南则排名处于全国中下游水平。一方面，广东和广西在政府整治指标体系上得分较高，企业应对指标得分相对均衡，治疗体系构建得分处于全国前列；另一方面，海南在政府构建的治疗体系方面相对不足，虽然企业应对得分较高，但治疗指标总分依然排名较后。

广东在华南地区发展处于领先地位，原因有三：第一，经济因素。广东处于改革开放前沿阵地，无论是经济整体发展水平还是连年经济增长速度均处于华南地区首位，这使广东可以在食品药品安全监管支出上有较大提升空间。第二，社会因素。广东地处珠江三角洲，吸引着全国各地乃至世界各地的人才前来发展，使得食品药品消费状况十分复杂，需要监管部门给出更多创新性监管手段加以监控和管理。第三，文化因素。广东是一个有着厚重饮食文化的省份，饮食习惯相对于我国其他地区而言较为不同，所选食材也较为丰富，因而需要全国各地不同政府部门之间的协同才可以提升食品药品安全监管水平。

现以广东作为标杆食品药品安全社会共治成熟度分析的重点省份进行分析。在预防体系建设方面，广东得分排名全国第3，得分为32.15，得分率为80.38%。其中，政府能力得分为12.60，得分率为84.00%；行业现状得分为10.98，得分率为84.46%；社会素质得分为8.57，得分率为71.42%。可以认为，广东预防体系构建主要依靠政府主体和市场主体，得分率较为接近，而社会主体构建的预防体系则相对不足。一方面，政府监管部门大胆创新，加强对食品药品企业的创新性管理，发挥威慑作用。例如，广东在2017年出台了《广东省食品药品监督管理局关于网络食品监督的管理办法》，在全国率先推出互联网电子商务企业食品流通管理办法，使基层执法人员有法可依有章可循。另一方面，广东食品药品企业长期致力于对食品药品违法行为进行打击，如王老吉倡议构建起广东食品药品安全大数据平台，形成政府、行业、社会多方力量参与的食品药品安全社会共治格局等。

在免疫体系建设方面，广东排名全国第 4 位，得分为 26.59，得分率为 83.09%。其中，政府监督得分为 9.65，得分率为 87.73%；企业自律得分为 7.33，得分率为 81.44%；社会监督得分为 9.61，得分率为 80.08%。可以认为，广东在政府主体构建的免疫体系中表现最好，其次是市场主体构建的免疫体系，最后才是社会主体构建的免疫体系。首先，广东省政府十分重视大数据监管手段的灵活应用，如 2016 年 5 月建立起了包括婴幼儿配方食品、食用油、酒类在内的食品安全电子追溯系统，实现了上述食品全程可追溯。其次，广东省政府加快推进“智慧食药监”项目的建设，构建起全省统一的食品药品安全信息平台和大数据中心，提升食品药品监管水平和监管实效。

在治疗体系建设方面，广东全国排名第 12 位，得分 18.89，得分率 67.46%。其中，政府整治得分为 14.86，得分率为 70.76%；企业应对得分为 4.03，得分率为 57.57%（不及格）。可以认为，华南地区在企业主体构建的治疗体系方面表现一般，排名最前的广东在企业应对指标方面依然不及格。因此，未来华南地区应该大力推动企业积极配合政府监管部门的整治工作，尤其是政府推动下的社会共治制度建设与自组织建构工作。

表 6-8 归纳总结出对华南地区食品药品安全社会共治成熟度发展的政策建议。华南地区在总分上排名全国第 4 位，1/3 的省份超过全国平均水平。在预防体系方面，华南地区表现处于全国中下游水平，1/3 的省份高于全国平均水平，主要原因在于广西和海南在食品药品产业上无法形成食品药品安全产业集群，行业自律表现较差。建议区域内向广东学习发展经验，大力推动食品行业和药品行业发展，形成有创新性和凝聚力的产业集群，再通过集群效应带动行业企业食品安全管理水平的提升。

表 6-8　华南地区食品药品安全社会共治发展建议

总体分析		局部分析			
		体系	现状	原因	建议
华南地区	全国排名第 4 位，1/3 的省份在总分上超全国平均水平	预防	1/3 的省份超全国平均水平	广东省表现较好，广西、海南预防体系构建上表现一般	学习广东省，规范食品药品行业发展，形成行业自律
		免疫	1/3 的省份超全国平均水平	市场主体与社会主体在免疫体系构建上参与度低	学习广东省，建立起以政府主体为核心的免疫体系
		治疗	1/3 的省份超全国平均水平	企业应对与政府整治协同效果较差	学习广东省，推动政府主体与市场主体相互配合

在免疫体系方面，华南地区表现不容乐观，主要原因在于仅有广东表现较好，广西和海南表现较差，市场主体和社会主体缺乏积极参与食品药品安全社会共治的能力。因此，建议华南地区向广东学习免疫体系构建经验，如推动食品药品安

全全流程监控，建立大数据信息平台等。

在治疗体系方面，华南地区普遍表现较为落后，原因在于市场主体与政府主体在治疗体系构建上缺乏必要的协同效应。通常情况下，广东、海南和广西在政府整治方面表现较好，在企业应对指标上表现较差。因此，建议华南地区加强企业与政府之间的治疗体系协同，当发生大型食品药品安全事件时，政府监管部门应第一时间由企业自发召回问题食品药品，以有效减轻政府监管部门的工作量。

6.3.3　食品药品安全社会共治成熟度低区域政策

1. 东北地区食品药品安全社会共治政策

东北地区在全国食品药品安全社会共治成熟度评价结果中排名第五，东北地区分别包括吉林、辽宁和黑龙江，其食品药品安全社会共治成熟度结构见表6-9。在总分排名方面，东北地区3个省份均低于全国平均水平，分别是吉林（排名第14位）、辽宁（排名第21位）、黑龙江（排名第22位）。

表6-9　东北地区食品药品安全社会共治成熟度结构

序号	地区	总分		预防		免疫		治疗	
		得分	排名	得分	排名	得分	排名	得分	排名
全国平均		68.46		27.29		22.95		18.22	
1	吉林	68.39	14	27.56	12	19.27	29	21.57	2
2	辽宁	66.35	21	26.29	18	20.97	24	19.10	11
3	黑龙江	65.56	22	26.52	16	21.95	17	17.09	20

注：数据不含港澳台地区

在预防指标方面，东北地区高于全国平均水平的省份只有吉林（排名第12位），低于全国平均水平的省份分别是黑龙江（排名第16位）和辽宁（排名第18位）。可以认为，东北地区在预防体系制度安排构建上表现较平均，接近全国平均水平27.29。在免疫指标方面，东北地区均低于全国平均水平，各省份排名分别为黑龙江（排名第17位）、辽宁（排名第24位）、吉林（排名第29位）。值得注意的是，东北地区在预防体系制度安排和治疗体系制度安排建设上均表现为全国中等水平或中等偏上，仅免疫体系制度安排建设表现较为一般，使总体成熟度评价排名全国第5。在治疗指标方面，东北地区高于全国平均水平的省份分别是吉林（排名第2位）和辽宁（排名第11位），低于全国平均水平的省份只有黑龙江（排名第20位）。可以认为，东北地区在治疗体系构建上表现较好，远高于预防体系建设和免疫体系建设。

东北地区在中国食品药品安全社会共治成熟度评价中，总体表现处于全国中等偏下水平。其中，治疗体系制度安排建设表现最好，多数省份处于全国领先水平，吉林更是高居全国第 2 位。预防体系制度安排建设处于全国中等水平，1/3 的省份高于全国平均水平，需要重点分析背后原因。免疫体系制度安排建设是东北地区总体得分较低的主要原因，全部省份均低于全国平均水平。

首先，东北地区食品药品生产基地的先天优势使得预防体系制度安排建设相对完善。当前，东北老工业基地属于爬坡过坎的艰难时刻，需要进行战略性新兴产业驱动战略。因此，黑龙江、吉林和辽宁依托丰富的农业资源，围绕粮食深加工、绿色食品和特殊资源三个领域，走出食品产业差异化道路。除此以外，以吉林为核心的药品工业基础发达，药品总量稳居全国第 5 位，中医药行业尤其突出，主要经济指标连续 10 年稳居全国第一。

其次，东北地区总体教育水平不高以及人才流失严重导致免疫体系建设相对滞后。各省统计局数据显示，2013~2016 年，东北地区人口外流正在呈现加剧态势，东北地区人口流出主要以务工经商为主。在此背景下，东北地区人民参与食品药品安全监管的意识相对淡薄，媒体也没有形成积极曝光食品药品安全违法犯罪行为的氛围，免疫体系建设相对滞后。

最后，东北地区服从中央监管部门政策方针的监管意识，使治疗体系建设处于全国中等偏上水平。吉林省在政府主体和市场主体构建的治疗体系上均表现较好，辽宁在企业应对二级指标上甚至达到满分状态，这将在后续重点省份分析部分加以剖析。

下面挑选吉林和黑龙江两个省份进行重点分析，并重点分析吉林省的预防体系制度安排建设（全国排名第 12 位），黑龙江省的免疫体系制度安排建设（全国排名第 17 位），吉林省的治疗体系制度安排建设（全国排名第 2 位），借此为东北地区食品药品安全社会共治发展提供借鉴启示。

在预防体系建设方面，吉林省排名全国第 12 位，得 27.56 分，得分率为 68.90%。其中，政府能力得分为 10.00，得分率为 66.67%；行业现状得 8.94 分，得分率为 68.77%；社会素质得 8.62 分，得分率为 71.83%。可以认为，吉林省预防体系制度安排建设主要依靠社会主体，市场主体构建的预防体系表现排名第二，表现最差的是政府主体构建的预防体系制度安排。下一步，建议吉林省政府大力推动市场主体弘扬正能量，构建起行业自律的声誉机制，帮助吉林省构建更为完善的预防体系制度安排。

在免疫体系建设方面，黑龙江省排名全国第 17 位，得 21.95 分，得分率为 68.59%。其中，政府监管得 7.65 分，得分率为 69.55%；企业自律得 6.61 分，得分率为 73.44%；社会监督得 7.69 分，得分率为 64.08%。可以认为，以黑龙江省为代表的东北地区，由于工业产业比重较高，其社会主体和其他市场主体的活力略低于其他区域，免疫体系制度安排建设相对滞后。

在治疗体系建设方面，吉林全国排名第2位，得分为21.57，得分率为77.04%。其中，政府整治得16.55分，得分率为78.81%；企业应对得5.02分，得分率为71.71%。吉林省治疗体系表现较好的原因在于，吉林省医药健康产业发展势头较好，有万通药业、修正药业、敖东药业、吴太医药和通化东宝医药集团等，在此基础上，吉林省的药品行业自律较好，与政府监管部门配合度较高，因此行政处罚、行政力度和产品召回等指标得分率较高。

东北地区食品药品安全社会共治区域发展政策建议如表6-10所示。东北地区在总分上排名全国第5位，全部省份均低于全国平均水平。在预防体系方面，东北地区表现处于全国中下游水平，仅有1/3的省份高于全国平均水平，主要原因在于东北地区长期是中国食品药品产业聚集地，但受制于近年来经济下行压力，地区监管体系和食品药品企业在食品药品安全社会共治方面投入明显不足，预防体系制度安排建设排名较后。东北政府在大力推动经济发展基础上，应该注重对食品药品安全的维护，提升地区国民食品药品安全的满意度。

表6-10　东北地区食品药品安全社会共治发展建议

总体分析		局部分析			
		体系	现状	原因	建议
东北地区	全国排名第5位，没有省份在总分上超全国平均水平	预防	1/3的省份超全国平均水平	东北地区食品药品企业较多，行业现状发展较好	以吉林省为重点，向沿海地区学习，大力推动行业监管水平提升
		免疫	没有省份超全国平均水平	东北地区重工业经济份额较高，挤压其他社会主体空间	以黑龙江省为重点，激发其他社会主体食品药品安全监管活力
		治疗	2/3的省份超全国平均水平	东北地区政府主体和市场主体严格贯彻落实中央精神	向吉林省学习先进治疗体系制度安排构建经验

在免疫体系方面，东北地区表现较差，原因在于东北地区市场主体主要以重工业企业和国有企业为主，体制机制较为陈旧落后，导致市场免疫体系构建不足。另外，受经济环境影响，大多数年轻人离开东北地区创业和经商，使得东北地区社会主体构建的免疫体系表现较为落后，缺乏创新意识。建议东北地区以黑龙江省为核心，推动市场主体和社会主体加入食品药品安全社会共治活动。

在治疗体系方面，东北地区表现最为优秀，2/3的省份高于全国平均水平，主要原因在于东北地区政府主体和市场主体服从中央政府政策方针，配合中央政府关于食品药品安全整治的相关活动，因此该项指标得分较高。建议以吉林省为标杆，加大对政府专项整治投入力度，并敦促企业加以配合。

2. 西北地区食品药品安全社会共治政策

甘肃、陕西、新疆、青海和宁夏构成的西北地区，在全国食品药品安全社会共治成熟度评价结果中排名第 6 位，其食品药品安全社会共治成熟度结构参见表 6-11。在总分排名方面，西北地区所有省区均低于全国平均水平。其中，甘肃、山西分别排名全国第 15、16 位，新疆、青海和宁夏在全国成熟度中分别排名第 27、29 和 30 位，而且青海和宁夏所有指标均处于全国排名后 10 位，新疆则在总分、预防和治疗指标排名全国后 10 位，陕西和甘肃在预防指标得分上排名全国后 10 位。

表 6-11　西北地区食品药品安全社会共治成熟度结构

序号	地区	总分		预防		免疫		治疗	
		得分	排名	得分	排名	得分	排名	得分	排名
全国平均		68.46		27.29		22.95		18.22	
1	甘肃	68.33	15	23.14	29	23.83	12	21.37	3
2	陕西	67.57	16	25.77	24	24.66	8	17.14	18
3	新疆	63.05	27	25.38	25	22.99	16	14.68	31
4	青海	60.28	29	22.83	30	21.20	23	16.24	27
5	宁夏	60.16	30	23.48	28	20.63	26	16.05	29

注：数据不含港澳台地区

在预防指标方面，西北地区同样全部省区处于全国平均水平以下，且均位于全国排名后 10 位之中。其中，陕西和新疆分别排名第 24 和 25 位，宁夏、甘肃和青海分别排名第 28、29 和 30 位，这意味着西北地区的预防体系制度安排建设属于较薄弱环节，下一阶段需要重点加强该体系的建设。在免疫指标方面，西北地区则表现较好，60%的省区高于全国平均水平，即陕西排名第 8 位、甘肃排名第 12 位和新疆排名第 16 位，两个省区低于全国平均水平，分别是青海（排名第 23 位）和宁夏（排名第 26 位）。总体来看，西北地区在免疫体系制度安排建设上表现较好。在治疗指标方面，西北地区高于全国平均水平的省份只有甘肃，排名全国第 3 位，其他省区低于全国平均水平，陕西排名第 18 位、青海排名第 27 位、宁夏排名第 29 位和新疆排名第 31 位。

西北地区在食品药品安全社会共治成熟度评价中排名较后，各项指标均处于全国中下游水平。其中，预防体系指标得分均低于全国平均水平，免疫体系相对表现较好，治疗体系指标得分仅有 20%高于全国平均水平。主要原因有二：一是西北地区独特的饮食文化和地方经济发展水平制约了现代化食品药品安全社会共治制度安排建设，区域范围内不少依然以游牧民族为主，食品以自产自销为主，相当大比重的食品是地域性食品，用现代化监管标准去衡量难以达标，使得西北地区预防体系制度安排建设得分相对较低。为此，建议中央政府和地方政府在食品安全监管标准上保持一定差异性，让渡更多自主权给地方政府监管部门，建立更多适合地方食品文化发展的监管标准和安全规范。二是西北地区食品药品企业总量相对较少，且西北地区经济发展较落后，食品药品生产企业规模相对较小，群众能够更加便捷地参与到日常食品药品安全监管中。当发现违规行为时，社会公众和媒体一般倾向于向地方政府揭发举报，使区域内的免疫体系得分较高。

接下来，以陕西省和甘肃省为对象，重点分析陕西省的预防体系建设（全国排名第 24 位），陕西省的免疫体系建设（全国排名第 8 位），甘肃省的治疗体系建设（全国排名第 3 位），借此为西北地区其他省区食品药品安全社会共治发展提供借鉴意义。

在预防体系建设方面，陕西省排名全国第 24 位，得 25.77 分，得分率为 64.43%。其中，政府能力得 10.07 分，得分率为 67.13%；行业现状得 7.51 分，得分率为 57.77%；社会素质得 8.19 分，得分率为 68.25%。可以认为，陕西省主要依靠政府主体和社会主体构建食品药品安全社会共治预防体系制度安排，市场主体相对不足，建议陕西省更加注重市场主体在预防体系制度安排建设方面的作用，如加强对食品药品行业企业的规范。在免疫体系建设方面，陕西省全国排名第 8 位，得 24.66 分，得分率为 77.06%。其中，政府监管得 7.39 分，得分率为 67.18%；企业自律得 7.31 分，得分率为 81.22%；社会监督得 9.95 分，得分率为 82.92%。可以认为，陕西省主要依靠市场主体和社会主体构建食品药品安全社会共治免疫体系，政府主体在免疫体系构建方面稍显不足。在治疗体系建设方面，甘肃省全国排名第 3 位，得 21.37 分，得分率为 76.32%。其中，政府整治得 16.47 分，得分率为 78.43%；企业应对得 4.90 分，得分率为 70.00%。可以认为，甘肃省在治疗体系构建方面政府主体和市场主体初步形成了相互配合的格局。

表 6-12 归纳出西北地区食品药品安全社会共治区域发展的政策建议。

表 6-12　西北地区食品药品安全社会共治发展建议

总体分析		局部分析			
		体系	现状	原因	建议
西北地区	全国排名第 6 位，没有省区在总分上超全国平均水平	预防	没有省区超全国平均水平	地域性饮食习惯差异导致食品药品安全规范相对不足	以陕西省为重点，重点发挥市场主体在预防体系制度安排中的作用
		免疫	60%的省区超全国平均水平	地域性食品药品生产制造企业数量较少，共治便捷性高	向陕西省学习，鼓励市场主体和社会主体加入食品药品安全共治
		治疗	20%的省区超全国平均水平	仅甘肃省在治疗体系制度安排构建上符合社会共治需求	向甘肃省学习，强调市场主体与政府主体在治疗体系中的配合

西北地区在总分上排名全国第 6 位，没有省区超过全国平均水平。在预防体系方面，西北地区表现处于全国下游水平，没有省份高于全国平均水平，主要原因在于地域性饮食习惯上存在巨大差异，与当前中央政府制定的食品药品安全标准存在分歧，导致预防体系制度安排得分较低。建议未来社会共治中给予地方政府更多的食品药品安全治理标准的自主权，发挥地域性市场主体在食品药品安全社会共治中的作用，形成符合西北地区食品药品安全标准的制度建设体系。在免疫体系方面，西北地区表现处于全国中等水平，60%的省区高于全国平均水平，建议向陕西省学习免疫体系构建经验，如加大媒体曝光力度和行业协会自律等。在治疗体系方面，西北地区表现属于全国中等水平，主要原因在于除甘肃省以外，其他省区缺乏对市场主体构建的治疗体系的关注，导致市场主体治疗体系得分较低。建议向甘肃省学习政府主体与市场主体相互配合构建食品药品安全社会共治治疗体系。

3. 西南地区食品药品安全社会共治政策

重庆、四川、云南、贵州和西藏构成的西南地区，在全国食品药品安全社会共治成熟度评价结果中排名倒数第 1 位，其食品药品安全社会共治成熟度结构如表 6-13 所示。在总分排名方面，西南地区只有重庆（第 11 位）高于全国平均水平，其他均低于全国平均水平，四川排名第 19 位、云南排名第 23 位、贵州排名第 28 位和西藏排名第 31 位。与华南地区成熟度结构类似，西南地区也呈现强省带动区域发展的特征。

表 6-13　西南地区食品药品安全社会共治成熟度结构

序号	地区	总分		预防		免疫		治疗	
		得分	排名	得分	排名	得分	排名	得分	排名
1	重庆	70.98	11	28.75	9	23.10	15	19.13	10
全国平均		68.46		27.29		22.95		18.22	
2	四川	66.89	19	28.95	8	21.83	19	16.11	28
3	云南	64.49	23	26.24	19	21.64	22	16.81	25
4	贵州	61.99	28	24.69	26	19.25	30	18.06	14
5	西藏	57.09	31	21.81	31	18.20	31	17.07	22

注：数据不含港澳台地区

在预防指标方面，四川和重庆高于全国平均水平，分别排名第 8 位和第 9 位，其他省区低于全国平均水平，云南排名第 19 位、贵州排名第 26 位和西藏排名第 31 位。可见，预防体系制度安排建设是西南地区三项指标中表现最好的。在免疫指标方面，只有重庆高于全国平均水平，排名第 15 位，其他省区均低于全国平均水平，四川排名第 19 位，云南排名第 22 位，贵州和西藏分别排名第 30 和 31 位。在治疗指标方面，也只有重庆高于全国平均水平，排名第 10 位，其他省区低于全国平均水平，贵州排名第 14 位、西藏排名第 22 位、云南排名第 25 位和四川排名第 28 位。较为意外的是，四川在治疗体系方面的成熟度排名较低。

西南地区在中国食品药品安全社会共治成熟度评价中表现不尽如人意。其中，预防体系表现相对较好，免疫体系和治疗体系的制度安排总体表现一般，仅重庆表现较好，主要有两方面原因：一是西南地区地形结构复杂，不利于道路交通，国民受教育程度不足及参与意识薄弱。食品药品安全社会共治需要加强社会公众对监管参与的意识，西南地区受制于多年来封闭阻塞的交通枢纽建设，消费者缺乏参与意识和参与活力。二是西南地区少数民族众多，食品药品安全监管部门监管措施面临实施挑战与风险。少数民族饮食文化和社会习俗多元，餐饮食品企业大多规模较小，监管部门在日常监管过程中除了注意食品药品安全标准外，还要更多地关注各地少数民族的饮食习惯，避免与地方食品药品制造者发生冲突。

下面，重点分析四川省的预防体系建设（全国排名第 8 位），重庆市的免疫体系建设（全国排名第 15 位），重庆市的治疗体系建设（全国排名第 10 位）。在预防体系建设方面，四川省排名全国第 8 位，得 28.95 分，得分率为 72.38%。其中，政府能力得 9.98 分，得分率为 66.53%；行业现状得 11.12 分，得分率为 85.54%；社会素质得 7.86 分，得分率为 65.50%。可以认为，四川省预防体系制度安排建设主要依靠市场主体，政府主体和社会主体表现类似，需要进一步提升预防体系构建能力。在免疫体系建设方面，重庆市排名全国第 15 位，得 23.10 分，得分率为 72.19%。其中，政府监管得 8.09 分，得分率 73.55%；企业自律得 8.46 分，得分率 94.00%；社会监督得 6.55 分，得分率 54.58%。可以认为，重庆市主要依靠市场主体构建免疫体系，社会主体参与程度不足，政府主体也需要进一步提升免疫体系构建能力。在治疗体系建设方面，重庆市全国排名第 10 位，得 19.13 分，得分率 68.32%。其中，政府整治得 15.34 分，得分率为 73.05%；企业应对得 3.79 分，得分率 54.14%。建议下一阶段重庆市加强企业应对方面的措施构建，如推动重庆市企业更加积极配合监管部门强制召回问题产品等。

表 6-14 提炼出西南地区食品药品安全社会共治的区域发展政策建议。

表 6-14　西南地区食品药品安全社会共治发展建议

总体分析		局部分析			
		体系	现状	原因	建议
西南地区	全国排名第 7 位，20%的省市在总分上超全国平均水平	预防	40%的省市超全国平均水平	重庆市、四川省经济情况较好，带动食品药品监管体制发展	以四川省为重点，加强政府主体和社会主体预防体系构建能力
		免疫	20%的省市超全国平均水平	西南受制于地形，社会教育程度不足，参与意识薄弱	以重庆市为重点，加强政府主体和社会主体预防体系构建能力
		治疗	20%的省市超全国平均水平	西南少数民族众多，日常监管需要顾及许多因素	以重庆市为重点，强化政府主体与市场主体的配合

在预防体系方面，建议以四川为食品药品安全社会共治的重点区域，加强政府主体和社会主体参与活力。在免疫体系方面，建议以重庆为区域核心点，通过互联网等手段加强食品药品安全社会共治宣传工作，使更多消费者意识到食品药品安全必要性。在治疗体系方面，建议以重庆为核心，调动地方企业积极性，建立更多符合地方监管的食品药品安全标准。

6.3.4　食品药品安全社会共治的区域政策方向

表 6-15 对中国七大区域食品药品安全社会共治进行了分析与政策讨论。由表 6-15 可见，华东地区免疫体系的制度安排处于全国领先水平，预防和治疗体系则有较大上升空间。其中原因在于，一方面，区域经济发展速度较快，市场主体与社会主体为维护自身利益更加积极主动参与到食品药品安全治理中。另一方面，区域政府监管部门逐步形成联动效应，专项整治等精准打击力度增强。对于华北地区，京津冀地区受雾霾等环境问题影响，监管部门加强区域合作与协同联动，因而治疗体系制度安排表现较好。此外，得益于市场一体化进程和社会公众教育程度较高，预防体系制度安排和免疫体系制度安排也表现较好，未来需要进一步拉近与华东地区的成熟度差距。这两个地区构成中国食品药品安全社会共治成熟度相对较成熟的地区。

表 6-15　中国食品药品安全社会共治区域发展分析汇总表

序号	区域	体系现状	原因分析	政策建议
1	华东	预防：57%的省市超全国平均水平	区域间监管部门协同发展带动邻近省市形成震慑效应	学习江苏省，大力推动食品行业与药品行业发展，形成治理能力
		免疫：100%的省市超全国平均水平	市场主体和社会主体积极参与形成完善的免疫体系	学习山东省，发展行业协会与媒体监督作用，调动消费者积极性

续表

序号	区域	体系现状	原因分析	政策建议
1	华东	治疗：29%的省市超全国平均水平	企业配合政府监管部门专项整治程度较低	学习福建省，市场主体积极配合监管部门治疗体系发挥作用
2	华北	预防：60%的省市超全国平均水平	华北地区市场一体化进程进一步加强	学习北京市，依靠社会主体构建食品药品安全社会共治预防体系
		免疫：60%的省市超全国平均水平	社会公众受教育程度较高，与监管部门实现协同治理	学习河北省，建立食品药品安全可追溯体系，加强投诉举报力度
		治疗：80%的省区市超全国平均水平	京津冀受雾霾等环保问题影响，监管部门实现区域协同	学习天津市，加强监管部门专项整治力度和打击精准性
3	华中	预防：2/3 的省份超全国平均水平	积极响应“四个最严”监管体系改革	以湖南省为试点，监管部门推动食品药品行业规范化建设
		免疫：1/3 的省份超全国平均水平	一系列食品药品安全事件导致其他主体监管空间降低	向湖北省学习，建立健全食品药品安全可追溯体系
		治疗：2/3 的省份超全国平均水平	农业比重较大，给监管部门日常监管带来重大挑战	向湖北省学习，政府主体与市场主体协同构建治疗体系
4	华南	预防：1/3 的省份超全国平均水平	广东省表现较好，广西、海南预防体系构建上表现一般	学习广东省，规范食品药品行业发展，形成行业自律
		免疫：1/3 的省份超全国平均水平	市场主体与社会主体在免疫体系构建上参与度低	学习广东省，建立起以政府主体为核心的免疫体系
		治疗：1/3 的省份超全国平均水平	企业应对与政府整治协同效果较差	学习广东省，推动政府主体与市场主体相互配合
5	东北	预防：1/3 省份超全国平均水平	东北地区食品药品企业较多，行业现状发展较好	以吉林省为重点，向沿海地区学习，大力推动行业监管水平提升
		免疫：没有省份超全国平均水平	东北地区重工业经济份额较高，挤压其他社会主体空间	以黑龙江省为重点，激发其他社会主体食品药品安全监管活力
		治疗：2/3 省份超全国平均水平	东北地区政府主体和市场主体严格贯彻落实中央精神	向吉林省学习先进治疗体系制度安排构建经验
6	西北	预防：没有省区超全国平均水平	地域性饮食习惯差异导致食品药品安全规范相对不足	以陕西省为重点，重点发挥市场主体在预防体系制度安排中的作用
		免疫：60%的省区超全国平均水平	地域性食品药品生产制造企业数量较少，共治便捷性高	向陕西省学习，鼓励市场主体和社会主体加入食品药品安全共治
		治疗：20%的省份超全国平均水平	仅甘肃省在治疗体系制度安排构建上符合社会共治需求	向甘肃省学习，强调市场主体与政府主体在治疗体系中的配合
7	西南	预防：40%的省市超全国平均水平	重庆市、四川省经济情况较好，带动食品药品监管体制发展	以四川省为重点，加强政府主体和社会主体预防体系构建能力
		免疫：20%的省市超全国平均水平	西南受制于地形，社会教育程度不足，参与意识薄弱	以重庆市为重点，加强政府主体和社会主体预防体系构建能力
		治疗：20%的省市超全国平均水平	西南少数民族众多，日常监管需要顾及许多因素	以重庆市为重点，强化政府主体与市场主体的配合

在中国食品药品安全社会共治成熟度居中区域中，华中地区的地方监管部门和市场主体着力推进中央政府“四个最严”的监管指导思想，推动监管体系改革，

根据农业生产对监管体系进行地域性改良，预防体系和治疗体系制度安排建设较好。然而，华中地区发生了一系列食品药品安全事件，导致监管部门将市场主体和社会主体的监管空间严重挤压，使免疫体系制度安排表现一般。华南地区主要以广东省表现较好，广西和海南表现一般。其中，华南地区普遍表现为政府监管与企业应对协同效率较低现象，主要原因在于社会主体与市场主体在食品药品安全社会共治上的参与度不足。

在成熟度低的区域中，近年来东北地区经济发展呈现下滑趋势，东北地区劳动力特别是年轻人普遍往其他区域发展，导致该区域社会主体参与公共治理的积极性不高。此外，东北地区重工业比重较高，其他产业经济组织比例较少，导致市场主体参与积极性也严重不足。西北地区的预防体系和治疗体系成熟度表现低，原因在于西北地区以游牧民族为主，饮食习惯与中原地区不同，该地区食品生产企业难以满足中央政府制定的食品药品安全标准，导致预防体系得分较低。此外，该地区食品药品企业数量较少，无法形成产业集群效应，行业自律意识也不足。西南地区少数民族众多，各民族间存在着饮食文化和生活习惯差异，监管体系无法完全按照东部沿海发达省份那样来建设。

从全国格局来看，食品药品安全社会共治的区域性制度安排可以从三方面来建设：

首先，督促地区监管部门释放震慑信号和鼓励社会公众价值重构，使食品药品行业规范发展，完善预防体系制度安排建设。具体地，通过监管部门释放震慑信号和社会公众价值重构，推动食品行业与药品行业规范化发展，完善食品药品安全社会共治预防体系制度安排。预防体系制度安排的核心在于形成一种“不敢违法”和“不能违法”的食品药品安全社会共治文化，这种文化的形成需要依靠监管部门大力释放严厉处罚的震慑信号，以及通过教育宣传提升公众社会共治参与意识。根据评价指标体系分析结果，建议推广“江苏模式”和“北京模式”。例如，江苏省在监管部门推动下形成了具有创新性和凝聚力的产业集群，通过集群效应带动行业企业食品安全管理水平提升。又如，北京市主要依靠社会主体构建预防体系，鼓励更多消费者参与到食品药品安全治理活动中。

其次，协助地区监管部门让渡监管空间给市场主体和社会主体，形成以市场主体和社会主体为核心的食品药品行业自律格局，完善免疫体系制度安排建设。通过监管部门让渡监管空间和社会主体主动作为，形成食品药品行业自主组织与自主治理格局，从而完善食品药品安全社会共治免疫体系制度安排。监管部门过多干预食品药品安全社会共治，会降低其他社会主体和市场主体的共治效率，如华中地区出现一系列食品药品安全事件，导致监管部门全面介入食品药品企业日常监管，减少了社会共治空间。因此，建议监管部门从微观干预向宏观调控转型，让渡更多监管空间给市场主体和社会主体。同时，社会组织逐步形成行业自组织格局，持续构建食品药品安全社会共治免疫体系制度安排。

最后，联动地区监管部门和区域企业，构建政府主体与市场主体之间的协同联动机制，对食品药品安全违法犯罪行为形成精准打击，完善治疗体系制度安排建设。通过监管部门与大型食品药品企业之间协同配合，对食品药品违法犯罪行为形成精准打击。在预防—免疫—治疗三级协同模式中，政府监管部门将更多精力投入治疗体系构建中，但这并不代表其他社会主体不参与食品药品安全社会共治治疗体系制度安排建设。根据评价指标体系结果，建议监管部门与大型食品药品企业协同配合，如出现违规食品药品事件后，除监管部门全方位查处和监督企业外，更多地需要企业自身强制召回违法产品，避免危害进一步扩散等。

6.4　针对社会系统失灵的公共政策体系

总之，我们的研究主要形成三方面理论创新：一是针对已有研究中强化监管的主要结论在现实中并未起到预想效果这一问题，剖析了食品安全“监管困局”现象及其发生机理，首次在理论上论证了在某个监管力度范围内政府加大监管力度反而会促使更多违规行为的“监管困局”现象，提出食品安全治理的“监管有界性”假说，并探讨了产生“监管有界性”的“信号扭曲”原理。二是虽然学术界提出食品安全治理是一项世界性难题，但缺乏对食品安全治理构成世界性难题的复杂机制进行理论提炼。我们首次提出并阐述了社会系统失灵的概念，以解释食品安全治理的复杂机制。三是基于政府监管平衡思想，重点探讨了食品安全社会共治五种混合治理的创新模式，即最优监管力度、震慑信号与价值重构、信息技术与制度、食品供应链的三种方式，以及多主体参与的预防—免疫—治疗三级协同的制度安排，为制定和优化食品安全社会共治的政策和措施，提供理论基础和策略依据。

在此基础上，本书对中国情境下食品药品安全社会共治的公共政策进行了分析，尤其是针对社会系统失灵的食品药品安全社会共治的公共政策进行了探讨，认为该政策与食品药品安全立法并行为两个主要的治理途径，表6-16对本书提出的食品药品安全社会共治的公共政策进行了总结归纳。

表6-16　针对社会系统失灵的食品药品安全社会共治公共政策体系

体系	公共政策	法规	社会共治成熟度
三级协同体系	制度供给；预防“搭便车”机制；相互监督机制；多种利益并存协调机制；长期协作机制	融合	成熟
预防	风险评估与预警；风险交流；风险评估与多主体风险交流之间的协同，风险交流发挥社会公共保险的社会功能	普法	较成熟

续表

体系	公共政策	法规	社会共治成熟度
免疫	信息技术与管理制度相结合的混合治理政策：产品链、信息链和制度链混合治理；可追溯体系制度、双边契约责任传递制度，以及以纵向联合为代表的组织制度混合治理；监管力度震慑与行为价值观重构的混合治理；构建政府支持型社会自组织；社会共治成熟度的评估与交流	震慑	较成熟
治疗	持续完善立法和管理措施；辩证性地落实和执行党和国家领导人提出的“四个最严”指导思想	执法	不成熟
单一监管体系	以监管处罚为主；加大监管机构投入；跨部门协同不畅	执法	发展

由表 6-16 可以认为，面向高度不确定性的食品药品安全治理环境、社会主体之间的理性与有限理性叠加在一起形成的违规行为复杂性构成的社会系统失灵现象，以及监管部门面临的“监管困局”和食品药品生产经营者面临的“违规困局”问题，社会共治的制度安排需要政府的公权力与社会多主体的私权之间的相互协同，构成以公权力为主导、社会私权参与为基础的社会共治结构，其长期制度演化结果就是预防—免疫—治疗三级协同的社会共治的制度安排。其中，解决问题的思路不可能是单一或短期的，而必然是长期的和持续的。

我们建构的针对社会系统失灵的食品药品安全社会共治的政策分析框架，也可以用于针对产业政策治理、腐败治理和雾霾治理等公共政策失灵问题。可以说，在更加逼近现实的条件下，社会系统失灵情境下公共政策的三个特征，构成政府实施产业政策、腐败和雾霾治理的重要假设前提。

首先，产业政策的客观存在表明其存在社会合理性，而且无论是何种政治经济体制的经济体，都或多或少地执行不同层面的产业政策。如何抑制社会系统失灵情境下的产业政策的机会主义发生概率，进而提高产业政策促进经济发展的效率，构成产业政策治理的重点，而非是否需要产业政策。

产业政策对于促进产业或经济发展具有重要的促进作用。但是，产业政策作为一种公共品难以定价，即短期内甚至长期内都难以对其究竟发挥什么样的作用进行准确的评价。而且，在产业发展中政府公共政策的作用也存在诸多争论，这些争论或多或少包含了一个预设前提，即产业政策有效或无效。在社会系统失灵视角下，产业政策是否有效就是一个社会系统失灵问题，解决这个问题的思路是针对产业政策的社会系统失灵进行治理。例如，中国企业受产业政策激励的影响，虽然专利申请显著增加，但只是非发明专利显著增加，追求“数量”而忽略“质量”，选择性产业政策的财税手段使企业为“寻扶持”而创新，反映出存在产业政策失灵现象或产业政策治理缺失，需要对既有产业政策进行治理，但这类研究极其匮乏。

一般地，中国情境下产业政策主要由行业主管部门联合相关部门制定及实施，其中涉及行业中的龙头企业或企业群体的各种利益。因此，产业政策中必然隐含或包含各种产业利益或机会主义行为，这些产业利益或机会主义行为对于产业发展或行业技术进步既有促进作用，也有限制作用，或者一个阶段主要表现为促进作用，另一个阶段主要表现为抑制作用。在较为单一目标情境下，产业政策的机会主义影响一般限于产业内或区域范围内，但当经济发展到中等或较高阶段时，产业政策的机会主义影响往往具有超越产业内或区域范围内的特征，一个产业的政策会影响到另一产业或区域的发展，或者一种产业政策的实施导致似乎无关联的产业的无效率或低效率。例如，当前中国正在开展的供给侧改革，就面临着结构性问题、周期性问题和绝对产能过剩问题，以及三者交织在一起的复杂社会系统失灵风险。基于中国经济的市场经济与计划经济的双轨制运行，解决计划经济带来的结构性问题会影响到市场经济带来的周期性问题。反之亦然。同时，解决绝对产能过剩问题又会影响到市场经济带来的周期性问题和政府稳定目标、就业等结构性问题。因此，单一政策难以解决中国供给侧改革的复杂系统问题，而需要采取渐进的、分阶段的、综合的公共政策体系来逐步解决供给侧改革问题，这是中国经济当前存在着较大的社会系统失灵风险所决定的。

其次，以腐败治理为例，现有研究从多个角度和多个层面分析了腐败的根源及其治理方式,我们也可以从社会系统失灵视角来考察腐败的成因及其治理思路。在社会系统失灵视角下，腐败不仅是政府权力寻租或缺乏监管带来的，与市场失灵、政府失灵和社会共治失灵也有密切联系。对于腐败治理，不能仅依靠加强党纪国法，还需要引入正式与非正式治理相结合形成的混合治理的制度安排，形成腐败治理社会共治的预防—免疫—治疗三级协同体系。就中国腐败治理而言，现有治理制度中对腐败治疗环节做得相对较好，腐败预防环节次之，但腐败免疫环节却未获得相应的重视。

根据上述分析思路，制度反腐的核心是在规则与行为方面建构反腐的社会预防体系与免疫体系，而不是仅限于提出和落实几项相关的政策和制度，期望依靠几项反腐政策或制度可以遏制住腐败行为是不实际的。如果社会公众对发生在身边的腐败行为及其结果并未形成普遍的憎恨或摒弃，而是采取从众的容忍腐败或有机会也“腐败一把”的社会心理，腐败治理的成效就犹如“头痛医头、脚痛医脚”，难以从社会根基上逐步抑制住腐败温床的生长，当反腐力度相对下降时，腐败行为及其意识又会“春风吹又生”地蔓延开来。与食品药品安全治理的震慑与价值重构之间形成互补性类似，腐败治理也需要形成震慑与价值重构的互补。

其中，价值重构最重要的是重构社会的行为规则，而不仅仅是大力弘扬价值观或人生观。如果人们对各种基本的社会行为形成了强大的规则意识，遵守基本行为规则成为社会活动的基本准则，腐败行为将会逐步受到抑制，因为腐败行为不符合人们对基本社会行为规则的认可标准。但是，如果腐败行为被社会中多数人或相当多比例的人认为符合社会的行为规则，那么，从长期来看，治理腐败将是不可能的，尽管短期内腐败行为有可能会因为高压打击而受到抑制，但这种抑制不仅是短期的，而且是高社会成本的。这样，现实中就会出现类似食品药品安全“监管困局”的现象，导致越打击越严重的现象。

最后，从社会系统失灵视角来看，雾霾等环境治理中也同样存在着“监管困局”现象，但出现这种现象的内在原因可能不同。20 世纪 50 年代伦敦的强酸性和以PM_{10}为主的雾霾主要源于燃煤排放的硫化物，中国雾霾除了燃煤和发电厂排放硫化物外，还有汽车尾气和工业排放的氮氧化物，同时形成一次排放物之间相互作用形成的二次污染物，且以$PM_{2.5}$为主[①]。以京津冀雾霾成因为例，2014 年该区域$PM_{2.5}$来源结构如表 6-17 所示。在区域传输与本地污染两大结构上，北京、天津和石家庄三地大体相似，总体结构上不存在谁污染谁的问题[②]，本地污染中北京以机动车尾气排放为主，天津以扬尘为主，石家庄以燃煤为主，但三者燃煤污染源比重均为最高或次高。表 6-17 较好地反映了中国雾霾源结构的多样性带来的各种复杂性，背后则是产业政策治理缺失、腐败治理和环境治理失灵等形成的社会系统失灵问题。

表 6-17　2014 年京津冀雾霾（$PM_{2.5}$）源解析（单位：%）

区域	区域传输	本地污染	本地污染源的具体解析				
			燃煤	工业生产	扬尘	机动车	其他[1)]
北京	28~36	64~72	22.4	18.1	14.3	31.1	14.1
天津	22~34	66~78	27.0	17.0	30.0	20.0	6.0
石家庄	23~30	70~77	28.5	25.2	22.5	15.0	8.8

1）包括其他生物质燃烧、餐饮、畜禽养殖、汽车修理等活动排放

资料来源：2014 年北京市、天津市和河北省的环境状况公报

由此可见，中国雾霾治理失灵的可能性会比伦敦雾霾治理失灵的可能性要高很多，原因在于中国雾霾不是燃煤排放等单一因素造成的，而是多因素造成的，而且多因素之间的相互作用形成的二次污染物，更可能成为雾霾治理失灵的关键阻碍因素。因为如果像 1952 年伦敦雾霾短期内造成数千人死亡，会迅速引起全社会的“恐怖均衡”而受到社会每个个体的重视，从而采取集体选择。然而，中国雾霾这种对人体的间歇性、“细无声”式的损害，不容易形成全社会重视的“恐

① PM_{10}为可进入鼻腔和咽喉的颗粒物，但可以随痰涕排出。$PM_{2.5}$为能进入肺泡造成不可逆损害的细颗粒物，$PM_{0.1}$则是可以进入肺泡、血液和神经系统的超细颗粒物。

② 李云燕等（2016）认为外地传输是北京雾霾的一个重要因素，机动车尾气是最主要的本地污染源。但表 6-17 的结构显示，总体上京津冀区域内不存在谁污染谁的问题。

怖均衡”，反而容易出现全社会的“破窗效应”——“大家都在雾霾下一同呼吸，伤害不到我就行了”，难以形成从每个人做起抵制雾霾的集体选择：开车的依然开车，烧煤的依然烧煤，发电的依旧发电，等等，且北京市限行政策尤其是“尾号限行”对空气质量的影响甚微。尽管各级政府也在采取积极行动限制污染排放，但如果缺乏全社会每个个体的自觉行动，单纯期待通过公众参与限制雾霾，或者单纯依靠政府在严重污染时的各种管制政策，无论是短期还是长期都难以从根本上解决中国的雾霾治理失灵问题。

更进一步说，短期内中国雾霾治理存在的失灵问题，不能单纯依靠政府政治性的临时管制，也不能单纯依靠社会技术或资本的临时性投入。正如石庆玲等（2016）指出的那样，尤其是不能在政治敏感期营造一种暂时性的“政治性蓝天”，因为这不仅不影响长期的经济增长，而且在政治敏感期过后空气质量会迅速恶化，且恶化的程度比敏感期间的改善程度更为严重，即“政治性蓝天”是以政治事件过后更严重的报复性污染为代价的。对于中国雾霾等环境治理中的市场失灵、政府失灵和社会共治失灵，同样不能采取单一的治理方式来解决，而需要正式与非正式治理相结合的混合治理的制度安排，通过构建预防—免疫—治疗三级协同模式来对应环境治理中的复杂问题，形成多主体参与的复合型社会共治，这似乎是解决中国雾霾治理等环境治理复杂性的合适思路，因为中国雾霾治理失灵往往与政府失灵、市场失灵和社会共治失灵交织在一起形成社会系统失灵。解决雾霾治理的社会系统失灵问题，需要借助顶层设计与边缘创新相互结合的系统性解决方案。

总之，解决社会系统失灵的公共政策与前人提出的针对市场失灵、政府失灵或社会共治失灵的公共政策存在本质的不同。针对社会系统失灵的公共政策需要有系统性思维或方式来构建（谢康和肖静华，2017），这种公共政策既需要自上而下的顶层制度设计，如我们提出的中国食品药品安全社会共治区域发展建议，就是从中央政府层面对七大区域的社会共治成熟度发展提出总体性策略与方向，同时又需要自下而上的渐进性组织变革与创新，如我们提出的政府支持型自组织构建机制，就是在政府监管部门介入情境下的社会主体与市场主体自主组织和自主治理的过程，政府监管部门把握好介入的度，真正做到“有所为而有所不为”。可见，解决社会系统失灵的核心机制在于预防—免疫—治疗三级协同策略，调动政府主体、市场主体与社会主体使其在食品药品安全事件发生不同阶段采取不同策略组合，既解决市场失灵带来的机会主义问题，同时也解决政府失灵带来的机会主义问题，更重要的是解决社会共治失灵带来的机会主义问题（谢康等，2017a，2017b）。

在互联网时代，复杂情境下的多主体匹配与协同问题将在企业、产业和社会管理乃至全球治理等多个层面中出现，如食品安全问题往往与产业政策治理、腐败治理和环境治理等其他公共政策问题联系在一起，形成了复杂的社会系统失灵问题。解决这类社会性“囚犯难题”问题的抵消性规则是一个复杂系统管理问题，原有局部情境下的激励、信息、制度安排等抵消性规则或手段都将会不一样，需要更多的实践总结和理论创新来推进对这类问题的探索。

参 考 文 献

安奉凯，潘红青，贾晓川. 2009. 分子印迹技术在食品安全检测分析中的应用. 食品研究与开发，30（3）：154-157.

蔡强，王君君，李海生. 2014. 基于神经网络的食品安全评价模型构建研究. 食品科学技术学报，32（1）：69-76.

曹霞，刘国巍，杨园芳. 2012. 基于元胞自动机的行业危机扩散博弈分析. 系统工程，1：1-16.

陈传波，李爽，王仁华. 2010. 重启村社力量，改善农村基层卫生服务治理. 管理世界，（5）：82-90.

陈光建，高阳. 2010. 省级中心对基层药品不良反应监测绩效考核的实证分析. 中国药物警戒，（6）：349-352.

陈建勋，武治印. 2012. 我国食品安全规制的制度性缺陷及其治理——基于新制度经济学的理论解析与政策建议. 江苏商论，（3）：3-5.

陈蓉霞. 2008. 人性，何以如此?——一种社会生物学的考察. 中国政法大学学报，（6）：87-99.

陈瑞义，石恋，刘建. 2013. 食品供应链安全质量管理与激励机制研究——基于结构、信息与关系质量. 东南大学学报（哲学社会科学版），（4）：34-40.

陈素云. 2016. 内部控制质量、制度环境与食品安全信息披露. 农业经济问题，（2）：83-90.

陈婷，刘清珺，张旭. 2016. 食品安全检测实验室信息管理系统的应用架构. 食品科学，37（3）：258-265.

陈晓萍，徐淑英，樊景立. 2008. 组织与管理研究的实证方法. 北京：北京大学出版社.

陈亚飞，肖新月，李波. 2013. 国外药品标准物质质量管理介绍及对我国的启示. 中国药事，（12）：1258-1261.

陈亚男，王胜，候纯蕊. 2014. 甘肃省城市居民食品安全满意度现状及影响因素分析. 现代预防医学，41（10）：1756-1758.

陈艳莹，鲍宗客. 2012. 干中学与中国制造业的市场结构：内生性沉没成本的视角. 中国工业经济，（8）：43-55.

陈易新. 2007. 如何通过上市后药品安全性监测实现药品风险管理. 中国药师，10（4）：375-377.

陈原. 2007. 试论我国食品安全供应链综合管理. 生态经济，（5）：280-282.

陈原. 2010. 构建食品安全供应链协调管理系统研究. 中国安全科学学报，20（8）：148-153.

陈玥. 2013. 食品安全风险社会放大的消极后果及其反思. 前沿，（1）：136-138.

程景民，王长辉，刘睿. 2016. 我国与澳大利亚食品召回制度的比较研究. 中国卫生政策研究，9（4）：62-68.

褚小菊，冯婧，陈秋玉. 2014. 基于 ISO22000 标准的中国食品安全管理体系认证解析. 食品安全质量检测学报，（4）：22-42
崔春晓，王凯，李建民. 2017. 食品追溯体系对消费者感知不确定性的作用机制研究——以山东省溯源猪肉消费为例. 经济经纬，（5）：10-23.
戴建华，杭家蓓. 2012. 基于模糊规则的元胞自动机网络舆论传播模型研究. 情报杂志，31（7）：16-20.
戴凌. 2009. 基于药品安全的供应链管理. 浙江工业大学博士学位论文.
但斌，伏红勇，徐广业，等. 2013. 考虑天气与努力水平共同影响产量及质量的农产品供应链协调. 系统工程理论与实践，33（9）：2229-2238.
邓正来. 1999. 社会秩序规则二元观——哈耶克法律理论的研究. 北大法律评论，（2）：395-445.
丁冬. 2012. 从"法律中心"到"社会管理"——食品安全保障问题新论. 理论导刊，（9）：100-102.
丁煌，孙文. 2014. 从行政监管到社会共治：食品安全监管的体制突破——基于网络分析的视角. 江苏行政学院学报，4（1）：109-115.
董欣. 2013. 食品安全企业标准备案制度的博弈分析. 中国高新技术企业，（36）：3-6.
杜树新，韩绍甫. 2006. 基于模糊综合评价方法的食品安全状态综合评价. 中国食品学报，6（6）：64-69.
范春梅，李华强，贾建民. 2013. 食品安全事件中公众感知风险的动态变化——以问题奶粉为例. 管理工程学报，（2）：17-22.
费威. 2013. 不同食品安全监管主体的行为抵消效应研究. 软科学，27（3）：44-49.
高德兴. 2012. 构建信息监管平台，实现食品安全有效管理. 合作经济与科技，（22）：41.
高秦伟. 2012. 私人主体与食品安全标准制定——基于合作规制的法理. 中外法学，4：721.
高志宏. 2013. 试论我国食品安全执法机制的变革. 南京大学学报（哲学·人文科学·社会科学），（6）：74-86.
葛莉. 2016. 基于物联网的食品冷藏运输监管信息系统研究. 中小企业管理与科技，（11）：142-143.
龚强，张一林，余建宇. 2013. 激励、信息与食品安全规制. 经济研究，（3）：135-147.
龚强，雷丽衡，袁燕. 2015. 政策性负担、规制俘获与食品安全. 经济研究，50（8）：4-15.
顾颂青，叶桦. 2012. 由药品检验的不合格案例分析维护药品标准的重要性. 中国药事，26（3）：214-216.
顾听，王旭. 2005. 从国家主义到法团主义——中国市场转型过程中国家与专业团体关系演变. 社会学研究，（2）：6-18.
郭桦，郑晓军，李铭. 2012. 食品添加剂监管和使用中存在的问题及其对策. 食品科技，（6）：316-320.
郭晴，熊丽敏. 2012. 论我国舆论监督视野下的食品安全报道. 中国报业，（12）：163-164.

郝琳琳，卜岩兵. 2013. 我国食品召回现状及完善对策研究. 食品科学技术学报，31（4）：74-78.
何远山，董宏，陈超. 2012. 基于质量监管责任的食品质量政府监管有效性评价研究. 标准科学，（10）：6-12.
贺文慧，陆晓辉，赵毓雯. 2016. 消费者对速冻食品安全信息需求分析. 现代农业科技，（12）：348-349.
洪巍，吴林海，王建华. 2013. 食品安全网络舆情网民参与行为模型研究——基于12个省、48个城市的调研数据. 情报杂志，32（12）：18-25.
胡春丽，张珂良，汪丽. 2012. 从中美两国药品质量标准现状看我国药品标准管理存在的问题. 中国药事，26（4）：328-331.
胡颖廉. 2015. 食品安全治理的三个战略视角. 中国党政干部论坛，（10）：72-75.
胡映蓓. 2012. 食品安全风波背后的专利制度解读. 商场现代化，（21）：79-80.
华红娟，常向阳. 2012. 农业生产经营组织对农户食品安全生产行为影响研究——基于江苏省葡萄种植户的实证分析. 江苏社会科学，（6）：90-96.
黄奋强，程光敏，白深圳. 2013. 当前福建省食品安全监管渎职犯罪的特点、原因及对策. 中共福建省委党校学报，（3）：93-95.
黄江明，李亮，王伟. 2011. 案例研究：从好的故事到好的理论——中国企业管理案例与理论构建研究论坛（2010）综述. 管理世界，（2）：118-126.
李飞跃，林毅夫. 2011. 发展战略、自生能力与发展中国家经济制度扭曲. 南开经济研究，（5）：3-19.
李红，常春华. 2012. 奶牛养殖户质量安全行为的影响因素分析——基于内蒙古的调查. 农业技术经济，10：73-79.
李静. 2013. 食品安全治理的国外研究述评. 学理论，（27）：92-96.
李静，陈永杰. 2013. 匿名食品市场交易的政府监管机制——现代食品市场的信息披露制度设计. 中山大学学报（社会科学版），53（3）：171-178.
李民，周跃进. 2010. 自组织团队的群决策过程模型研究. 科技进步与对策，27（11）：20-24.
李文钊，张黎黎. 2008. 村民自治：集体行动、制度变迁与公共精神的培育——贵州省习水县赶场坡村组自治的个案研究. 管理世界，（10）：64-74.
李想，石磊. 2014. 行业信任危机的一个经济学解释：以食品安全为例. 经济研究，49（1）：169-181.
李新春，陈斌. 2013. 企业群体性败德行为与管制失效——对产品质量安全与监管的制度分析. 经济研究，（10）：98-111.
李燕凌，王珺. 2015. 公共危机治理中的社会信任修复研究——以重大动物疫情公共卫生事件为例. 管理世界，（9）：172-173.
李云燕，王立华，王静，等. 2016. 京津冀地区雾霾成因与综合治理对策研究. 工业技术经济，（7）：59-68.

李中东，张在升. 2015. 食品安全规制效果及其影响因素分析. 中国农村经济，（6）：74-84.
李姿姿. 2008. 国家与社会互动理论研究述评. 学术界，（1）：270-277.
梁保松，曹殿立. 2007. 模糊数学及其应用. 北京：科学出版社.
梁晨. 2015. 对转型时期我国药品监管体制的宏观思考. 中国卫生政策研究，8（4）：22-31.
梁颖，卢海燕，刘贤金. 2012. 食品安全认证现状及其在我国的应用分析. 江苏农业科学，40（6）：7-9.
凌俊杰，程禹，梁超. 2013. 国内外食品安全追溯及系统分析. 食品工业，（5）：186-190.
凌潇，严皓. 2013. 行业协会自治——食品质量安全规制的第三条道路. 食品工业，(9)：148-150.
刘畅，张浩，安玉发. 2011. 中国食品质量安全薄弱环节、本质原因及关键控制点研究——基于1460个食品质量安全事件的实证分析. 农业经济问题，（1）：24-31.
刘呈庆，孙曰瑶，龙文军. 2009. 竞争、管理与规制：乳制品企业三聚氰胺污染影响因素的实证分析. 管理世界，（12）：67-78.
刘广明，尤晓娜. 2011. 论食品安全治理的消费者参与及其机制构建. 消费经济，（3）：67-71.
刘华楠，徐锋. 2006. 肉类食品安全信用评价指标体系与方法. 统计与决策，（10）：65-68.
刘华楠，陈中江. 2008. 基于Fuzzy-AHP方法的畜产食品安全信用评价实证研究. 科技管理研究，28（5）：116-119.
刘明理，马玲云，苏丽红. 2012. 国家药品标准物质协作标定的技术要求与管理程序. 中国药事，26（7）：701-703.
刘鹏. 2010. 中国食品安全监管——基于体制变迁与绩效评估的实证研究. 公共管理学报，(2)：63-78.
刘鹏. 2015. 运动式监管与监管型国家建设：基于对食品安全专项整治行动的案例研究. 中国行政管理，（2）：118-124.
刘瑞明，段雨玮，黄维乔. 2017. 中国转型期的食品安全治理. 中国工业经济，（1）：20-41.
刘於勋. 2007. 食品安全综合评价指标体系的层次与灰色分析. 河南工业大学学报（自然科学版），（10）：6-18.
罗家德，李智超. 2012. 乡村社区自组织治理的信任机制初探——以一个村民经济合作组织为例. 管理世界，（10）：83-93.
罗家德，孙瑜，谢朝霞. 2013. 自组织运作过程中的能人现象. 中国社会科学，（10）：86-101.
马成林，周德翼. 2012. 食品安全问题源于机制设计中的激励不相容. 生态经济，8：43-45.
马九杰，张象枢，顾海兵. 2001. 粮食安全衡量及预警指标体系研究. 管理世界，(1)：154-162.
马颖，张园园，宋文广. 2013. 食品行业突发事件风险感知的传染病模型研究. 科研管理，34(9)：123-130.
毛基业，张霞. 2008. 案例研究方法的规范性及现状评估. 管理世界，（4）：115-121.
门玉峰. 2012. 北京市食品安全预警体系构建研究. 对外经贸，（6）：61-64.

孟庆峰，盛昭瀚，李真. 2012. 基于公平偏好的供应链质量激励机制效率演化. 系统工程理论与实践，32（11）：2394-2403.

莫鸣，安玉发. 2013. 超市食品安全的监管策略：278 个样本. 改革，（9）：112-118.

欧阳兵. 2012. 重建食品安全信息发布与采信的正常心理预期——以社会宽松为视角. 中国流通经济，26（4）：102-108.

潘永锋，韩瑞珠，赵林度. 2007. 基于供应链风险管理的食品供应商选择. 物流技术，26（12）：77-80.

彭新武. 2002. 进化论与伦理学. 社会科学，（2）：66-69.

戚建刚. 2014. 食品安全风险属性的双重性及对监管法制改革之寓意. 中外法学，1：46-69.

齐萌. 2013. 从威权管制到合作治理：我国食品安全监管模式之转型. 河北法学，31（3）：50-56.

钱存阳，李健. 2016. 消费者食品安全信息行为研究综述. 安徽农业科学，44（3）：258-260.

冉佳森，谢康，肖静华. 2015. 信息技术如何实现契约治理与关系治理的平衡——基于D公司供应链治理案例. 管理学报，12（3）：458-468.

任建超，韩青，乔娟. 2013. 影响消费者安全认证食品购买行为的因素分析——基于结构方程建模的实证研究. 消费经济，29（3）：50-55.

山丽杰，吴林海，钟颖琦. 2012. 添加剂滥用引发的食品安全事件与公众恐慌行为研究. 华南农业大学学报（社会科学版），11（4）：97-105.

沈凯，李从东. 2008. 供应链视角下的中国药品安全问题研究. 北京理工大学学报（社会科学版），10（3）：82-85.

沈凯，李从东，邢晓辉. 2009. 转型期我国药品供应链风险管理的模型和应用研究. 西安电子科技大学学报（社会科学版），19（3）：98-103.

沈小静，王燕. 2013. 基于质量安全的食品电子商务平台运行模式分析. 中国流通经济，27（12）：53-57.

石庆玲，郭峰，陈诗一. 2006. 雾霾治理中的“政治性蓝天”——来自中国地方“两会”的证据. 中国工业经济，（5）：40-56.

宋国宇，赵莉，杜会永. 2016. 黑龙江省绿色有机食品出口的差别定价策略. 对外经贸，6（3）：63-66.

苏苗罕. 2012. 美国食品安全监管的第三方审核机制研究. 北京行政学院学报，12（3）：17-24.

孙春伟. 2013. 食品安全指数的理论研究与实践探索及其启示. 食品工业科技，34（6）：389-391.

谭晓辉，蓝云曦. 2012. 论新形势下的多元共治社会管理模式. 西南民族大学学报（人文社会科学版），（6）：46-49.

陶善信，周应恒. 2012. 食品安全的信任机制研究. 农业经济问题，10：93-99.

汪鸿昌，肖静华，谢康，等. 2013. 食品安全治理——基于信息技术与制度安排相结合的研究. 中国工业经济，2（3）：98-110.

汪普庆，李晓涛. 2014. 政府监管方式与措施对食品安全的影响分析——基于计算机仿真的方法. 宏观质量研究，（4）：107-113.
汪晓辉，史晋川. 2015. 标准规制、产品责任制与声誉——产品质量安全治理研究综述. 浙江社会科学，（5）：50-59.
王波，江春芳. 2016. 我国药品安全监管改革路径探析. 中州学刊，（7）：65-69.
王成. 2012.《食品安全法》十倍赔偿条款司法适用的实证考察. 北京行政学院学报，（5）：14-18.
王聪. 2012. 我国食品安全事件报道框架研究——以人民日报和中国青年报为例. 青年记者，（3）：11-12.
王冀宁，缪秋莲. 2013. 食品安全中企业和消费者的演化博弈均衡及对策分析. 南京工业大学学报（社会科学版），12（3）：49-53.
王可山. 2012. 食品安全信息问题研究述评. 经济学动态，8：92-96.
王明远，金峰. 2017. 科学不确定性背景下的环境正义——基于转基因生物安全问题的讨论. 中国社会科学，（2）：125-133.
王群. 2010. 奥斯特罗姆制度分析与发展框架评介. 经济学动态，4：137-142.
王锐，丁凡，高永军. 2016. 2004—2013 年全国植物性食物中毒事件流行病学分析. 中国食品卫生杂志，（5）：580-584.
王瑞华. 2008. 政府在社区自组织能力建设中的作用. 中国行政管理，1：94-111.
王永钦，刘思远，杜巨澜. 2014. 信任品市场的竞争效应与传染效应：理论和基于中国食品行业的事件研究. 经济研究，2：141-154.
王志刚，李腾飞，黄圣男. 2013. 消费者对食品安全的认知程度及其消费信心恢复研究——以“问题奶粉”事件为例. 消费经济，29（4）：42-47.
王志涛，谢欣. 2013. 契约选择与食品的安全供给：基于交易成本的视角. 江苏商论，（10）：3-8.
吴军民. 2005. 行业协会的组织运作：一种社会资本分析视角——以广东南海专业镇行业协会为例. 管理世界，（10）：50-57.
吴联生，王亚平. 2003. 有效会计监管的均衡模型. 经济研究，6：14-19.
吴林海，谢旭燕. 2015. 生猪养殖户认知特征与兽药使用行为的相关性研究. 中国人口·资源与环境，25（2）：160-169.
吴林海，卜凡，朱淀. 2012. 消费者对含有不同质量安全信息可追溯猪肉的消费偏好分析. 中国农村经济，10：13-23.
吴元元. 2012. 信息基础、声誉机制与执法优化——食品安全治理的新视野. 中国社会科学，（6）：115-133.
武力. 2010.“从农田到餐桌”的食品安全风险评价研究. 食品工业科技，（9）：304-306.
郗伟东，石玉月，田巍. 2007. 国内外食品安全评价综述. 食品工程，（2）：3-5.

夏英，宋伯生. 2001. 食品安全保障：从质量标准体系到供应链综合管理. 农业经济问题，(11)：59-62.

肖峰，周梦欣. 2015. 我国转基因食品信息立法的反思与重构——从转基因主粮化之争说起. 理论与改革，(5)：66-70.

肖静华，谢康，吴瑶，等. 2014a. 企业与消费者协同演化动态能力构建：B2C电商梦芭莎案例研究. 管理世界，(8)：134-151.

肖静华，谢康，于洪彦. 2014b. 基于食品药品供应链质量协同的社会共治实现机制. 产业经济评论，(3)：22-32.

肖小虹. 2012. 产业链理论研究综述. 科技创业月刊，(12)：74-75.

谢锋，谭红，李荣华. 2011. 模糊评价模型在食品安全分析评价中的应用. 贵州科学，(1)：80-83.

谢康. 2014. 中国食品安全治理：食品质量链多主体多中心协同视角的分析. 产业经济评论，(1)：18-26.

谢康，肖静华. 2014. 电子商务信任：技术与制度混合治理视角的分析. 经济经纬，3(3)：4-18.

谢康，肖静华. 2017. 食品安全、社会系统失灵与公共政策——兼论产业政策、腐败与雾霾治理. 北京交通大学学报(社会科学版)，(1)：2-12.

谢康，赖金天，肖静华. 2015a. 食品安全社会共治下供应链质量协同特征与制度需求. 管理评论，(2)：158-167.

谢康，肖静华，杨楠堃，等. 2015b. 社会震慑信号与价值重构——食品安全社会共治的制度分析. 经济学动态，(10)：4-16.

谢康，赖金天，肖静华，等. 2016a. 食品安全、监管有界性与制度安排. 经济研究，51(4)：174-187.

谢康，杨楠堃，陈原，等. 2016b. 行业协会参与食品安全社会共治的条件和策略. 宏观质量研究，(2)：80-91.

谢康，肖静华，赖金天，等. 2017a. 食品安全社会共治：困局与突破. 北京：科学出版社.

谢康，肖静华，赖金天，等. 2017b. 食品安全“监管困局”、信号扭曲与制度安排. 管理科学学报，(2)：66-89.

徐飞. 2016. 日本食品安全规制治理评析——基于多中心治理理论. 现代日本经济，(3)：26-36.

许胜余. 2007. 绿色食品物流与食品安全供应链管理. 国际商业技术，(1)：47-49.

鄢子为. 2013. 食品安全事件报道的特点及“新闻螺旋”——以《21世纪经济报道》对“工业明胶事件”的报道为例. 青年记者，(8)：39-40.

闫海，徐岑. 2013. 我国食品安全认证制度构建——以信息规制为视角. 长白学刊，(1)：87-90.

严守军，邵俊岗. 2007. RFID在药品供应链中的应用. 财经界，(5)：65-66.

杨善林，朱克毓，付超. 2009. 基于元胞自动机的群决策从众行为仿真. 系统工程理论与实践，29(9)：115-124.

杨松，王广平，黄果. 2012. 中国药品监管能力评价指标体系研究. 中国药学杂志，47（14）：1175-1177.
曾一. 2013. 试论食品安全事件的舆情应对策略——以红牛“添加门”为例. 新闻世界，（8）：336-337.
曾寅初，全世文. 2013. 我国生鲜农产品的流通与食品安全控制机制分析——基于现实条件、关键环节与公益性特征的视角. 中国流通经济，27（5）：16-21.
张冰妍，刘文，李强. 2016. 我国食品安全网络信息特点与分析. 食品工业，（2）：201-205.
张博，刘家松. 2016. 中日食品安全信息披露体制比较研究. 中国物价，（3）：75-78.
张驰，刘燚. 2013. 食品安全背景下的食品工业旅游模式探索. 食品与机械，（1）：259-262.
张国兴，高晚霞，管欣. 2015. 基于第三方监督的食品安全监管演化博弈模型. 系统工程学报，30（2）：153-164.
张红霞. 2017. 基于供应链的食品安全风险控制机制设计. 湖北经济学院学报（人文社会科学版），14（1）：49-51.
张凯华，王守伟，臧明伍. 2016. 中国进口食品安全现状分析——基于国家质量监督检验检疫总局网站数据分析. 世界农业，（3）：4-10.
张立荣，方堃. 2009. 基于复杂适应系统理论（CAS）的政府治理公共危机模式革新探索. 软科学，23（1）：6-11.
张曼，唐晓纯，普蓂喆. 2014. 食品安全社会共治：企业、政府与第三方监管力量. 食品科学，（13）：286-292.
张若明，王海南，党海霞. 2015. 美国FDA加强药品安全监管之新举措. 中国药学杂志，50（10）：913-915.
张舒怡，王远强. 2012. 基于利益相关者视角的药品安全问题治理. 产业与科技论坛，1（9）：14-33.
张树旺，李伟，王郅强. 2016. 论中国情境下基层社会多元协同治理的实现路径——基于广东佛山市三水区白坭案例的研究. 公共管理学报，（2）：119-127.
张文敏. 2007. 食品供应链中的食品安全保障体系研究. 北京交通大学博士学位论文.
张勇. 2013-06-17. 激发正能量，构建食品安全社会共治格局. 中国经济网.
张煜，汪寿阳. 2010. 食品供应链质量安全管理模式研究——三鹿奶粉事件案例分析. 管理评论，22（10）：67-74.
张振，乔娟，黄圣男. 2013. 基于异质性的消费者食品安全属性偏好行为研究. 农业技术经济，（5）：95-104.
张志勋. 2015. 系统论视角下的食品安全法律治理研究. 法学论坛，30（1）：99-105.
赵农，刘小鲁. 2005. 进入管制与产品质量. 经济研究，1：67-76.
赵欣. 2010. 食品安全事件报道的特征及“新闻螺旋”——以大公报对“三鹿事件”的报道为例. 新闻世界，（3）：69-70.

周开国，杨海生，伍颖华. 2016. 食品安全监督机制研究——媒体、资本市场与政府协同治理. 经济研究，51（9）：58-72.

祝运海. 2015. 中国食品行业战略创新行为研究. 科研管理，（5）：22-42.

Ababio P F，Lovatt P. 2015. A review on food safety and food hygiene studies in Ghana. Food Control，47：92-97.

Agrawal A，Ostrom E. 2001. Collective action，property rights，and decent realization in resource use in India and Nepal. Politics & Society，29（4）：485-514.

Anderies J M，Rodriguez A A，Janssen M A，et al. 2007. Panaceas，uncertainty，and the robust control framework in sustainability science. Proceedings of the National Academy of Sciences，104（39）：15194-15199.

Anderson L R，Mellor J M，Milyo J. 2004. Social capital and contributions in a public-goods experiment. The American Economic Review，94（2）：373-376.

Andersson K P. 2004. Who talks with whom? The role of repeated interactions in decentralized forest govermance. World Development，32（2）：233-249.

Armitage D，Marschke M，Plummer R. 2008. Adaptive co-management and the paradox of learning. Global Environmental Change，18（1）：86-98.

Baert K，van Huffel X，Wilmart O，et al. 2011. Measuring the safety of the food chain in Belgium：development of a barometer. Food Research International，44（4）：940-950.

Bailey D L，Poulsen M N，Hirsch A G，et al. 2016. Home food rules in relation to youth eating behaviors，body mass index，waist circumference，and percent body fat. Journal of Adolescent Health，14（6）：40-52.

Banerjee A V. 1992. A simple model of herd behavior. The Quarterly Journal of Economics，107(3)：797-817.

Beardsworth A. 1990. Trans-science and moral panics：understanding food scares. British Food Journal，92（5）：11-16.

Berardo R，Lubell M. 2016. Understanding what shapes a polycentric governance system. Public Administration Review，76（5）：738-751.

Berg L. 2004. Trust in food in the age of mad cow disease：a comparative study of consumers' evaluation of food safety in Belgium，Britain and Norway. Appetite，42（1）：21-32.

Bertot J C，Jaeger P T，Munson S，et al. 2010. Social media technology and government transparency. Computer，43（11）：53-59.

Blomquist W. 1992. Dividing the waters：governing groundwater in Southern California. Growth & Change，（1）：107-110.

Briz T，Ward R W. 2009. Consumer awareness of organic products in Spain：an application of multinominal logit models. Food Policy，34（3）：295-304.

Bromiley P，Cummings L L. 1995. Transactions costs in organizations with trust. Research on Negotiation in Organizations，5：219-250.

Broughton E I，Walker D G. 2010. Policies and practices for aquaculture food safety in China. Food Policy，35（5）：471-478.

Buckley J A. 2015. Food safety regulation and small processing：a case study of interactions between processors and inspectors. Food Policy，51：74-82.

Charalambous M，Fryer P J，Panayides S，et al. 2015. Implementation of food safety management systems in small food businesses in Cyprus. Food Control，57：70-75.

Chen W J，Su J. 2015. Food safety tag anti-collision control based on collision detection. Advance Journal of Food Science and Technology，9（5）：351-356.

Cheng F，Liang J，Tao Z，et al. 2011. Functional materials for rechargeable batteries. Advanced Materials，23（15）：1695-1715.

Child J. 2009. Context，comparison，and methodology in Chinese management research. Management and Organization Review，5（1）：57-73.

Coleman J S. 1990. Foundations of Social Capital. Belknap：Cambridge Press.

Cortese R D M，Veiros M B，Feldman C，et al. 2016. Food safety and hygiene practices of vendors during the chain of street food production in Florianopolis，Brazil：a cross-sectional study. Food Control，62：178-186.

Cox M，Arnold G，Tomás S V. 2010. A review of design principles for community-based natural resource management. Ecological Society，15（4）：255-269.

Devaney L. 2016. Good governance? Perceptions of accountability，transparency and effectiveness in Irish food risk governance. Food Policy，62：1-10.

Dou L，Yanagishima K，Li X，et al. 2015. Food safety regulation and its implication on Chinese vegetable exports. Food Policy，57：128-134.

Eijlander P. 2005. Possibilities and constraints in the use of self-regulation and co-regulation in legislative policy. Law and Policy，10：5-25.

Eisenhardt K M. 1989. Building theories from case study research. Academy of Management Review，14（4）：532-550.

Eisenhardt K M，Graebner M E. 2007. Theory building from cases：opportunities and challenges. Academy of Management Journal，50（1）：25-32.

Elsbach K D，Cable D M，Sherman J W. 2010. How passive face time affects perceptions of employees：evidence of spontaneous trait inference. Human Relations，63（6）：735-760.

Erdem S，Rigby D，Wossink A. 2012. Using best-worst scaling to explore perceptions of relative responsibility for ensuring food safety. Food Policy，37（6）：661-670.

Evans P B. 1995. Embedded Autonomy：States and Industrial Transformation. Princeton：Princeton University Press.

Fagotto E. 2014. Private roles in food safety provision：the law and economics of private food safety. European Journal of Law and Economics，37（1）：83-109.

Fischer A，Wakjira D T，Weldesemaet Y T，et al. 2014. On the interplay of actors in the co-management of natural resources—a dynamic perspective. World Development，64（5）：158-168.

Gefen D，Carmel E. 2013. Why the first provider takes it all：the consequences of a low trust culture on pricing and ratings in online sourcing markets. European Journal of Information Systems，22（6）：604-618.

Grafton R Q，Rowlands D. 1996. Development impeding institutions：the political economy of Haiti. Canadian Journal of Development Studies，17（2）：261-277.

Grunert K G，Verbeke W，Kügler J O，et al. 2011. Use of consumer insight in the new product development process in the meat sector. Meat Science，89（3）：251-258.

Hackett R D，Bycio P. 1996. An evaluation of employee absenteeism as a coping mechanism among hospital nurses. Journal of Occupational and Organizational Psychology，69（4）：327-338.

Hall C，Osses F. 2013. A review to inform understanding of the use of food safety messages on food labels. International Journal of Consumer Studies，37（4）：422-432.

Hallagan J B，Allen D C，Borzelleca J F. 1995. The safety and regulatory status of food，drug and cosmetics colour additives exempt from certification. Food and Chemical Toxicology，33（6）：515-528.

Handford C E，Campbell K，Elliott C T. 2016. Impacts of milk fraud on food safety and nutrition with special emphasis on developing countries. Comprehensive Reviews in Food Science and Food Safety，15（1）：130-142.

Handley S M，Gray J V. 2013. Inter-organizational quality management：the use of contractual incentives and monitoring mechanisms with outsourced manufacturing. Production and Operations Management，22（6）：1540-1556.

Hardin G. 1968. The tragedy of the commons. Science，162：1243-1247.

Hargrove B K，Creagh M G，Burgess B L. 2002. Family interaction patterns as predictors of vocational identity and career decision-making self-efficacy. Journal of Vocational Behavior，61（2）：185-201.

Hatanaka M. 2014. Standardized food governance? Reflections on the potential and limitations of chemical-free shrimp. Food Policy，45：13-15.

Hedberg M. 2016. Top-down self-organization：state logics，substitutional delegation，and private governance in Russia. Governance，29（1）：67-83.

Henson S, Caswell J. 1999. Food safety regulation: an overview of contemporary issues. Food Policy, 24（6）: 589-603.

Henson S, Brouder A M, Mitullah W. 2000. Food safety requirements and food exports from developing countries: the case of fish exports from Kenya to the European Union. American Journal of Agricultural Economics, 82（5）: 1159-1169.

Horelli L, Saad-Sulonen J, Wallin S, et al. 2015. When self-organization intersects with urban planning: two cases from Helsinki. Planning Practice & Research, 30（3）: 286-302.

Hou M A, Grazia C, Malorgio G. 2015. Food safety standards and international supply chain organization: a case study of the Moroccan fruit and vegetable exports. Food Control, 55: 190-199.

Jackson L S. 2009. Chemical food safety issues in the United States: past, present, and future. Journal of Agricultural and Food Chemistry, 57（18）: 8161-8170.

Johns G. 2006. The essential impact of context on organizational behavior. Academy of Management Review, 31（2）: 386-408.

Jouanjean M A, Maur J C, Shepherd B. 2015. Reputation matters: spillover effects for developing countries in the enforcement of US food safety measures. Food Policy, 55: 81-91.

Khan I, Oh D H. 2016. Integration of nisin into nanoparticles for application in foods. Innovative Food Science & Emerging Technologies, 34: 376-384.

Kirezieva K, Luning P A, Jaxsens L, et al. 2015. Factors affecting the status of food safety management systems in the global fresh produce chain. Food Control, 52: 85-97.

Kiser L, Ostrom E. 1982. Strategies of political action//Kiser L, Ostrom E. The Three Worlds of Action. Berverly Hills: Berverly Hills Press.

Knack S, Keefer P. 1997. Does social capital have an economic payoff? A cross-country investigation. The Quarterly Journal of Economics, 112（4）: 1251-1288.

Ko W H. 2015. Food suppliers' perceptions and practical implementation of food safety regulations in Taiwan. Journal of Food and Drug Analysis, 23（4）: 778-787.

Lam A. 1997. Embedded firms, embedded knowledge: problems of collaboration and knowledge transfer in global cooperative ventures. Organization Studies, 18（6）: 973-996.

Lam W F, Shivakoti G. 2002. Farmer-to-farmer training as an alternative intervention strategy. Nepal Irrigation, 2: 204-221.

Lee K M, Runyon M, Herrman T J, et al. 2015. Review of Salmonella detection and identification methods: aspects of rapid emergency response and food safety. Food Control, 47: 264-276.

Lim T P, Chye F Y, Sulaiman M R, et al. 2016. A structural modeling on food safety knowledge, attitude, and behaviour among Bum Bum Island community of Semporna, Sabah. Food Control, 60: 241-246.

Lu Y, Song S, Wang R, et al. 2015. Impacts of soil and water pollution on food safety and health risks in China. Environment International, 77: 5-15.

Mansbridge J. 2014. The role of the state in governing the commons. Environmental Science & Policy, 36: 8-10.

Martirosyan A, Schneider Y J. 2014. Engineered nanomaterials in food: implications for food safety and consumer health. International Journal of Environmental Research and Public Health, 11 (6): 5720-5750.

Matsuo M, Yoshikura H. 2014. "Zero" in terms of food policy and risk perception. Food Policy, 45: 132-137.

McGinnis M D. 2011. An introduction to IAD and the language of the Ostrom workshop: a simple guide to a complex framework. Policy Studies Journal, 39 (1): 169-183.

Migdal J S. 1988. Strong Societies and Weak States: State-Society Relations and State Capabilities in the Third World. Princeton: Princeton University Press.

Migdal J S. 2005. A model of state—society relations. Comparative Politics: Critical Concepts in Political Science, 1: 288-302.

Migdal J S, Kohli A, Shue K. 1994. State Power and Social Forces: Domination and Transformation in the Third World. New York: Cambridge University Press.

Mowday R T, Sutton R I. 1993. Organizational behavior: linking individuals and groups to organizational contexts. Annual Review of Psychology, 44 (1): 195-229.

Mulvaney D, Krupnik T J. 2014. Zero-tolerance for genetic pollution: rice farming, pharm rice, and the risks of coexistence in California. Food Policy, 45: 125-131.

Nahapiet J, Ghoshal S. 1998. Social capital, intellectual capital, and the organizational advantage. Academy of Management Review, 23 (2): 242-266.

Nederhand J, Bekkers V, Voorberg W. 2015. Self-organization and the role of government: how and why does self-organization evolve in the shadow of hierarchy. Public Management Review, 2 (1): 1-22.

Nelson R, Winter S. 1982. An Evolutionary Theory of Economic Change. Cambridge: Harvard University Press.

Nohmi T. 2016. Past, present and future directions of gpt delta rodent gene mutation assays. Food Safety, 4 (1): 1-13.

Nowak M, Sigmund K. 1993. A strategy of win-stay, lose-shift that outperforms tit-for-tat in the Prisoner's Dilemma game. Nature, 364 (6432): 56-58.

Olson M. 1965. The Logic of Collective Action. Cambridge: Harvard University Press.

Ortega D L, Wang H H, Wu L, et al. 2011. Modeling heterogeneity in consumer preferences for select food safety attributes in China. Food Policy, 36 (2): 318-324.

Ostrom E. 1990. Governing the Commons. Cambridge：Cambridge University Press.

Ostrom E. 1992. Community and the endogenous solution of commons problems. Journal of Theoretical Politics，4（4）：343-351.

Ostrom E. 1996. Crossing the great divide：coproduction，synergy，and development. World Development，24（6）：1073-1087.

Ostrom E. 1998. A behavioral approach to the rational choice theory of collective action：presidential address，American Political Science Association，1997. American Political Science Review，92（1）：1-22.

Ostrom E. 2004. Collective action and property rights for sustainable development. Understanding Collective Action，11（2）：2020-2033.

Ostrom E. 2005. Understanding Institutional Diversity. Princeton：Princeton University Press.

Ostrom E. 2007. A diagnostic approach for going beyond panaceas. Proceedings of the National Academy of Sciences，104（39）：15181-15187.

Ostrom E. 2008. Developing a Method for Analyzing Institutional Change. London：Routledge Press.

Ostrom E. 2009. Institutional Rational Choice：An Assessment of the Institutional Analysis and Development Framework. Boulder：West View Press.

Ostrom E. 2010. Beyond markets and states：polycentric governance of complex economic systems. American Economic Review，2（2）：1-12.

Ostrom E. 2011. Background on the institutional analysis and development framework Policy Studies Journal，39（1）：7-27.

Ostrom E. 2014. Collective action and the evolution of social norms. Journal of Natural Resources Policy Research，6（4）：235-252.

Ostrom E，Burger J，Field C B，et al. 1999. Revisiting the commons：local lessons，global challenges. Science，284（5412）：278-282.

Ostrom E，Janssen M A，Anderies J M. 2007. Going beyond panaceas. Proceedings of the National Academy of Sciences，104（39）：15176-15178.

Ostrom E，Chang C，Pennington M，et al. 2012. The future of the commons—beyond market failure and government regulation. Institute of Economic Affairs Monographs，12（10）：21-46.

Pagdee A，Kim Y，Daugherty P J. 2006. What makes community forest management successful：a meta-study from community forests throughout the world. Society and Natural Resources，19（1）：33-52.

Pahl-Wostl C. 2007. Transitions towards adaptive management of water facing climate and global change. Water Resources Management，21（1）：49-62.

Pahl-Wostl C. 2009. A conceptual framework for analysing adaptive capacity and multi-level learning processes in resource governance regimes. Global Environmental Change，19（3）：354-365.

Paré G. 2004. Nvestigating information systems with positivist case research. The Communications of the Association for Information Systems，13（1）：233-264.

Pham T，Claudepierre P，Constantin A，et al. 2009. Abatacept therapy and safety management. Joint Bone Spine，79（3）：3-84.

Poteete A R，Janssen M A，Ostrom E. 2010. Working Together：Collective Action，the Commons，and Multiple Methods in Practice. Princeton：Princeton University Press.

Prakash J. 2014. The challenges for global harmonisation of food safety norms and regulations：issues for India. Journal of the Science of Food and Agriculture，94（10）：1962-1965.

Radnitzky G. 1987. The "economic" approach to the philosophy of science. British Journal for the Philosophy of Science，2：55-67.

Rahman M M，Arif M T，Bakar K，et al. 2016. Food safety knowledge，attitude and hygiene practices among the street food vendors in Northern Kuching City，Sarawak. Borneo Science，（1）：16-31.

Ransom E，Bain C，Higgins V. 2010. Private agri-food standards：contestation，hybridity and the politics of standards. International Journal of Sociology of Agriculture and Food，20（1）：1-22.

Ricks J I. 2016. Building participatory organizations for common pool resource management：water user group promotion in Indonesia. World Development，77（1）：34-47.

Sabatier P A，Leach W D，Lubell M，et al. 2005. Theoretical Frameworks Explaining Partnership Success. Cambridge：The MIT Press.

Salamon L M. 1995. Partners in Public Service：Government-Nonprofit Relations in the Modern Welfare State. Baltimore：JHU Press.

Sani N A，Siow O N. 2014. Knowledge，attitudes and practices of food handlers on food safety in food service operations at the University Kebangsaan Malaysia. Food Control，37：210-217.

Sarker A. 2013. The role of state-reinforced self-governance in averting the tragedy of the irrigation commons in Japan. Public Administration，91（3）：727-743.

Sarker A，Itoh T，Kada R，et al. 2014. User self-governance in a complex policy design for managing water commons in Japan. Journal of Hydrology，51（1）：246-258.

Schlager E. 1994. Fishers' institutional responses to common-pool resource dilemmas. Rules，Games，and Common-Pool Resources，4（1）：47-66

Schreiber M A，Halliday A. 2013. Uncommon among the commons? Disentangling the sustainability of the Peruvian anchovy fishery. Ecological Society，18（2）：1-15.

Scott S，Si Z，Schumilas T，et al. 2014. Contradictions in state and civil society-driven developments in China' s ecological agriculture sector. Food Policy，4（5）：158-166.

Sohn M G，Oh S. 2014. Global harmonization of food safety regulation from the perspective of Korea and a novel fast automatic product recall system. Journal of the Science of Food and Agriculture，94（10）：1932-1937.

Tippett J，Searle B，Pahl-Wostl C，et al. 2005. Social learning in public participation in river basin management—early findings from Harmoni COP European case studies. Environmental Science & Policy，8（3）：287-299.

Tonkin E，Webb T，Coveney J，et al. 2016. Consumer trust in the Australian food system—the everyday erosive impact of food labelling. Appetite，103：118-127.

Torsvik G. 2000. Social capital and economic development a plea for the mechanisms. Rationality and Society，12（4）：451-476.

Tóth G，Hermann T，da Silva M R，et al. 2016. Heavy metals in agricultural soils of the European Union with implications for food safety. Environment International，88：299-309.

Unnevehr L，Hoffmann V. 2015. Food safety management and regulation：international experiences and lessons for China. Journal of Integrative Agriculture，14（11）：2218-2230.

Vedeld T. 2000. Village politics：heterogeneity，leadership and collective action. The Journal of Development Studies，36（5）：105-134.

Vivienne J R. 1994. Fermented foods and food safety. Food Research International，27（3）：291-298.

Walls H L，Cornelsen L，Lock K，et al. 2016. How much priority is given to nutrition and health in the EU Common Agricultural Policy? Food Policy，59：12-23.

Wasserman S，Faust K. 1994. Social Network Analysis：Methods and Applications. Cambridge：Cambridge University Press.

Wertheim-Heck S C O，Vellema S，Spaargaren G. 2015. Food safety and urban food markets in Vietnam：the need for flexible and customized retail modernization policies. Food Policy，54：95-106.

Willamson O E. 1985. The Economic Institutions of Capitalism. New York：Free Press.

Wilson D S，Ostrom E，Cox M E. 2013. Generalizing the core design principles for the efficacy of groups. Journal of Economic Behavior & Organization，90（1）：21-32.

Wilson N L W，Worosz M R. 2014. Zero tolerance rules in food safety and quality. Food Policy，45：112-115.

Worosz M R，Wilson N L W. 2011. Transmutation versus conventionalization：a cautionary tale of gluten-free products. Journal of Consumer Affair Press，46（2）：288-318.

Wu J，Zhu Y，Xue F，et al. 2014. Recent trends in SELEX technique and its application to food safety monitoring. Microchimica Acta，181（5）：479-491.

Yano Y，Hamano K，Satomi M，et al. 2014. Prevalence and antimicrobial susceptibility of Vibrio species related to food safety isolated from shrimp cultured at inland ponds in Thailand. Food Control，38：30-36.

Yin R K. 2004. The Case Study Anthology. Los Angeles：Sage Publications Inc.

Yin R K. 2008. Case Study Research：Design and Methods. Los Angeles：Sage Publications Inc.

Yu H H，Edmunds M，Lora-Wainwright A，et al. 2016. Governance of the irrigation commons under integrated water resources management—a comparative study in contemporary rural China. Environmental Science & Policy，55（2）：65-74.

Zenil H，Delahaye J P. 2011. An algorithmic information theoretic approach to the behaviour of financial markets. Journal of Economic Surveys，25（3）：431-463.

Zhang S，de Roo G，van Dijk T. 2015. Urban land changes as the interaction between self-organization and institutions. Planning Practice and Research，30（2）：160-178.

Zhou M. 2014. Debating the state in private housing neighborhoods：the governance of homeowners' associations in urban Shanghai. International Journal of Urban and Regional Research，38（5）：1849-1866.

附录1　中国食品药品安全社会共治制度安排列表

附表1　2014~2016年国家领导人关于食品安全发表的重要讲话

序号	时间	领导人	职务	主题	核心要点	政策属性
1	2014年1月	习近平	总书记	食品安全“管出来”	完善监管制度，强化监管手段，形成覆盖从田间到餐桌全过程的监管制度	治疗
2	2014年2月	习近平	总书记	企业加强监管	叮嘱乳制品企业重视食品安全问题	预防
3	2014年3月	李克强	总理	食品安全“四个最严”	建立从生产加工到流通消费的全程监管机制、社会共治制度和可追溯体系。用最严格的监管、最严厉的处罚、最严肃的问责，坚决治理餐桌上的污染	治疗
4	2014年5月	李克强	总理	加大处罚力度	对那些丧尽天良、蓄意害人的违法犯罪分子，要通过修法加强处罚	治疗
5	2015年5月	习近平	总书记	食品安全“四个最严”	用最严谨的标准、最严格的监管、最严厉的处罚、最严肃的问责，加快建立科学完善的食品药品安全治理体系	治疗
6	2015年6月	李克强	总理	食品安全“零容忍”	以基层为主战场加强监管执法力量和能力建设，“零容忍”的举措惩治犯罪	治疗
7	2015年6月	张高丽	副总理	食品安全宣传	加大新食品安全法宣传力度，建立科学完善的食品安全治理体系	预防
8	2015年6月	汪洋	副总理	社会共治体系	加快构建预防为主、风险管理、全程控制、社会共治的食品安全治理体系	预防
9	2015年10月	汪洋	副总理	严格监管	健全农产品质量和食品安全保障体系，把好从农田到餐桌每一道防线	治疗
10	2016年1月	习近平	总书记	食品安全“四个最严”	坚持党政同责、标本兼治，加强统筹协调，加快完善统一权威的监管体制	治疗
11	2016年8月	习近平	总书记	贯彻最严食品安全法	要贯彻食品安全法，完善食品安全体系，加强食品安全监管	治疗
12	2016年8月	李克强	总理	落实食品安全“零容忍”	落实最严格的全程监管制度，对违法违规行为零容忍、出快手、下重拳	治疗
13	2016年3月	李克强	总理	打击违法犯罪	什么问题突出就着力解决什么问题，特别是要严厉打击食品药品等	治疗
14	2016年6月	李克强	总理	大数据监管	在环保、食品药品安全等重点领域引入大数据监管，主动查究违法违规行为	治疗

续表

序号	时间	领导人	职务	主题	核心要点	政策属性
15	2016年4月	张德江	委员长	严格执法	加大执法检查力度，狠抓普法执法，强化监管措施	治疗
16	2016年7月	张德江	委员长	源头管理	国务院及其有关部门进一步加大对农业种植、养殖环节的源头管理和治理	免疫
17	2016年3月	俞正声	政协主席	民主监督	围绕食品安全监管体系建设等课题开展民主监督	免疫
18	2016年1月	张高丽	副总理	食品供给侧改革	着力推进供给侧结构性改革，大力实施食品安全战略	预防
19	2016年8月	汪洋	副总理	守法与共治	食品安全没有“零风险”，维护食品安全已经成为全社会共同的行为	治疗

附表2　2014~2016年国家领导人关于药品安全发表的重要讲话

序号	时间	领导人	职务	主题	核心要点	政策属性
1	2014年4月	汪洋	副总理	加大处罚力度	抓住主要矛盾，解决突出问题，持续开展专项整治和综合治理。严格落实生产经营主体责任，严惩重处药品安全违法犯罪	治疗
2	2015年3月	李克强	总理	全方位强化安全生产	人的生命最为宝贵，要采取更坚决措施，全方位强化安全生产，全过程保障食品药品安全	预防
3	2015年5月	习近平	总书记	“四个最严”	用最严谨的标准、最严格的监管、最严厉的处罚、最严肃的问责	治疗
4	2015年5月	习近平	总书记	检验检测体系	加快检验检测技术装备和信息化建设	治疗
5	2015年5月	汪洋	副总理	人才队伍建设	加强食品药品监管系统人才队伍建设，提升专业能力和业务素质	预防
6	2015年12月	俞正声	政协主席	源头管控	高度重视药品质量问题，推动提高仿制药质量和标准	预防
7	2016年3月	汪洋	副总理	药品监管体制改革	加快地方食品药品监管体制改革，强化基层监管能力	预防
8	2016年3月	李克强	总理	严厉打击	严厉打击食品药品、公共安全等领域违法犯罪行为	治疗
9	2016年4月	李克强	总理	严肃问责	问责在疫苗生产，流通、接种等环节监管不力的职能部门责任人员	治疗

附表3　2014~2016年中国食品安全事件

序号	时间	地区	标题	程度
1	2014年3月	昆明	昆明“毒米线”事件	地域性

续表

序号	时间	地区	标题	程度
2	2014 年 6 月	温州	粪水制作臭豆腐事件	地域性
3	2014 年 7 月	上海	上海福喜“过期肉”事件	全国性
4	2014 年 7 月	北京	汉丽轩“口水肉”事件	地域性
5	2014 年 8 月	深圳	沃尔玛“过期肉”事件	地域性
6	2014 年 8 月	杭州	亨氏米粉严重铅超标	全国性
7	2014 年 9 月	大连	皮口镇养殖海参大量添加抗生素	地域性
8	2014 年 10 月	台湾	顶新“黑心油”事件	全国性
9	2014 年 10 月	郑州	郑州“假盐”事件	地域性
10	2014 年 11 月	北京	AB 粉制作“毒豆芽”事件	地域性
11	2014 年 11 月	枣庄	黑作坊生产毒凉皮	地域性
12	2015 年初	邢台	冉荣阳、崔保红生产销售假冒伪劣白酒案	地域性
13	2015 年 1 月	广东	一家六口亚硝酸盐中毒事件	地域性
14	2015 年 1 月	昆明	云南省糖浆池中毒事件	全国性
15	2015 年 2 月	甘肃	村支书嫁女宴致使上百人食物中毒	地域性
16	2015 年 2 月	枣庄	父子吃凉拌猪耳中毒	地域性
17	2015 年 2 月	三亚	103 名游客三亚感染诺如病毒入院	地域性
18	2015 年 2 月	古浪	古浪天然居大酒楼食物中毒案	地域性
19	2015 年 3 月	泰安	一家四口吃西瓜致使有机磷中毒	地域性
20	2015 年 3 月	西安	中医糖尿病研究所生产销售有毒有害食品案	地域性
21	2015 年 5 月	五常	五常大米掺乱现象	全国性
22	2015 年 5 月	西安	28 名小学生吃冰淇淋中毒	地域性
23	2015 年 5 月	金华	“串串香”滥用食品添加剂生产肉制品案	地域性
24	2015 年 6 月	广东	“僵尸肉”流入餐桌	全国性
25	2015 年 6 月	沈阳	立仁学校数百学生食物中毒	地域性
26	2015 年 6 月	柳州	广西两酒厂生产销售有毒有害配置酒案	地域性
27	2015 年 6 月	惠阳	老铁烤鱼店违法添加罂粟壳案	地域性
28	2015 年 7 月	温州	“注胶虾”事件，往虾体内注射胶装液体	地域性
29	2015 年 7 月	温州	野生蘑菇中毒事件	地域性
30	2015 年 7 月	温州	罂粟壳烤肉店案	全国性
31	2015 年 7 月	南京	“7 · 21”特大生产销售有毒有害食品案	全国性
32	2015 年 9 月	宾川	食用草乌中毒	地域性
33	2015 年 9 月	海口	“糖精枣”案	地域性
34	2015 年 10 月	连州	红楼宾馆超范围使用食品添加剂案	地域性
35	2015 年 10 月	绍兴	十里荷塘休闲农庄销售过期食品案	地域性
36	2015 年 11 月	唐山	润良商贸有限公司销售过期虾仁事件	地域性

续表

序号	时间	地区	标题	程度
37	2016年1月	北京	南方黑芝麻糊大肠杆菌超标	地域性
38	2016年1月	全国	35家餐企食品检出罂粟壳成分	全国性
39	2016年3月	北京	“饿了吗”黑作坊事件	全国性
40	2016年6月	合肥	一学校发生疑似食物中毒事件	地域性
41	2016年6月	上海	“6·16”上海家具厂食物中毒事件	地域性
42	2016年7月	南通	土豆烧鸡块“撂倒”80人	地域性
43	2016年9月	怀化	金健学生奶中毒事件	地域性
44	2016年9月	武汉	“有毒汽水包”事件	地域性
45	2016年10月	武汉	大量过期食品被扔垃圾场遭市民疯抢	地域性

附表4　中国食品安全社会共治预防体系制度

序号	时间	制度安排主题	针对混合型制度的分析与发展框架			
			行动主体	行动情境	交互模式	潜在结果
1	2014年	机构改革	政府主体：中央政府	特殊性情境：地方机构改革进展缓慢	命令控制：健全从中央到地方直至基层的食品药品监管体制	长期结果：建立从生产加工到流通消费全过程的最严格监管制度
2	2015年	食品安全责任保险	政府主体：中央政府	普遍性情境：市场机制发挥不充分	参与合作：推动建立食品安全责任保险制度	短期结果：将食品安全责任从政府转移到市场主体
3	2015年	食品安全法出台	政府主体：中央政府	普遍性情境：监管措施震慑力度不足	命令控制：贯彻落实“四个最严”	短期结果：“零容忍”对待违法犯罪行为
4	2015年	制度建设	政府主体：中央政府	普遍性情境：食品安全法律法规薄弱	命令控制：为地方政府执法健全完善制度体系	长期结果：强化监管执法，着力消除风险隐患
5	2016年	风险分级	政府主体：中央政府	普遍性情境：缺乏风险管控意识	命令控制：强化食品生产经营风险管理	长期结果：提升监管工作效能
6	2016年	官员问责	政府主体：中央政府	特殊性情境：官员对食品安全缺乏重视	命令控制：把食品安全作为衡量党政领导班子政绩指标	短期结果：减少监管不作为行为
7	2016年	风险管控	政府主体：中央政府	普遍性情境：食品安全基础薄弱	命令控制：健全法律法规，强化风险管控	长期结果：提高食品安全治理能力
8	2016年	绩效考核	政府主体：中央政府	特殊性情境：强化食品安全组织领导	命令控制：对领导干部进行综合考核评价	短期结果：将问题线索移交纪检监察机关
9	2014年	教育宣传	政府主体：安徽政府	普遍性情境：共治意识薄弱	参与合作：通过教育宣传引导社会主体参与共治	长期结果：形成社会共治基本格局
10	2015年	农村整治	政府主体：江西政府	特殊性情境：农村发生食品安全事件	命令控制：超前部署，强化各级责任	短期结果：提高农村食品安全保障能力

续表

序号	时间	制度安排主题	针对混合型制度的分析与发展框架			
			行动主体	行动情境	交互模式	潜在结果
11	2015年	预防食品中毒	政府主体：安徽政府	特殊性情境：群体性食品中毒事件发生	命令控制：督促企业落实主体责任	短期结果：严防食品中毒事件发生
12	2016年	信用体系	政府主体：上海政府	普遍性情境：市场信用体系不健全	命令控制：社会信用负面清单评估体系建设	长期结果：信用负面清单评估体系建设
13	2016年	加强大米食用油生产经营监管	政府主体：江西政府	特殊性情境：存在不按标准生产等问题	命令控制：督促企业落实食品安全主体责任	短期结果：加强大米、食用油生产经营监管
14	2016年	小商小贩	政府主体：河北政府	特殊性情境：加强对“三小”管理	命令控制：举办“三小”培训班	短期结果：强化基础保障
15	2016年	信息公开	政府主体：西藏政府	普遍性情境：社会公众参与监管不足	命令控制：出台食品安全信息管理办法	长期结果：有利于保护消费者利益，促进食品产业健康发展
16	2016年	企业主体责任	政府主体：福建政府	特殊性情境：企业自律意识不足	命令控制：加强教育培训	短期结果：强化食品生产加工企业“第一责任人”的责任意识
17	2016年	推动社会共治	政府主体：福建政府	普遍性情境：共治意识薄弱	参与合作：发动社会组织及消费者参与社会共治	长期结果：推进建设社会共治体系
18	2016年	风险管控	政府主体：四川政府	普遍性情境：食品安全基础薄弱，存在风险	命令控制：推进食药风险监测和风险预警平台建设	短期结果：从“事后灭火”向“事前防范”转变
19	2016年	信息化建设	政府主体：广西政府	特殊性情境：互联网+对政府治理能力的影响	命令控制：构建开放互联的食品药品监管大数据治理能力	长期结果：推进食品药品安全治理能力现代化建设
20	2016年	大数据监管	政府主体：四川政府	特殊性情境：互联网+对政府治理能力的影响	命令控制：大数据追根溯源保障“舌尖上的安全”	短期结果：探索出一条“智慧食安”创建之路
21	2016年	星级规范化	政府主体：浙江政府	普遍性情境：企业管理精细化	命令控制：对各级企业实行逐级创建，逐级认定	长期结果：建立星级规范化基层监管所创建机制
22	2016年	“双提升”工作	政府主体：湖北政府	普遍性情境：食品安全源头管理日益重要	命令控制：对食用农产品集中交易市场加强监管	短期结果：全面摸清食用农产品市场主体底数
23	2016年	专项检查	政府主体：江苏政府	特殊性情境：食品添加剂企业管理混乱	命令控制：开展专项检查	短期结果：切实强化对食品添加剂生产企业的监管
24	2014年	建立全方位监管机制	企业主体：雅士利	普遍性情境：食品安全是社会关注的热点	参与合作：建立七大管理体系	长期结果：提供健康有保障的食品
25	2014年	创新保障食品安全	企业主体：娃哈哈	普遍性情境：当前食品安全问题突出	参与合作：以技术创新推进食品安全保障能力建设	长期结果：生产让消费者放心满意的健康产品

续表

序号	时间	制度安排主题	针对混合型制度的分析与发展框架			
			行动主体	行动情境	交互模式	潜在结果
26	2015年	教育科普	企业主体：康师傅	特殊性情境：公众容易受舆论误导	参与合作：不断提升公众对食品安全科学的认知	短期结果：破除近期发生的食品安全谣言
27	2015年	最严食品安全标准	企业主体：蒙牛	特殊性情境：对奶源要求越来越高	参与合作：构建国际农牧业质量安全和技术合作平台	长期结果：打造国际认可的中国乳品品牌
28	2015年	科技创新护航食品安全	企业主体：中粮集团	普遍性情境：让食品安全变得更透明	参与合作：从选种、养殖、屠宰、加工到销售的一条龙管理	长期结果：从源头保证食品安全
29	2015年	严控食品安全	企业主体：上好佳	特殊性情境：企业管控不足	命令控制：对食品安全的把控	短期结果：在快速扩张中，确保食品的安全性
30	2016年	推动企业监管	企业主体：加多宝	普遍性情境：公众对食品感到不安全	命令控制：加大食品管控力度	长期结果：实现加多宝“中国梦”
31	2016年	参与共治	社会主体：中国消费者协会	普遍性情境：公众参与程度不足	参与合作：加强食品安全消费维权工作	长期结果：构建食品安全社会共治格局
32	2014年	应如何报道食品安全问题	社会主体：《人民日报》	特殊性情境：舆论误导现象严重	参与合作：普及食品安全知识，提高公众媒介素养	短期结果：实事求是地满足公众知情权

附表5　中国食品安全社会共治免疫体系制度

序号	时间	制度安排主题	针对混合型制度的分析与发展框架			
			行动主体	行动情境	交互模式	潜在结果
1	2014年	12315体系	政府主体：中央政府	普遍性情境：消费者投诉日益重要	参与合作：与消费者信息互动、畅通民意	长期结果：解决维权问题的平台作用
2	2014年	网络监管	政府主体：中央政府	特殊性情境：网络监管需要大量人力、物力、财力	命令控制：督促和指导纽海电子商务（上海）有限公司规范运营	短期结果：形成网络平台企业参与的网络监管格局
3	2015年	食品安全信息员	政府主体：中央政府	特殊性情境：充分发挥基层食品安全信息员	命令控制：广泛动员社会力量参与食品安全监督	短期结果：发挥基层食品安全信息员、联络员队伍作用
4	2015年	食品召回	政府主体：中央政府	普遍性情境：督促食品生产经营者落实食品安全责任	命令控制：做好不安全食品的停止生产经营、召回和处置工作	长期结果：形成食品可召回制度
5	2015年	安全教育	政府主体：中央政府	普遍性情境：小学生教育问题关系到食品安全未来	命令控制：将食品安全教育纳入中小学相关课程	长期结果：加快构建食品安全教育体系
6	2015年	乳制品行业兼并重组	政府主体：中央政府	特殊性情境：乳制品行业整顿和规范	命令控制：推动婴幼儿配方乳粉企业兼并重组	短期结果：加快行业自律

续表

序号	时间	制度安排主题	针对混合型制度的分析与发展框架			
			行动主体	行动情境	交互模式	潜在结果
7	2016年	可追溯体系	政府主体：中央政府	特殊性情境：企业可追溯体系推进滞后	命令控制：推进企业食品追溯体系建设，加强政策支持	短期结果：全国追溯数据共享交换机制形成，初步实现追溯信息互通共享
8	2016年	公开召集方法	政府主体：中央政府	特殊性情境：公开征集食品快速检测	参与合作：向社会公开征集食品快速检测方法	短期结果：加快推进食品快速检测方法制定工作
9	2016年	精准打击	政府主体：中央政府	特殊性情境：现有监管效能较低	命令控制：推动监管科学化，加强监管检测	短期结果：推动监管体系现代化发展
10	2014年	社会组织参与	政府主体：广东政府	特殊性情境：社会组织参与不足	命令控制：推动地方行业协会等组织参与社会共治	短期结果：开展行业服务，保障公平竞争
11	2015年	推动共治	政府主体：云南政府	普遍性情境：食品安全满意度较低	参与合作：加强培训引导	长期结果：推进食品安全社会共治
12	2015年	公众参与执法	政府主体：浙江政府	普遍性情境：公众参与程度低	命令控制："你举报，我查处"食品整治活动	长期结果：提高群众的维权意识
13	2016年	校园食品安全	政府主体：陕西政府	普遍性情境：校园食品是全民关注焦点	参与合作：鼓励第三方机构参与校园食品安全管理和技术支撑	长期结果：进一步保障校园食品安全的监管
14	2016年	联合监管模式	政府主体：江西政府	普遍性情境：监管力量不足	命令控制：为消费者设立投诉受理中心	长期结果：掌握基层食药监处理问题的疑点难点
15	2016年	"吹哨人"制度	企业主体：深圳企业	普遍性情境：员工揭发违法动力不足	参与合作：设置"吹哨人"奖金制度	长期结果：大幅降低监管成本
16	2016年	发挥协会作用	社会主体：山东省食品工业协会	普遍性情境：协会主动参与监管不足	命令控制：政府对协会提出年度监管要求	长期结果：社会形成共治格局
17	2014年	事件曝光	社会主体：东方卫视	特殊性情境：上海福喜工厂偷工减料	参与合作：深度调查的"卧底"新闻	短期结果：媒体对食品安全事件进行曝光
18	2014年	事件投诉	社会主体：社会群众	特殊性情境：消费者因"转基因"标识不明显要求双倍返还货款	命令控制：请求法院确认违反法律规定	长期结果：通过民意反馈渠道进行消费者维权
19	2015年	可追溯体系	企业主体：北京企业	普遍性情境：猪肉质量安全可追溯体系十分重要	命令控制：加强对生猪屠宰加工企业的质量安全监控力度	长期结果：企业积极参与可追溯体系建设
20	2015年	民间守望者	社会主体：啄木鸟环境与食品安全中心	普遍性情境：现代人对食品安全的常识十分缺乏	参与合作：成立国内第一个专注食品安全的非政府组织	长期结果：为民众提供科普
21	2015年	事件投诉	社会主体：社会群众	普遍性情境：海南邓翔生产销售伪劣产品"糖精枣"案	参与合作：举报海南省海口市南北水果批发市场有安全问题	长期结果：社会群众通过反馈渠道反映食品安全问题，希望解决相关问题

续表

序号	时间	制度安排主题	针对混合型制度的分析与发展框架			
			行动主体	行动情境	交互模式	潜在结果
22	2016年	行业自律	社会主体：深圳市零售商业行业协会	普遍性情境：行业自律需求较高	参与合作：通过季度食品安全规范店评比加强自律	长期结果：获得行业广泛使用
23	2016年	倡议书	社会主体：中国消费者协会	普遍性情境：凝聚维护食品安全防护的强大合力	参与合作：企业自治、行业自律、政府监管和社会监督	长期结果：提升科学监管水平

附表6　中国食品安全社会共治治疗体系制度

序号	时间	制度安排主题	针对混合型制度的分析与发展框架			
			行动主体	行动情境	交互模式	潜在结果
1	2014年	打击假冒伪劣	政府主体：中央政府	普遍性情境：假冒伪劣产品影响人们生活健康	命令控制：实施综合治理，严厉打击生产经营假冒伪劣食品行为	长期结果：大力提升农村食品监管效能
2	2014年	加强监管	政府主体：中央政府	普遍性情境：群众反映强烈的突出问题仍时有发生	命令控制：加强基层执法力量和规范化建设	长期结果：严惩重处食品安全违法犯罪
3	2015年	农村食品整治	政府主体：中央政府	特殊性情境：治理和解决农村食品安全突出问题	命令控制：完善农村食品生产经营全链条监管，积极推进监管重心下移	短期结果：切实加强农村食品安全日常监管
4	2015年	春节食品督查	政府主体：中央政府	特殊性情境：春节时期食品消费堪忧	命令控制：加大节令食品抽检频次，发现问题及时处置	短期结果：严防不合格食品流入市场
5	2016年	残留超标整治	政府主体：中央政府	普遍性情境：残留超标已经严重影响人们生活健康	命令控制：开展残留超标专项整治行动	长期结果：保障人们生命安全
6	2014年	打击有毒产品	政府主体：福建政府	特殊性情境：食品加工企业滥用工业原料生产	命令控制：启动应急预案，组成联合调查组前往现场调查核实	短期结果：对相关食品安全事件进行精确打击
7	2016年	打击非法销售	政府主体：江苏政府	特殊性情境：近期个别地区发生非法销售畜禽产品案件	命令控制：加强与公安机关的协调配合	短期结果：严厉打击制售有毒有害食品违法犯罪行为
8	2016年	小作坊整治	政府主体：宁夏政府	普遍性情境：分布广、数量多、规模小的特点，监管难度大	命令控制：强化检查与取缔	长期结果："突出重点，攻克难点，消除盲点"
9	2016年	国庆食品整治	政府主体：山西政府	特殊性情境：容易出现食品安全事件	命令控制：强化节日期间食品市场监督检查	长期结果：确保人民群众饮食用药安全
10	2016年	打击不法企业	政府主体：云南政府	特殊性情境：市场监管发现企业管理混乱	命令控制：责令生产经营企业对不合格产品及时采取下架、召回等措施	短期结果：产生威慑效应

续表

序号	时间	制度安排主题	针对混合型制度的分析与发展框架			
			行动主体	行动情境	交互模式	潜在结果
11	2016 年	打击不法肉制品企业	政府主体：广东政府	特殊性情境：解决肉制品生产加工环节突出问题	命令控制：加强肉制品生产监督管理，严厉打击违法违规行为	长期结果：切实保障人民群众身体和生命安全
12	2016 年	网络监管	政府主体：云南政府	特殊性情境：开展“净网”行动保障全省网络食品药品安全	命令控制：大力整顿网络订餐经营行为	长期结果：保障网络食品药品安全
13	2014 年	产品强制召回	企业主体：麦当劳	特殊性情境：福喜事件爆发后，麦当劳采取措施减少伤害	命令控制：对全国各地的产品强制性召回	短期结果：通过治理控制食品安全问题发展
14	2014 年	产品强制召回	企业主体：亨氏	特殊性情境：亨氏公司高蛋白营养米粉严重铅超标	命令控制：对召回的产品进行无害化彻底销毁	短期结果：通过治理控制食品安全问题发展
15	2015 年	产品强制召回	企业主体：乐事食品	特殊性情境：面包不合格	命令控制：采取封存、下架、召回问题产品等	短期结果：控制食品安全问题发展
16	2015 年	产品强制召回	企业主体：王老吉	特殊性情境：投毒事件	命令控制：对涉案商品进行全部清理下架	短期结果：控制食品安全问题发展

附表 7　中国药品安全社会共治预防体系制度

序号	时间	制度安排主题	针对混合型制度的分析与发展框架			
			行动主体	行动情境	交互模式	潜在结果
1	2016年	准入门槛设立	政府主体：中央政府	普遍性情境：药品生产提升进入门槛	命令控制：主动申请并接受监管部门资质检查	长期结果：鼓励药品创新、提升药品质量
2	2016年	医疗监管体制改革	政府主体：中央政府	特殊性情境：医疗领域改革监管体制	命令控制：用行政力量改革药品采购制度，实现流通监管新秩序	长期结果：规范药品流通秩序
3	2016年	促进医疗行业健康发展	政府主体：中央政府	特殊性情境：小型药品生产企业过多	命令控制：运用行政手段优化产业结构，提升集约发展水平	长期结果：医药产业创新能力明显提高，供应保障能力显著增强
4	2016年	中医药行业发展规划	政府主体：中央政府	普遍性情境：中医药行业需要加强顶层设计和统筹规划	命令控制：政府利用行政力量健全中医药法律体系	长期结果：行业现代化水平不断提高
5	2016年	关于仿制药的监管	政府主体：中央政府	特殊性情境：一致性评价公信力不足	命令控制：开展仿制药质量和疗效一致性评价	短期结果：共同推动一致性评价工作
6	2015年	医疗器械审批	政府主体：中央政府	特殊性情境：药品医疗器械审评审批中存在问题	命令控制：用行政力量提高审评审批质量，提高仿制药质量	短期结果：健全审评质量控制体系
7	2015年	中医药快速发展	政府主体：中央政府	普遍性情境：中医药行业需要加强顶层设计和统筹规划	命令控制：用行政力量放宽市场准入，完善标准和监管	长期结果：基本建立中医药健康服务体系

续表

序号	时间	制度安排主题	针对混合型制度的分析与发展框架			
			行动主体	行动情境	交互模式	潜在结果
8	2014年	地方医药监管体系改革	政府主体：中央政府	特殊性情境：地方机构改革进展缓慢	命令控制：用行政力量建立覆盖从生产加工到流通消费全过程的最严格监管制度	短期结果：健全从中央到地方直至基层的药品监管体制
9	2015年	药品风险防控	政府主体：甘肃政府	普遍性情境：药品安全风险管控能力有待提升	命令控制：聚焦风险，强化管控，全面推行药品风险管控机制	长期结果：确保药品生产过程符合法规、质量风险可控、产品质量安全有效
10	2014年	基层药品监管	政府主体：吉林政府	普遍性情境：药品安全监管力量不足	命令控制：强化基层食品药品安全管理责任	短期结果：建立县级政府统筹管理、属地负责、部门履职
11	2014年	风险监测	政府主体：北京政府	特殊性情境：药品风险监测存在问题	参与合作：专家承担药品政策宣传工作	短期结果：有效提升首都食品药品安全风险防控水平
12	2015年	药品安全宣传	政府主体：浙江政府	特殊性情境：药品安全宣传迫切和重要	命令控制：召开药品安全示范创建会议	短期结果：全力做好药品安全监管工作
13	2015年	药品风险排查	政府主体：贵州政府	特殊性情境：当年出现食品药品安全重要事件	命令控制：分析研究了当前全省食品药品安全形势，讨论研究了食品药品安全防患措施	短期结果：切实履行药品安全作为全系统履行职能职责
14	2014年	青奥会药品安全动员	政府主体：江苏政府	特殊性情境：青奥会期间发生大型食品药品安全事件	命令控制：狠抓监管机制建设和创新，积极破解热点难点问题	长期结果：助推全市食品药品产业发展
15	2014年	药品安全科普师资培训	政府主体：甘肃政府	普遍性情境：社会宣传服务水平有待进一步提升	参与合作：举办全省食品药品安全科普师资培训班	长期结果：推进社会共治的具体措施和基础性工程
16	2015年	企业主体责任	政府主体：海南政府	普遍性情境：海南省风险防控意识有待加强	命令控制：找准风险防范的着力点，从六个方面构建全省药品风险防范体系	短期结果：为预防监管风险，推动监管关口前移
17	2015年	安全排查	政府主体：四川政府	特殊性情境：危险有害物质检测出来，对社会造成危害	命令控制：把安全生产条件达标作为重要的认证审评内容	短期结果：梳理储存危险品、使用危险品和毒性原料的企业
18	2014年	药品安全社会共治	政府主体：吉林政府	普遍性情境：需要依靠更多专家提升药品监管水平	参与合作：围绕省政府药品安全风险方面建言献策	长期结果：为构建社会共治新格局提供智力支撑
19	2015年	药品安全宣传	政府主体：海南政府	普遍性情境：药品安全宣传十分迫切和重要	命令控制：在日常工作中倡导做好和支持食品药品安全监管	长期结果：调动社会各界支持食品药品监管工作的积极性

续表

序号	时间	制度安排主题	针对混合型制度的分析与发展框架			
			行动主体	行动情境	交互模式	潜在结果
20	2015年	药品社区管理	政府主体：广东政府	普遍性情境：启动“安全用药”进社区活动	参与合作：宣传安全用药法律法规和科普知识，发展食品药品义务监督员	长期结果：开展食品药品安全法律法规和科普宣传活动
21	2014年	风险研判制度化	政府主体：四川政府	普遍性情境：药品风险引发大型药品安全事件	命令控制：出台《食品安全风险研判例会制度》《药品质量安全风险研判例会制度》	短期结果：判断食品、药品领域的风险因素、风险程度，提出防控措施、消除安全隐患
22	2014年	教育宣传	政府主体：上海政府	特殊性情境：药品安全百日整治技能有待进一步提升	参与合作：通过知识竞赛、有奖竞猜等方式方法加强对普通民众药品安全知识普及	短期结果：开展食品药品安全法律法规和科普宣传活动
23	2014年	药品安全舆论宣传	政府主体：青海政府	特殊性情境：青海省启动食品药品安全“利剑”行动	参与合作：积极营造扶优治劣舆论氛围	长期结果：保障食品药品质量安全，切实维护人民群众饮食用药合法权益
24	2016年	药品安全教育	企业主体：太极药业	普遍性情境：关注市民用药安全，免费更换过期药品活动	参与合作：关注市民用药安全太极集团免费为市民更换过期药品	长期结果：为保障市民用药安全贡献企业力量
25	2014年	药品生产安全保障	企业主体：天士力药业	普遍性情境：大力推动药品生产和质量安全	命令控制：为了保证生产环境清洁，减少人员对药品生产环节的污染	长期结果：通过透明化生产营造药品安全天然的预防防线
26	2015年	药品生产安全保障	企业主体：扬子江药业	普遍性情境：将每一粒药都做到极致	命令控制：执行“三不申报”，产品质量要从源头抓起	长期结果：中国制药行业质量管理典范企业
27	2015年	药品生产安全保障	企业主体：同仁堂	普遍性情境：大力推动药品生产和质量安全	参与合作：按照国家《中药材生产质量管理规范》在中药材主产区建立了 11 个大宗药材种植基地	长期结果：为保障市民用药安全贡献企业力量
28	2014年	药品生产安全保障	企业主体：九芝堂	普遍性情境：大力推动药品生产和质量安全	参与合作：把“重质量、讲诚信”的经营理念灌输到企业每一个人的心里	长期结果：为保障市民用药安全贡献企业力量
29	2015年	药品安全宣传	社会主体：重庆广播电视集团	普遍性情境：群众对药品安全	参与合作：打造《食品药品安全播报》电视专栏，宣传药品安全	长期结果：对民众进行宣传教育，对社会共治形成推力

附表 8　中国药品安全社会共治免疫体系制度

序号	时间	制度安排主题	针对混合型制度的分析与发展框架			
			行动主体	行动情境	交互模式	潜在结果
1	2016 年	药品追溯体系构建	政府主体：中央政府	特殊性情境：药品追溯体系标准不健全	参与合作：推进药品可追溯体系构建	短期结果：追溯体系建设的规划标准体系得到完善，法规制度进一步健全
2	2016 年	奖励投诉举报	政府主体：中央政府	特殊性情境：根据标准对检举揭发危害食品药品安全的违法行为予以奖励	参与合作：生产经营单位内部人员举报的，双倍奖励，单起最高奖励金额可达 20 万元	短期结果：民众在激励条件下会更加大程度地参与药品安全社会共治
3	2016 年	药品投诉举报	政府主体：江苏政府	普遍性情境：畅通群众投诉举报渠道，保障食品药品安全	参与合作：理顺内部工作流程，将省 12331 热线、市 12345 热线整合	短期结果：全面落实“四个最严”要求，继续大力做好群众投诉举报处置工作
4	2014 年	行业协会协同监管	政府主体：广东政府	普遍性情境：依靠社会共治提升食品药品监管能力	参与合作：成立药品行业协会等协会，制定行业协会章程	长期结果：立足社会关切探索和实践社会参与、多元共治，强化食品药品监管能力
5	2015 年	基层监管创新	政府主体：吉林政府	特殊性情境：基层药品安全监管力量薄弱	命令控制：强化基层药品安全管理责任，推进药品安全监管工作重心下移	长期结果：联防联控药品安全工作新机制，提升全省药品安全保障水平
6	2015 年	奖励投诉举报	政府主体：海南政府	普遍性情境：海南省食品药品安全社会共治见成效	参与合作：扩大举报奖励范围和提高奖励金额，对市场整治情况进行暗访	长期结果：调动社会各界支持食品药品监管工作的积极性
7	2015 年	创新社会参与方式	企业主体：湖南红网	特殊性情境：食品药品安全专栏启动上线	参与合作：向公众提供快捷的药品安全信息，认真答复网友的咨询，妥善处理网友的投诉	长期结果：更好保障公众知情权、参与权和监督权所采取的一项举措
8	2015 年	媒体监管	社会主体：《河南日报》	普遍性情境：媒体合力监管药品安全	参与合作：定期举办新闻讲座，研究建立信息发布机制	长期结果：营造良好药品安全舆论环境
9	2014 年	行业协会协同监管	社会主体：中国医药协会	普遍性情境：立足社会关切探索和实践社会参与	参与合作：完善行业考评制度，强化行业协会对企业的规范管理	短期结果：缓解监管力量与监督任务不相适应的突出矛盾

附表 9　中国药品安全社会共治治疗体系制度

序号	时间	制度安排主题	针对混合型制度的分析与发展框架			
			行动主体	行动情境	交互模式	潜在结果
1	2015年	严查弄虚作假	政府主体：中央政府	特殊性情境：药品医疗器械审评审批中存在问题日益突出	命令控制：严肃查处注册申请弄虚作假行为	短期结果：提高审评审批质量
2	2015年	撤销相关资质	政府主体：中央政府	特殊性情境：修正药业又一明星产品肺宁颗粒因原料部分霉变引发药品安全质疑	命令控制：收回其药品GMP证书	短期结果：相关部门通过收回相关证书对药品安全问题进行整治
3	2016年	查收违规产品	政府主体：中央政府	普遍性情境：加大生化药原辅料飞行检查力度	命令控制：责令召回已销售产品，对企业违法违规生产行为立案调查	短期结果：进一步督促企业持续合规生产
4	2014年	严厉打击违法犯罪	政府主体：浙江政府	普遍性情境：全省范围组织开展春节和省"两会"食品药品安全专项行动	命令控制：加大执法抽检、市场巡查和现场突击检查力度	短期结果：各地要加强应急值守，坚决避免发生重大食品药品安全事故
5	2014年	打击假冒伪劣药品	政府主体：吉林政府	特殊性情境：吉林省内部出现多件药品假冒伪劣案件，影响极其恶劣	命令控制：查处打击生产销售假冒伪劣食品药品违法犯罪行为	长期结果：提升全省食品药品安全保障水平
6	2015年	黑名单打击	政府主体：云南政府	普遍性情境：云南省食品药品监督管理局就发布实施《云南省食品药品安全"黑名单"管理办法》	命令控制：违法违规企业信息将通过网络公开	长期结果：通过信息公开和黑名单政策进行行业整治
7	2015年	大排查大整治	政府主体：湖北政府	特殊性情境：湖北省食品药品安全存在较大隐患	命令控制：湖北省食品药品监督管理局部署在全省开展食品药品安全隐患"大排查、大整治"活动	长期结果：彻查安全隐患，堵塞监管漏洞，推动全省食品药品安全形势持续稳定向好
8	2015年	飞行检查	政府主体：四川政府	普遍性情境：四川省强化药品安全形势评估及时防控药品质量安全风险	命令控制：加大专项整治力度，提高飞行检查比例	长期结果：强化药品安全形势评估工作，及时防控药品质量安全风险，保障公众用药安全
9	2015年	勒令停产	企业主体：华润三九	特殊性情境：华润三九旗下产品"舒血宁"被曝质量问题	命令控制：要求召回问题药品，同时停产停售并进行整改	长期结果：相关部门通过整顿措施对药品安全问题进行整治
10	2014年	产品召回	企业主体：广州药业	特殊性情境：原材料经过工业硫黄熏蒸，而且成分与实际不符	命令控制：公司已经停止销售维C银翘片，并对相关产品进行了封存	长期结果：中国所有药企找回自己的良心

附表 10　中国食品药品安全社会共治成熟度评价指标体系三级指标具体得分

项目	指标	山东	江苏	上海	浙江	安徽	福建	江西	广东	广西	海南	河南	湖南	湖北	北京	天津	河北
预防体系制度安排	中央投入	3	3	3	3	2	2	2	3	3	3	2	2	2	4	3	3
	地方投入	5	4	6	4	3	3	4	6	4	5	4	4	4	5	6	4
	风险交流	3	3	3	3	3	3	3	3	3	3	3	3	2	3	3	2
	人员配备	1	1	1	1	1	1	1	1	1	1	1	1	1	1	2	1
	食品企业规范	7	7	4	5	6	6	4	5	4	4	7	6	5	4	4	4
	药品企业规范	5	6	4	5	4	4	4	6	4	3	4	4	4	4	4	5
	社会教育投入	2	3	3	2	2	2	2	2	2	2	3	2	2	3	2	3
	社会受教育	3	3	3	3	3	3	3	3	3	3	3	3	3	5	5	3
	社会生活水平	3	4	4	3	3	3	3	3	3	3	3	4	3	4	4	3
免疫体系制度安排	日常监控投入	3	5	3	3	3	3	3	4	3	3	3	3	5	4	4	5
	安全追溯体系	2	2	2	1	2	2	1	2	1	1	2	2	2	2	2	2
	民意渠道	3	3	3	2	2	3	3	3	3	2	2	2	3	3	2	3
	反馈激励	1	1	1	1	1	1	1	1	1	1	1	1	1	1	1	1
	食品抽检率	4	4	4	4	4	4	4	4	3	4	4	3	4	3	3	4
	药品认证度	3	2	2	2	2	2	2	2	2	2	2	2	2	2	2	2
	行业协会	1	2	2	2	2	2	2	2	2	1	2	1	1	1	2	2
	民众关注度	4	3	3	3	3	3	2	4	2	2	3	3	3	3	2	3
	媒体曝光度	8	4	6	7	8	7	6	6	4	4	4	5	8	5	4	6
治疗体系制度安排	行政处罚总数	4	4	5	6	4	8	8	4	4	4	4	4	6	4	4	5
	行政处罚力度	5	5	6	4	4	5	5	5	6	4	5	5	5	6	5	5
	专项行动	4	4	4	4	4	4	4	5	4	4	4	6	4	4	7	6
	产品召回	4	5	4	4	4	7	4	4	4	5	4	4	5	6	4	5

续表

项目	指标	山西	内蒙古	宁夏	青海	陕西	甘肃	新疆	四川	贵州	云南	重庆	西藏	辽宁	吉林	黑龙江
预防体系制度安排	中央投入	2	2	2	2	2	2	2	2	2	2	3	2	2	2	2
	地方投入	3	3	3	3	4	3	3	4	3	3	5	3	4	4	4
	风险交流	3	3	3	3	3	2	3	3	3	3	3	2	3	3	3
	人员配备	1	1	1	1	1	1	2	1	1	2	1	1	1	1	1
	食品企业规范	4	4	4	4	4	4	5	6	5	5	5	4	4	4	5
	药品企业规范	4	3	3	3	3	3	3	5	4	4	4	3	4	4	4
	社会教育投入	2	2	2	2	2	2	2	2	2	2	2	2	2	3	2
	社会受教育	4	3	3	3	4	3	3	3	3	3	3	3	3	3	3
	社会生活水平	3	2	3	3	3	2	3	3	2	2	3	2	3	3	3
免疫体系制度安排	日常监控投入	3	3	3	3	3	3	4	3	3	3	4	3	3	3	3
	安全追溯体系	2	2	2	2	1	2	2	2	1	2	2	1	1	2	1
	民意渠道	3	2	2	2	3	2	2	2	2	2	2	2	2	2	3
	反馈激励	1	1	1	1	1	1	1	1	1	1	1	1	1	1	1
	食品抽检率	4	4	4	4	4	3	4	2	3	4	4	4	3	2	3
	药品认证度	2	2	2	2	2	2	2	2	2	2	3	2	2	2	2
	行业协会	2	1	1	1	1	1	1	2	1	1	2	1	1	1	2
	民众关注度	3	2	2	2	3	2	2	3	3	3	3	2	3	3	2
	媒体曝光度	6	5	5	5	7	7	6	5	5	5	4	4	5	4	5
治疗体系制度安排	行政处罚总数	5	4	4	4	4	6	4	4	4	5	6	5	4	7	4
	行政处罚力度	5	5	4	4	4	6	3	4	4	5	5	5	4	6	4
	专项行动	4	4	4	4	4	4	4	4	6	4	4	4	4	4	4
	产品召回	4	5	4	4	4	5	4	5	4	4	4	4	7	5	5

注：受限于篇幅，上述数据均采用四舍五入表现，真实得分到小数点后两位

附录2　中国食品药品安全社会共治成熟度评价附件

中国食品药品安全社会共治成熟度评价权重调研问卷

尊敬的专家或领导：

感谢您抽出宝贵的时间参加“中国食品药品安全社会共治成熟度评价指标体系”的权重调研专家意见征求，此次意见征求约占用您20分钟。本次问卷调研的目的是通过两两比较指标间的相对重要程度，进而利用科学的方法为指标权重的确定提供指导。

一、填写建议

首先，阅读指标体系表，了解指标体系的构成及各级指标的导向目标。

其次，阅读下文填写说明，在各表格中打“✓”。

二、填写说明

第一步，判断：

A指标和B指标相比，为了实现某个目标，相对而言哪个指标更重要。

若A比B重要，则在“A重要”（红区）区域内打钩；

若B比A重要，则在“B重要”（黄区）区域内打钩。

第二步，确定为了实现此目标，两个指标的具体相对重要程度。

重要程度	对应数字
同等重要	0
稍微重要	1
明显重要	2
强烈重要	3
极其重要	4

第三步，在确定区域的对应数字下打钩。

三、示例

如果指标A与指标B相比较，您认为指标A比指标B明显重要，则在“A重要”区域中“明显重要”下打钩。

A	B	A 重要					B 重要			
		4	3	2	1	0	1	2	3	4
		极其重要	强烈重要	明显重要	稍微重要	同等重要	稍微重要	明显重要	强烈重要	极其重要
				✓						

为了形成良好的食品药品安全社会共治，您认为预防、免疫、治疗两两相比的重要程度。

表 1-1　一级指标重要程度比较表

社会共治		A 比 B 重要					B 比 A 重要			
		极其重要	强烈重要	明显重要	稍微重要	同等重要	稍微重要	明显重要	强烈重要	极其重要
A	B	4	3	2	1	0	1	2	3	4
预防	免疫									
预防	治疗									
免疫	治疗									

为了形成良好的食品药品安全社会共治，在一级指标预防中，您认为“政府能力”“企业现状”“社会素质”相比的重要程度。

表 2-1　二级指标重要程度比较表（一）

预防		A 比 B 重要					B 比 A 重要			
		极其重要	强烈重要	明显重要	稍微重要	同等重要	稍微重要	明显重要	强烈重要	极其重要
A	B	4	3	2	1	0	1	2	3	4
政府能力	企业现状									
政府能力	社会素质									
企业现状	社会素质									

为了形成良好的食品药品安全社会共治，在一级指标免疫中，您认为“政府监管”“企业自律”“社会监督”相比的重要程度。

表 2-2　二级指标重要程度比较表（二）

免疫		A比B重要					B比A重要			
		极其重要	强烈重要	明显重要	稍微重要	同等重要	稍微重要	明显重要	强烈重要	极其重要
A	B	4	3	2	1	0	1	2	3	4
政府监管	企业自律									
政府监管	社会监督									
企业自律	社会监督									

为了形成良好的食品药品安全社会共治，在一级指标治疗中，您认为“政府整治”“企业应对”相比的重要程度。

表 2-3　二级指标重要程度比较表（三）

治疗		A比B重要					B比A重要			
		极其重要	强烈重要	明显重要	稍微重要	同等重要	稍微重要	明显重要	强烈重要	极其重要
A	B	4	3	2	1	0	1	2	3	4
政府整治	企业应对									

为了形成良好的食品药品安全社会共治，在二级指标“政府能力”中，您认为“中央投入”“地方投入”“人员配备”相比的重要程度。

表 3-1　三级指标重要程度比较表（一）

政府能力		A比B重要					B比A重要			
		极其重要	强烈重要	明显重要	稍微重要	同等重要	稍微重要	明显重要	强烈重要	极其重要
A	B	4	3	2	1	0	1	2	3	4
中央投入	地方投入									
中央投入	人员配备									
地方投入	人员配备									

为了形成良好的食品药品安全社会共治，在二级指标“行业现状”中，您认为“食品生产企业规范比重”“药品生产企业规范比重”相比的重要程度。

表 3-2　三级指标重要程度比较表（二）

行业现状		A 比 B 重要					B 比 A 重要			
		极其重要	强烈重要	明显重要	稍微重要	同等重要	稍微重要	明显重要	强烈重要	极其重要
A	B	4	3	2	1	0	1	2	3	4
食品生产企业规范比重	药品生产企业规范比重									

为了形成良好的食品药品安全社会共治，在二级指标“社会素质”中，您认为“社会教育投入程度”“社会受教育程度”“社会民众生活水平”相比的重要程度。

表 3-3　三级指标重要程度比较表（三）

社会素质		A 比 B 重要					B 比 A 重要			
		极其重要	强烈重要	明显重要	稍微重要	同等重要	稍微重要	明显重要	强烈重要	极其重要
A	B	4	3	2	1	0	1	2	3	4
社会教育投入程度	社会受教育程度									
社会教育投入程度	社会民众生活水平									
社会受教育程度	社会民众生活水平									

为了形成良好的食品药品安全社会共治，在二级指标“政府监管”中，您认为“日常监控投入”“安全追溯体系”“民意渠道”“反馈激励”相比的重要程度。

表 3-4　三级指标重要程度比较表（四）

政府监管		A 比 B 重要					B 比 A 重要			
		极其重要	强烈重要	明显重要	稍微重要	同等重要	稍微重要	明显重要	强烈重要	极其重要
A	B	4	3	2	1	0	1	2	3	4
日常监控投入	安全追溯体系									
日常监控投入	民意渠道									
日常监控投入	反馈激励									

续表

政府监管		A 比 B 重要					B 比 A 重要			
		极其重要	强烈重要	明显重要	稍微重要	同等重要	稍微重要	明显重要	强烈重要	极其重要
A	B	4	3	2	1	0	1	2	3	4
安全追溯体系	民意渠道									
安全追溯体系	反馈激励									
民意渠道	反馈激励									

为了形成良好的食品药品安全社会共治，在二级指标“企业自律”中，您认为“食品抽检合格率”“药品抽检合格率”相比的重要程度。

表 3-5　三级指标重要程度比较表（五）

企业自律		A 比 B 重要					B 比 A 重要			
		极其重要	强烈重要	明显重要	稍微重要	同等重要	稍微重要	明显重要	强烈重要	极其重要
A	B	4	3	2	1	0	1	2	3	4
食品抽检合格率	药品抽检合格率									

为了形成良好的食品药品安全社会共治，在二级指标“社会监督”中，您认为“民众关注”“媒体曝光度”相比的重要程度。

表 3-6　三级指标重要程度比较表（六）

社会监督		A 比 B 重要					B 比 A 重要			
		极其重要	强烈重要	明显重要	稍微重要	同等重要	稍微重要	明显重要	强烈重要	极其重要
A	B	4	3	2	1	0	1	2	3	4
民众关注	媒体曝光度									

为了形成良好的食品药品安全社会共治，在二级指标“政府整治”中，您认为“行政处罚总数”“行政处罚力度”“专项行动”相比的重要程度。

表 3-7　三级指标重要程度比较表（七）

政府整治		A 比 B 重要					B 比 A 重要			
		极其重要	强烈重要	明显重要	稍微重要	同等重要	稍微重要	明显重要	强烈重要	极其重要
A	B	4	3	2	1	0	1	2	3	4
行政处罚总数	行政处罚力度									
行政处罚总数	专项行动									
行政处罚力度	专项行动